饮食力
孕产育营养餐

李宁 LI NING
编著

中国妇女出版社

图书在版编目(CIP)数据

饮食力：孕产育营养餐 / 李宁编著. -- 北京：中国妇女出版社, 2016.4

ISBN 978-7-5127-1214-0

Ⅰ. ①饮… Ⅱ. ①李… Ⅲ. ①围产期－保健－食谱②婴幼儿－保健－食谱 Ⅳ. ①TS972.164 ②TS972.162

中国版本图书馆CIP数据核字(2015)第281582号

饮食力——孕产育营养餐

作　　者：李　宁　编著
选题策划：王晓晨
责任编辑：王晓晨
封面设计：尚世视觉
责任印刷：王卫东
出　　版：中国妇女出版社出版发行
地　　址：北京东城区史家胡同甲 24 号　　邮政编码：100010
电　　话：(010) 65133160 (发行部)　　65133161 (邮购)
网　　址：www.womenbooks.com.cn
经　　销：各地新华书店
印　　刷：北京通州皇家印刷厂
开　　本：170 × 240　1/16
印　　张：17.5
字　　数：280 千字
版　　次：2016 年 4 月第 1 版
印　　次：2016 年 4 月第 1 次
书　　号：ISBN 978-7-5127-1214-0
定　　价：49.80 元

PART1

怀孕怎么吃 / 1

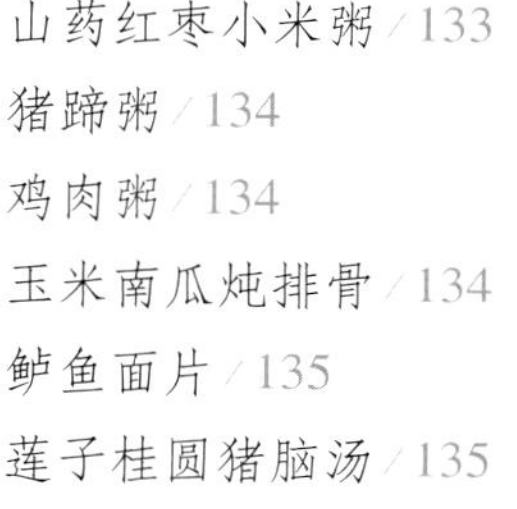

0~6个月的宝宝 / 164

7~8个月的宝宝/176

9~10个月的宝宝 / 194

对症食疗——应对0~1岁宝宝常见不适 / 242

Happy
Smile

怀孕怎么吃

孕期10个月，胎宝宝正处于人生中第一个高速发展时期——他将在胎儿期完成大部分的功能器官和大脑发育，最终从一个细胞成长为一个小人儿。

孕期营养对胎宝宝的成长特别重要，孕妈妈的营养决定着胎宝宝健康与否、聪明与否。

大千世界，食物有千千万万，而孕妈妈每天需要吃的食物也多达数十种，孕妈妈应该依照孕期身体的变化和胎宝宝生长发育的需求来科学合理地安排孕期饮食。

饮食调整

孕期饮食与营养总原则

营养均衡

在孕期，含蛋白质丰富的肉类、鱼类、奶类、蛋类，含碳水化合物丰富的谷物类，含矿物质和维生素丰富的蔬菜、水果类，孕妈妈都要适当食用，按照每日主食250克，蔬菜500克左右，肉100克~200克来安排。而且每一大类中的食物，也要多变换选择，如荤食类，中午吃肉，晚上就可以吃鱼。肉和鱼虽然同为蛋白质丰富的食物，但蛋白质构成是不同的，轮换着吃更能保证营养均衡。况且其他营养素方面的含量和构成也都大有不同。

种类丰富

种类丰富在一定程度上对保证营养均衡有作用，孕妈妈可以培养一个习惯，习惯点数每餐饭的食材并且比较每两餐和每两天的食材变化，发现重复太多或者种类太少，要注意去做些改变，无论是自己买菜烹调还是外出就餐，都可以贯彻这一原则。

食物的颜色大体上有白、黑、红、绿、黄，如白色的大米、笋、茭白，黑色的黑米、黑豆、黑芝麻，红色的红枣、胡萝卜、草莓，绿色的绿叶菜，黄色的玉米、南瓜、橙子等，五色兼顾，营养更丰富、全面。

摄取量合适

孕妈妈因为担心胎宝宝营养不够，总是认为应该多吃点儿。这没错，的确怀孕后比平时需要摄入的营养要多一些。但是不会多很多，所以没有必要刻意地、额外地去补充更多的营养。有时候反而需要控制过于旺盛的食欲，以免体重增长过快，胎儿过大，造成分娩困难。

重点强调钙、铁摄入

相比于其他营养，孕妈妈需要摄入的铁和钙要多一些，因为孕后期胎儿除了满足自身发育需求外，还要在身体里储备一些，所以建议在孕中期以后就多摄入一些含铁和含钙丰富的食物，必要的时候要用制剂补充。

孕妈妈配餐原则

为了保持全面、均衡的营养摄入，建议孕妈妈每天除了水之外，最好摄取20种食物，这其中还包括烹调中使用的配料、调料，如葱、姜、蒜等。具体的食物分配，可以参考如下的饮食金字塔。

油、盐

食用油每天的摄入量应控制在25克~30克，盐的摄入量每天应控制在6克以内。

奶类、奶制品、大豆类、坚果类

奶类及奶制品每日可吃300克，大豆类和坚果类每日可吃30克~50克。

畜禽肉类、鱼虾类、蛋类

鱼、肉、蛋共400克，其中肉100克~150克即可。

蔬菜类和水果类

蔬菜类每日300克~500克，水果类每日200克~400克。

谷类、薯类及杂粮

每日250克~400克。

做好体重管理，避免营养过剩

营养过剩的孕妈妈更容易患妊娠糖尿病综合征、妊娠高血压疾病，胎儿有可能发育成巨大儿，导致难产。而且巨大儿本身也营养过剩，日后长大易患与营养过剩相关的疾病，如高血压等心脑血管疾病的可能性也比别人高。

一般来说，按照我们前面的营养和饮食原则安排饮食是不会造成营养缺乏或者营养过剩的。

体重增幅反映孕期营养状况

营养摄入是否合理可以通过监测体重来判断。孕前体重正常的女性孕期理想的体重增长情形为孕早期增加约2千克，孕中期及孕晚期各增加约5千克，前后共增加约12千克。

大多数孕妈妈都不能达到如此理想的状态，但只要整体上在平稳增加又不是很过量就是可以的。如果孕期体重增加超过20千克或者孕妈妈体重超过80千克都是很危险的。

孕前体重比较低的，低于正常体重的10%，孕期体重增加可达到14千克~15千克，孕前体重高的，高于正常体重的20%，孕期体重增加尽量控制在7千克~8千克。

影响孕期健康的4个不良饮食习惯

有的孕妈妈孕前有些饮食习惯是不健康的，自己可能没意识到，怀孕后建议适当自省一下，有些饮食习惯是否要改改。

不良习惯1：偏食挑食

不挑食、不偏食是营养摄入全面的保证。挑食偏食的习惯可能会使胎儿发育所需要的某类营养素严重缺乏，而且胎儿有一定的味觉感知能力，孕妈妈偏食挑食可能也让胎儿形成一样的味觉偏好，将来也跟妈妈一样偏食挑食，所以无论从哪方面，孕妈妈偏食挑食的毛病要改一改，某些特别不喜欢吃的食物可以变变做法，如剁碎混入馅料里，用特别的调味料，如咖喱、奶油等处理一下，可能就能吃下去了。素食的孕妈妈如果可以接受荤食，也要适当进食一些荤食，长时间素食容易缺乏蛋白质。

不良习惯2：口味过重

有些孕妈妈偏好肥甘厚味的食物，这类食物一般调味料包括盐、糖、花椒、油脂等都添加得比较多，烹调过程比较长。经过这样处理后，食物消化难度增加了，食材的营养价值却又下降了，这样的结果就是胎儿能吸收的营养素减少，他所处的环境也就是孕妈妈体内的环境也会变得糟糕一点，因为这样的食物吃多了，孕妈妈体内热气较盛，影响身体健康。

不良习惯3：吃饭狼吞虎咽

狼吞虎咽进食的时候，食物在口腔里停留时间短，没有经过牙齿的充分咀嚼，也没有跟唾液充分接触就进入了胃里，这样食物的第一步消化就没做好，而且狼吞虎咽的情况下胃肠道消化液分泌也不充分，孕妈妈对营养的吸收损失比较大，是达不到充分吸收营养这一要求的，所以这个习惯也要改变。

不良习惯4：零食不离口

有的孕妈妈喜欢吃零食，在饭前饭后都喜欢时不时往嘴里塞些食物，这是不对的，一般来说，饭前饭后2小时之内是不应该进食零食的，要吃，最少也要错开1小时，这样正餐营养才能充分被消化和吸收，而正餐才是最具营养价值的。

孕期饮食的常见误区

怀孕后饭量得加倍

这种说法有失偏颇，孕期饭量会有所增加，但绝对不是简单的翻倍，而是吃得更好。

孕早期的胎儿非常小，所需要的能量并不多，饭量可以维持和孕前一样。如果这个时候饭量翻倍，孕妈妈的体重也会飙升的，对孕期健康不利。

到了孕中期和孕晚期，胎儿身体构建基本完成，大脑、神经发育也比较健全，接下来的主要任务就是长大、长胖，尤其是孕晚期，胎儿的大部分体重都是在这个时期增加的。这时候饭量就需加大了，不过加得并不多，大约半碗米饭就可以了。

酸儿辣女

事实证明这种说法并不准确，有的孕妈明明喜欢吃酸还生了女儿，有的孕妈则喜欢吃辣而生了儿子。所以在现代生活中把这种说法当作一句玩笑话听听就行了，在享受怀孕的喜悦之余再增加点乐趣，不必当真。

需要注意的是，孕妈妈喜欢吃酸的或者吃辣的，可以吃，但都不要放任自己无节制地吃，无论什么食物吃多了都可能会带来伤害。

喜吃酸可吃些酸味水果，最好不要选择酸黄瓜、酸菜、泡菜等腌制食物，这类食物不健康还伤脾胃，口味也太重，孕期多吃会加重水肿。爱吃辣的建议偶尔吃一点儿，不能多吃，辛辣会加重孕期便秘、痔疮。一些加工的成品辣味食物如泡椒凤爪、辣条，建议不吃，以免摄入过多的盐分及各种添加剂。

孕期变胖没关系，生完再减

这是不对的，孕期肥胖不仅仅是身材变得不美观的问题，而是关乎孕妈妈和胎宝宝安全的一个大问题，所以不能看得这么简单。孕期体重超标会增加孕妈妈患病概率，包括妊娠糖尿病综合征、妊娠高血压疾病等，胎宝宝也可能受连累，成为巨大儿，影响自然分娩和出生后的健康。

孕期体重增长太快，还会形成妊娠纹，妊娠纹虽然产后会变淡，但终生都不会消失。孕妈妈腹部脂肪过多，产后恢复难度也会增加。

因此，如果孕妈妈发现自己孕期体重增加太快了，就要尽快调整饮食，控制好体重增长速度。

避开对胎宝宝发育不利的致畸食物

生肉：可能被弓形虫感染

孕早期感染弓形虫会导致胎儿脑积水、小头畸形、脑钙化以及流产、死胎等，在出生后宝宝则有可能发生抽搐、脑瘫、视听障碍、智力障碍等，死亡率可达70%以上。弓形虫几乎可以感染所有的肉类食品，但只要加热熟透后就不会感染弓形虫。建议孕期不要吃生鱼片或半生肉类。为了避免交叉感染，在烹调和食用肉类时要注意以下几个要点：

1 要将切生肉与切菜的案板、菜刀分开。

2 烹调肉类的时间、火候要足够，让肉食熟透。

3 吃火锅时要用专用的筷子夹取肉食，并涮烫足够的时间，让肉食熟透。

4 孕妈妈如果接触了生肉，要记得及时洗手。

部分深海鱼类：含汞

包括金枪鱼、鲨鱼、剑鱼、方头鱼、鳕鱼等，这些深海鱼体内含有汞，孕妈妈如果经常吃，严重的会影响胎儿的脑部神经发育，导致畸形或智力发展迟缓。所以，孕妈妈应少吃这些鱼及其罐头制品，建议每月食用不超过1次。

存放过久的土豆：含大量的生物碱

存放过久的土豆中含有生物碱，如果大量摄入，会导致胎儿畸形。生物碱多集中在土豆皮里，因此食用土豆时一定要去皮。另外，发芽的土豆和吃起来有些麻的土豆是含有毒素的，最好不吃，以免影响母胎安全。

被催肥的猪肝：含过量维生素A

现在的猪饲料大多添加了过多的催肥剂，致使维生素A在猪肝中大量囤积。如果孕妈妈食用太多此类猪肝，就会摄入过量维生素A，进而损害胎儿身体身体健康。孕妈妈一般每两周吃1次猪肝就足够了。

方便食品：含反式脂肪

很多方便食品含较高人造脂肪，其中反式脂肪比例较高，如果经常食用将对孕妈妈及胎宝宝的心血管健康带来危害。

油条：含明矾

一些炸制油条需要添加明矾，如果常吃此类油条，明矾摄入过量会导致胎儿畸形。

腌制食品：含大量亚硝酸盐

腌制食品如酸菜、咸鱼、咸肉等，含有大量亚硝酸盐，亚硝酸盐有致癌作用，对母胎都无益处，孕妈妈应少吃。

谨慎食用刺激子宫的食物

少吃

木瓜

木瓜含有雌性激素，孕妈妈过量食用会影响体内的激素水平，从而影响胎儿的稳定度，严重的甚至会导致流产，青木瓜的影响更加明显。

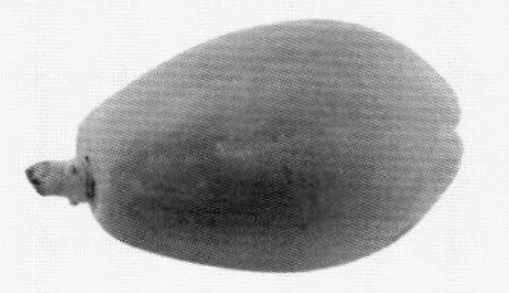

不吃

芦荟

芦荟可造成动物流产。孕妈妈大量饮用芦荟汁后，可出现骨盆出血，甚至造成流产。

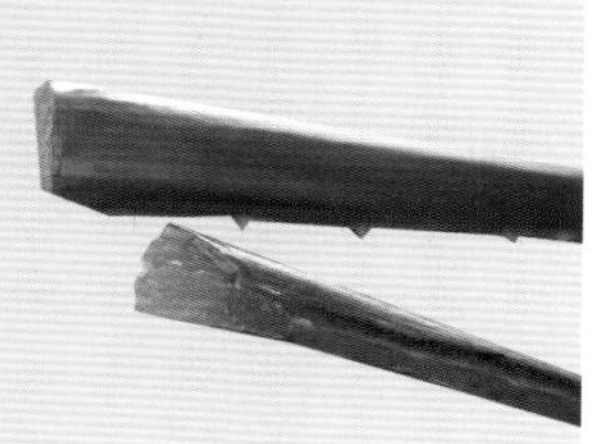

少吃

山楂

山楂中的山楂酸、酒石酸和黄酮会加强子宫平滑肌的收缩，食用过量易导致流产。

少吃

薏米

薏米对子宫平滑肌有兴奋作用，可促使子宫收缩，食用较多可诱发流产。

少吃

冷饮

胎儿对寒冷刺激反应很敏感，孕妈妈吃冷饮会让胎儿躁动不安；同时冷饮刺激肠胃蠕动加速，也会间接威胁胎儿的安稳，不利于安胎。

不喝

酒

酒中含有乙醇，可通过胎盘进入胎儿体内，对胎儿的大脑、肝脏和心脏造成不利影响，严重的还会导致畸形或流产。

有危险性的食物，因为体质不同，吃完之后会有不同的反应，有些孕妈妈吃过可能会没事，但不能因此认为自己吃了也没事。

谨慎食用活血食物

螃蟹

少吃

螃蟹性寒凉，有很好的活血功能，尤其是蟹爪，活血功能非常明显，孕妈妈吃多了容易导致流产。

甲鱼

少吃

甲鱼活血散淤的作用较螃蟹有过之而无不及，而其甲比肉更容易造成流产后果，孕妈妈最好少吃。

少食含咖啡因食物

咖啡

少喝

咖啡含有咖啡因，咖啡因有兴奋作用，摄入太多，会使孕妈妈心跳加快，危害胎儿稳定。严重时会造成胎儿神经损伤。

碳酸饮料

少喝

碳酸饮料含有咖啡因，而且糖分过高，进入体内会产生大量酸性物质，影响孕妈妈身体健康，进而影响胎儿发育。

红茶

少喝

红茶中含有咖啡因，茶越浓咖啡因含量越高，经常大量饮用会明显增加胎动次数，孕妈妈要少喝。

少食不利于安胎的热性食物

荔枝

少吃

荔枝性热，同于人参，吃多了容易上火，从而威胁胎儿的稳定。

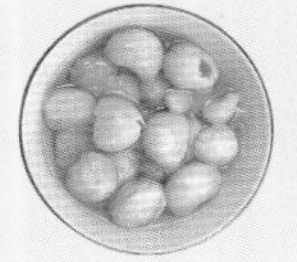

桂圆

少吃

桂圆属于热性食品，吃多了不利于安胎。

热性香料

少吃

包括小茴香、八角茴、花椒、胡椒、桂皮、五香粉、辣椒粉等，吃得太多，同样会上火，不利于安胎。

中药补品孕妈妈是否可以吃

中医讲究对症治疗，终极目标是把人体调节到中庸状态，最好不偏不倚。就补养来说，气虚、血虚，寒性体质和热性体质的人在补养气虚、血虚时用的补品是不同的，其间变化精微，不是三言两语能够说清楚的。而孕妈妈很难准确确定自己是什么体质，在哪个方面虚弱，所以能不能吃中药补品是不能一概而论的。如人参，如果孕妈妈气虚，吃人参就有安胎效果，但是人参性热，而一般的人怀孕后体质都偏热，再吃人参会加重内热，反而容易导致胎儿躁动不安。

是药三分毒，在需要的情况下是药，不需要的情况下强行摄入就是毒了，所以建议没有特别不适的情况不要轻易尝试。

能不能吃中药补品是不能一概而论的。

贴心叮咛

有些孕妈妈倾向于购买进口孕妇营养增补剂，值得注意的是，国外的孕妈妈因为膳食构成和国内不同，她们普遍缺乏的营养不一定是国内孕妈妈也缺乏的。因此，未必进口营养品就是好的，最好先咨询医生再确定是否服用。

如何健康服用营养增补剂

营养增补剂一般是缺什么补什么更有效果，也更安全，不缺还不断进补，要么造成不必要的浪费，要么增加身体负担，严重时还会导致中毒，如维生素A补充过量、维生素D等补充过量就会导致中毒，还可能造成胎儿畸形。

在决定吃营养增补剂之前最好咨询医生，然后在医生指导下有针对性地进行补充，严格遵医嘱控制补充的量和频率，避免补充过量。

一般医生会推荐服用专门为孕妇设计的综合营养素，其中所含的营养更有针对性。

喝孕妇奶粉的孕妈妈需注意，孕妇奶粉中一般营养也比较全面，如果再额外服用营养素，一定要注意是否会引起超标。

从孕前3个月开始补充叶酸

叶酸应该从孕前 3 个月开始补充。叶酸在体内存留时间比较短，所以需要每天都服用，适宜的量为每天0.4毫克。

选择哪种叶酸补充剂

如今市面上有很多叶酸增补剂，但唯一得到国家卫生部门批准，预防胎儿神经管畸形的叶酸增补剂是“斯利安”叶酸片，每片0.4毫克。每天只需要服用1片斯利安就能满足一天的叶酸需求。所以，建议买这种叶酸增补剂来补充叶酸。

巧用食物补叶酸

富含天然叶酸的食物有很多，包括动物肝脏、豆类、深绿叶蔬菜（如西蓝花、菠菜、芦笋等）、葵花子、花生和花生酱、柑橘类水果和果汁、豆奶和牛奶等。你可以多摄入以上含叶酸较丰富的食物，以保证每天身体所需的叶酸量。

改变烹调方式，减少叶酸流失

叶酸容易受光和热的影响而失去活性，使得食物中叶酸的成分大大损失。因此，蔬菜要尽量吃新鲜的，贮存得越久，叶酸损失就越多；烹调方式最好采用蒸、微波、大火炒的方式，避免长时间炖煮或高温油炸。

叶酸最好从孕前3个月就开始补充。

补充叶酸注意事项

如果你在孕前有过长期服用避孕药、抗惊厥药史，或是曾经生下过神经管缺陷的宝宝，则需在医生指导下，适当调整每日的叶酸补充量。

补叶酸的量千万不要过，除了吃一些深绿色的含有叶酸的蔬菜，只要每天补充1片“斯利安”就好。千万不要想当然地认为多多益善，而擅自购买大剂量的叶酸片服用，因为叶酸过量同样会导致胎儿畸形。

除了“斯利安”叶酸片，还有不少专门针对孕妈妈的营养素制剂以及孕妇奶粉等，也含有适量的叶酸，建议孕妈妈认真查看其中的叶酸含量，以避免重复补充，导致叶酸摄入过量。

补充叶酸时，尽量不要粗心漏服，但是如果漏服，也没必要加量补充，只需按照每天1片继续下去即可。

服用叶酸最好一直持续到孕3月，这样才能最大限度地保证宝宝整个神经管发育的健全。在孕中期则可服用可不服用，没有特别要求。

长期服用叶酸会干扰体内的锌代谢，也会影响胎儿的发育。所以，孕妈妈在补充叶酸的同时，还要注意补锌。

孕妈妈嗜酸、辣要节制

孕早期妊娠反应较重时，有些孕妈妈会特别喜欢吃酸、辣食物，这很正常，但为保持孕期身体健康，应科学选择食物种类并控制好食用量。

酸味食物：适合孕妈妈吃的酸味食物很多，如各种酸味水果、酸奶等。还有一些酸味食物如腌制酸菜等可能含有一定量的亚硝酸盐，不利于胎儿发育，尽量少吃。还有醋，对肠胃的刺激较强烈，可以少加一点到菜里，但不要大量食用。另外，山楂对嗜酸的孕妈妈很有诱惑力，但一定要提醒自己少吃。

辣味食物：如果孕妈妈一直吃辣，身体也比较适应，孕期适当吃一点没有关系，但一定要有节制意识，无节制地食用辣味食物，容易刺激肠胃，引发消化不良、便秘、痔疮等不适，加重孕期不适感，甚而影响胎儿的稳定。

少吃多餐，肠胃更轻松

怀孕后，孕妈妈的肠胃普遍会变弱，消化能力也受到影响。少吃多餐的方式对肠胃来说更舒适。尤其是有早孕反应和胃灼热症状的孕妈妈，少吃多餐尤其有效。

孕期营养不良的信号

营养不良的孕妈妈一般比较虚弱，而且身体常有这样那样的毛病，要敏感一点，及早发现这些信号，尽早调整。

如果味觉减退，可能缺锌；牙龈经常出血，可能缺乏维生素C；嘴角经常干裂，可能缺乏核黄素和烟酸；频繁舌炎、舌裂或舌水肿，可能缺乏B族维生素；排便困难、便秘，可能缺乏膳食纤维和水；小腿经常抽筋，可能缺钙；头发干枯、易断、脱发，可能缺乏蛋白质。

怀疑缺乏什么只是简单的判断，最终判定还需医生检查得出结果。不要擅自服用营养素制剂，以免摄入过量影响健康。营养素制剂只有在医生检查确认后才能按医嘱服用。

必需营养素

糖类

糖类缺乏对孕期的影响

胎宝宝：葡萄糖是胎儿代谢必需的养分，所以应保持孕妈妈血糖的正常水平，以免胎儿血糖过低，影响生长发育。

孕妈妈：孕妈妈需要的能量比较多，如果在孕期缺乏糖类，就缺少能量，会出现消瘦、低血糖、头晕、无力，甚至休克等症状。

孕期糖类需求量

一般情况下糖类不容易缺乏，但在孕早期由于早孕反应容易缺乏，孕中期消耗能量较多，注意每天摄入250克~400克主食即可。

食物来源

主要来自谷类、薯类、根茎类食物。

蛋白质

蛋白质缺乏对孕期的影响

胎宝宝：蛋白质是胎儿发育的基本原料，对胎儿的脑发育尤为重要，孕妈妈在孕期缺乏蛋白质，胎宝宝就会发育迟缓，体重过轻，甚至影响智力。有几种氨基酸对胎儿生长有特殊的作用，如色氨酸缺乏可引起先天性白内障。

孕妈妈：缺乏容易导致流产，蛋白质不足是营养素缺乏性流产的主要原因。

孕期蛋白质需求量

每天的蛋白质需要量从75克~100克不等，增加量的多少与孕周有关，一般在孕早期与孕前差不多，孕中期为85克左右，孕晚期需要量最大，为100克左右。

食物来源

牛奶、鸡蛋、鸡肉、牛肉、猪肉、羊肉、鸭肉、甲鱼、黄鳝、虾、鱼等含有动物蛋白，其中鸡蛋、牛奶、鱼类蛋白质为优质蛋白质。植物蛋白含量最多的是大豆，其次是麦和米。花生、核桃、葵花子等也含有较多蛋白质。

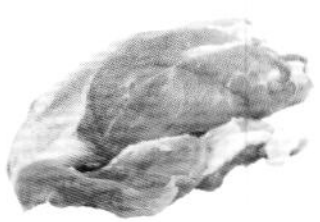

脂肪

脂肪缺乏对孕期的影响

胎宝宝：若缺乏脂肪，可导致胎宝宝体重增加缓慢，影响大脑和神经系统发育，胎儿的心血管系统建设也会出问题。

孕妈妈：促进脂溶性维生素的吸收，如果缺乏，孕妈妈可能发生脂溶性维生素缺乏症。

孕期脂肪需求量

脂肪可以被人体储存，所以在整个孕期，孕妈妈只需要按平常的摄取量摄取脂肪即可，无须增加，每天60克左右即可（烧菜用的植物油25克和其他食品中含的脂肪）。

食物来源

各种油类，如花生油、豆油、菜油、麻油、猪油等。食物中奶类、肉类、鸡蛋、鸭蛋等含脂肪也很多。花生、核桃、果仁、芝麻中也含有很多脂肪。

维生素A

维生素A缺乏对孕期的影响

胎宝宝：胎儿骨骼发育离不开维生素A，缺乏维生素A会使得胚胎发育不全或胎儿生长迟缓，严重维生素A缺乏时，还可引起多器官畸形。

孕妈妈：孕早期缺乏维生素A引起流产的概率会升高，维生素A 缺乏时，皮肤黏膜干燥，表皮细胞增生，过度角化脱屑，抵抗力下降。

孕期维生素A需求量

一般认为，孕妈妈的维生素A每日推荐摄入量在孕早期为800微克，孕中期和孕晚期为900微克。孕期可耐受最高摄入量每日为2400微克，不可大剂量摄取维生素A，长期摄入过量的维生素A可引起维生素A过多症或中毒，并且对胎儿也有致畸作用。

食物来源

天然维生素A只存在于动物体内，动物的肝脏、鱼肝油、奶类、蛋类及鱼卵是维生素A的最好来源。

植物性食物中存在的胡萝卜素在体内也能转化成为维生素A，其中最重要的是β-胡萝卜素。红色、橙色、深绿色植物性食物中含有丰富的β-胡萝卜素，如胡萝卜、红心甜薯、菠菜、苋菜、杏、芒果等。

维生素B_1

维生素B_1缺乏对孕期的影响

胎宝宝：缺乏维生素B_1，可影响胎儿的能量代谢，严重的可使宝宝发生先天性脚气病。

孕妈妈：缺乏维生素B_1，容易引起多发性神经炎和脚气病。轻者食欲差、乏力、膝反射消失；严重者可有抽筋、昏迷、心力衰竭等症状。

孕期维生素B_1需求量

维生素B_1的需要量与身体热能总摄入量成正比，孕期热量需求增加500 千卡，因此，维生素B_1的供给量也增加为1.5毫克/天，可耐受最高摄入量每日为50毫克。

食物来源

维生素B_1含量丰富的食物有粮谷类、豆类、干果、酵母、硬壳果类。动物内脏、蛋类及绿叶菜中含量也较高，芹菜叶、莴笋叶中含量也较丰富，应当充分利用。

维生素B_2

维生素B_2缺乏对孕期的影响

胎宝宝：维生素B_2缺乏容易导致胎宝宝营养供应不足，生长发育迟缓。孕后期缺乏，可导致新生儿发生舌炎和口角炎。

孕妈妈：身体缺乏维生素B_2容易出现能量和物质代谢的紊乱，还可以引起或促发孕早期妊娠呕吐，孕中期口角炎、舌炎、唇炎以及早产儿发生率增加。

孕期维生素B_2需求量

由于参与人体热能代谢，孕期维生素B_2的供给量相应增加为1.7毫克/天。

食物来源

动物性食物中维生素B_2含量较高，尤以肝脏、心、肾脏中丰富，奶、奶酪、蛋黄、鱼类罐头等食品中含量也不少；植物性食品除绿色蔬菜和豆芽等豆类外一般含量都不高。

维生素C

维生素C缺乏对孕期的影响

胎宝宝：人脑是人体含维生素C最多的地方，维生素C缺乏会影响宝宝智力的发育，还对宝宝的骨骼和牙齿发育、造血系统的健全和机体抵抗力的增强不利。增高新生儿的死亡率，引起低体重新生儿增多。

孕妈妈：维生素C缺乏易引起胎膜早破。如果体内严重缺乏维生素C，可使孕妈妈患坏血病，表现为牙龈肿胀与出血等。

孕期维生素C需求量

孕早期每日为100毫克，孕中期和孕晚期均为130毫克；可耐受最高摄入量为每日1000毫克。

食物来源

维生素C主要来源于新鲜蔬菜和水果，水果中以酸枣、柑橘、草莓、猕猴桃等含量高；蔬菜中以西红柿、彩椒、豆芽含量最多。蔬菜中的叶部比茎部含量高，新叶比老叶含量高，有光合作用的叶含量最高。

膳食纤维

膳食纤维缺乏对孕期的影响

膳食纤维可刺激消化液分泌，加速肠蠕动，在肠道内吸收水分，使粪便松软。膳食纤维摄入不足极容易引发或加重孕期便秘、痔疮。

孕期膳食纤维需求量

建议孕妈妈每日总摄入量在20克~30克为宜。一般情况下，人们每日从蔬菜和水果中大约摄入8克~12克膳食纤维（相当于摄入500克蔬菜、250克水果的情况下）。

过量食用膳食也会产生副作用，如产生腹胀感，另外，过多的膳食纤维将影响维生素和微量元素的吸收。

食物来源

膳食纤维分可溶性和不溶性两类，可溶性膳食纤维主要在豆类、水果、紫菜、海带中含量较高；不溶性膳食纤维存在于谷类、豆类的外皮和植物的茎、叶和虾壳、蟹壳等。麸皮中也含有丰富的膳食纤维。

钙

钙缺乏对孕期的影响

胎宝宝：新生儿易发生骨骼病变、生长迟缓、佝偻病以及新生儿脊髓炎等。

孕妈妈：孕期缺钙会引起小腿抽筋，牙齿珐琅质发育异常，抗龋能力降低，硬组织结构疏松，并发妊娠高血压疾病。严重缺钙可致骨质软化、骨盆畸形而诱发难产。

孕期钙需求量

我国营养学会推荐的钙供给量为成年人每天800毫克，为保证胎儿骨骼的正常发育，又不动用母体的钙，到孕中期以后，孕妈妈每天需补充1000毫克钙，孕晚期需补充1200毫克钙。

孕妈妈每天从食物中摄入的钙大约有400毫克，因此建议每天喝1~2袋奶（可补充钙250毫克~500毫克）外，孕中、晚期还需要补充一定的钙制剂。

需要注意的是，补钙的同时也要注意不要补过，通常补到孕36周就可以了，以避免胎宝宝头颅发育太硬，自然分娩时头部不易被挤压，造成娩出困难。

食物来源

奶和奶制品中钙含量最为丰富且吸收率也高，最好每天能摄入250毫升~500毫升牛奶，因为250毫升左右牛奶中含有大概250毫克钙，500毫升牛奶大概含有500毫克钙。另外，像虾皮、一些蔬菜、鸡蛋、豆制品、紫菜等都含有丰富的钙。

铁

铁缺乏对孕期的影响

胎宝宝：孕妈妈摄入的铁不足，会直接影响到胎儿的生长和发育。

孕妈妈：孕妈妈膳食中的铁摄入量不足可造成缺铁性贫血，孕早期铁的缺乏与早产、低出生体重有密切关系。

孕期铁需求量

孕妈妈在孕4~6个月，平均每天应摄入25毫克；孕7~9个月，应摄入35毫克；产前及哺乳期，应摄入25毫克。

食物来源

动物肝脏、各种瘦肉、蛋黄、全血、鱼类均含铁量较高，但目前食物污染很严重，动物肝脏应适量食用。一部分蔬菜含铁较高但吸收较差，必要时可以适当选用一些补铁剂。药物补铁应在医师指导下进行，过量的铁将影响锌的吸收利用。

维生素C能增加铁在肠道内的吸收，素食者吃全谷类及绿色蔬菜时更应搭配维生素C丰富的食物，如猕猴桃、西瓜等，以增加吸收。建议使用铁锅、铁铲做饭，铁离子会溶于食物中，易于肠道对铁的吸收。

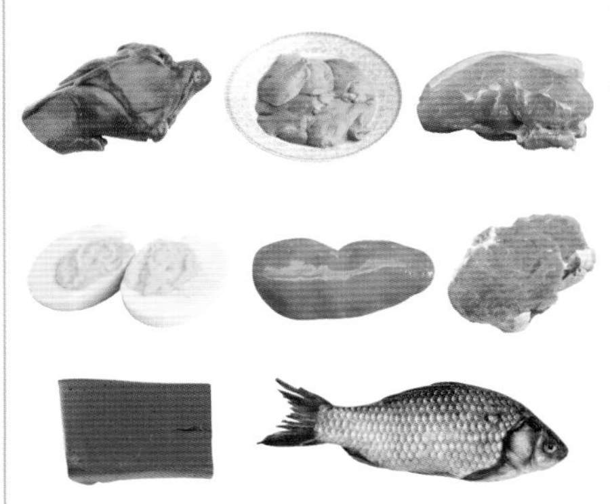

碘

碘缺乏对孕期的影响

胎宝宝：缺碘会使胎宝宝的甲状腺激素不足，使大脑皮层中分管语言、听觉和智力的部分发育不全，出生后表现为不同程度的聋哑、痴呆、身材矮小、智力低下等。

孕妈妈：可能导致流产、甲状腺肿、克汀病、脑功能减退，以及胎宝宝和孕妈妈的甲状腺功能减退等。

孕期碘需求量

孕妈妈对碘的需要量比一般人的需要量要高，因为胎儿的生长发育旺盛，各系统的发育对甲状腺激素的需要量增加。成人摄取碘的日推荐量为150微克，孕妈妈每日应相应再增加 50微克。

同时，还应注意预防慢性碘中毒。由于对碘的敏感性个体差异很大，有些人易患碘中毒，出现过敏反应如皮疹、皮肤病、恶心、颜面和眼水肿、头痛、咳嗽等。

食物来源

怀孕最初三个月补碘是纠正因缺碘而造成不良后果的有效方法。补碘的途径有食补和药补两种，食补是最好的补充途径。含碘量最丰富的食品为海产品，如海带、紫菜、淡菜、海参、干贝、龙虾等。

锌

锌缺乏对孕期的影响

胎宝宝： 锌缺乏时会影响到胎儿的生长，使心脏、脑、胰腺、甲状腺等重要器官发育不良，还可能对胎儿有致畸作用。

孕妈妈： 锌缺乏症状包括味觉和嗅觉失常、食欲缺乏、消化和吸收不良、免疫力降低；严重缺乏时，可见骨成熟迟延，肝脾肿大，免疫反应明显降低，性腺功能减退。其他症状有脱发、发疹、多发性皮肤损害、舌炎、口炎、睑炎等。

孕期锌需求量

孕期锌的推荐量为每日20毫克。

食物来源

锌在牡蛎中含量十分丰富，其次是鲜鱼、牛肉、羊肉、贝壳类海产品。经过发酵的食品锌的含量增多，如面筋、烤麸、麦芽都含锌。豆类食品中的黄豆、绿豆、蚕豆等；硬壳果类的是花生、核桃、栗子等，均可选择入食。

钠

钠缺乏对孕期的影响

如果身体内缺少盐分，水分也会减少。在这种情况下除了产生口渴的感觉外，血液也会变得黏稠，流动缓慢，以致养料不能及时地输送到身体的各个部位，废物也不能及时地排出体外，时间一长，对身体有害。

如果长期低盐或者不能从食物中摄取足够的钠时，就会食欲缺乏、疲乏无力、精神萎靡，严重时发生血压下降，甚至引起昏迷。

孕期钠需求量

正常情况下每日的摄盐量以少于6克为宜。

食物来源

除烹调、加工和调味用盐（氯化钠）以外，钠以不同量存在于所有食物中。一般而言，蛋白质食物中的钠含量比蔬菜和谷物中多，水果中含钠量较低。

镁

镁缺乏对孕期的影响

孕妈妈缺镁会引起神经与肌肉的功能失调，出现肌肉震颤、手足抽搐、惊厥等现象。

孕期对镁的需求量

成年女性每日膳食推荐量为300毫克；孕期为450毫克。最大日安全摄入量为3克。进食多样化的正常人，不会有缺乏，但镁的需要量与蛋白质、钙、磷的摄入量有平衡关系。

食物来源

镁比较广泛地分布于各种食物中。新鲜的绿叶蔬菜、海产品、豆类是镁较好的食物来源；荞麦、全麦粉、燕麦、黄豆、乌梅、苋菜、菠菜及香蕉等也含有较多的镁。

本月营养关注

胎宝宝：受精卵成功着床

在这个月末，受精卵会在孕妈妈的子宫安定下来，这就是着床。

着床的过程：精卵相遇后，受精卵不断分裂，同时渐渐地向子宫方向移动，经过4~5天，分裂中的胚泡到达子宫腔，约2天后与子宫内膜接触，着床开始，经过4~5天钻入子宫内膜，着床成功。

与此同时，分裂中的胚泡一部分形成大脑，其余的形成神经组织，大脑发育已经开始。

孕妈妈：“好朋友”没有如期而至

月经规律的女性，若是过了日期还没来月经，很有可能就是怀孕了，下次月经到来将是大约1年半以后的事情了。

停经后1~2周，有些孕妈妈的食欲会下降，胃口会发生一些变化。有些孕妈妈则表现得特别爱吃酸味的东西。

有的孕妈妈对怀孕很敏感，怀孕不久就会感到疲倦，没有力气，昏昏欲睡；还有的孕妈妈乳房开始增大，有如月经来前的胀痛感，但这种感觉还要更强烈一些。

营养指导

1 饮食要注意杂而广，以便吸收更全面的营养，另外，蔬菜及鱼虾、牡蛎、大豆、瘦肉、鸡蛋、芝麻等要多吃，其中的维生素、蛋白质和锌是精卵生成的重要原材料，可以提高卵子的质量和精子的活力，减少畸形发生。

2 现在卵子正在通往生命旅程的路上，所以一定要保持好的情绪，为受精卵提供优质的内环境。不要擅自服用营养素补充剂，过量摄入只会损害身体健康。如有必要，请在医生指导下服用。

3 胎宝宝大脑发育与营养密切相关，除了全面摄取营养外，还要注意补充叶酸，可帮助胎宝宝神经系统发育。

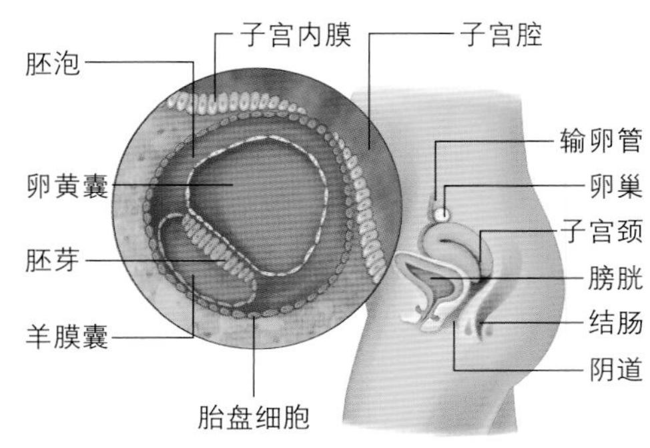

推荐食材

食材	功效
核桃	• 核桃中的维生素E含量丰富，对备孕中的男女双方都有益。 • 富含不饱和脂肪酸和磷脂，有助于胎宝宝大脑发育。
紫菜	• 紫菜富含碘，对备孕男女双方有益。 • 紫菜中含丰富的钙、铁元素，可防治孕期缺铁性贫血。
草莓	• 草莓有健脾和胃、滋养补血的功效。 • 草莓中含的胡萝卜素是合成维生素A的重要物质。 • 草莓含维生素丰富，孕期常吃对皮肤有益。
猪肝	• 猪肝含丰富维生素A，可以缓解孕期眼涩等症状。 • 猪肝有养血补血的功效，适宜气血虚弱的孕妈妈食用。 • 猪肝中富含蛋白质、卵磷脂和微量元素，有利于胎宝宝的大脑发育。
虾	• 富含钙质和蛋白质等多种营养素，且肉质嫩，易消化，适合孕期食用。
菜花	• 菜花含有维生素K，可使血管壁的韧性加强，减少淤血的产生，对孕妈妈有益。 • 菜花可以增强肝脏的解毒能力，能提高机体的免疫力，预防感冒。
菠菜	• 叶酸含量颇丰，每百克约含叶酸110微克。 • 维生素A、维生素C的含量也很高。
花生	• 富含维生素E，适量食用对卵子有益。 • 含对精子有益的锌、精氨酸等，准爸爸可适当多吃些。
香菇	• 香菇中含有多种人体必需的氨基酸，还富含膳食纤维。 • 香菇含有丰富的精氨酸和赖氨酸，常吃可健脑益智。 • 干香菇中富含维生素D，可促进钙质吸收。
红枣	• 红枣含有丰富的维生素C，可以增强身体免疫力。 • 红枣能补益气血，有助于预防孕期出现缺铁性贫血。
鸡蛋	• 鸡蛋几乎含有人体必需的所有营养物质，如蛋白质、脂肪、卵黄素、卵磷脂、维生素和铁、钙、钾等，孕期可以常吃。 • 鸡蛋健脑益智，可以帮助胎宝宝大脑发育。
黄豆	• 黄豆中含有丰富的优质植物蛋白，易被身体吸收。 • 大豆异黄酮是一种植物性雌激素，可以调节激素分泌失调。

推荐食谱

核桃牛奶饮

材料：牛奶250毫升，核桃仁30克，黑芝麻20克，白糖少许。

做法：❶ 将核桃仁、黑芝麻倒入研磨机中打磨成粉。

❷ 磨好后，均匀倒入锅中与牛奶共煮。

❸ 煮沸后加入少量白糖调匀即可。

营养小贴士：牛奶不宜长时间高温蒸煮，否则会产生沉淀物，导致营养价值降低。

虾皮紫菜汤

材料：虾皮15克，干紫菜5克，盐、酱油、味精、香油各少许。

做法：❶ 紫菜泡发，洗净；虾皮洗净。

❷ 锅置火上，放入适量水烧开，加入虾皮，稍煮一下，放入盐、酱油，撇去浮沫。

❸ 放入紫菜，淋上香油，撒入味精即可。

营养小贴士：虾皮和紫菜都含有丰富的钙，两者搭配做汤，既美味又营养。

核桃鸡丁

材料：鸡肉300克，核桃仁100克，鸡蛋1个，青笋、水发香菇各20克，姜、葱各适量，水淀粉、生抽、料酒、盐、味精各少许。

做法：❶ 将鸡肉片成厚片，剞十字花刀，改切成丁，放蛋清和适量水淀粉搅拌均匀。

❷ 核桃仁用水泡软去衣；青笋、水发香菇切丁、汆烫后备用；葱切花，姜切末。

❸ 锅中放适量油烧热，将核桃仁放入炸至呈微黄时迅速捞出，再将鸡丁、青笋丁下锅滑透捞出。

❹ 锅留底油，下姜末、葱花、冬菇丁、鸡丁、青笋丁、核桃仁、料酒翻炒；另将盐、味精、水淀粉、生抽，加适量水调成汁，倒入，炒匀即可。

营养小贴士：炸核桃仁时，只要其颜色微黄即可，不要炸太久，以免味道发苦。

紫菜豆腐汤

材料：豆腐300克，西红柿100克，即食紫菜40克，盐适量。

做法：❶ 紫菜撕碎；豆腐切成小方块；西红柿洗净，切成小块。

❷ 锅中倒入适量的油，烧热，倒入西红柿块略炒，加入适量清水，烧开后加入豆腐和紫菜同煮。

3.汤煮沸后，加盐调味即可。

营养小贴士：豆腐含有丰富的钙质，紫菜含有丰富的碘，对生长发育及新陈代谢非常重要。

草莓绿豆粥

材料：糯米150克，绿豆50克，草莓100克，白糖适量。

做法：❶ 绿豆淘洗干净，用清水浸泡4小时；草莓择洗干净。

❷ 糯米淘洗后与泡好的绿豆一并放入锅内，加入适量清水，用旺火煮沸后，转小火煮至米粒开花、绿豆酥烂时，加入草莓、白糖搅匀，稍煮一会儿即可。

营养小贴士：此粥色泽鲜艳，甜香适口且含有丰富的维生素。

土豆丝猪肝

材料：猪肝250克，土豆200克，葱花10克，淀粉、料酒各适量，辣椒油、盐、生姜汁、香油各少许。

做法：❶ 猪肝洗净，切成厚片，加入料酒、生姜汁、葱花、盐拌匀；土豆去皮洗净，切成丝。

❷ 锅中倒入适量的油，烧至八成热，将土豆丝用热油浇几遍后，再下油锅，炸成金黄色时捞出，沥去油，撒入适量盐拌匀待用。

❸ 猪肝两面蘸上淀粉，放入八成热的油锅炸酥后，捞出沥油，然后将猪肝倒回原锅内，烹入辣椒油，炒匀，淋上香油，出锅装盘，周围围上土豆丝即成。

营养小贴士：此菜富含铁、维生素A、烟酸等，适合孕期食用。

腰果虾仁

材料：鲜虾20只，腰果仁50克，鸡蛋1个，葱花、蒜片、姜片各适量，料酒10克，醋5克，水淀粉20克，香油3克，盐、味精各少许 。

做法：❶ 将大虾洗净，剥出虾仁，挑去黑色虾线。

❷ 将鸡蛋磕出蛋清，打起泡沫，加盐、料酒、淀粉调和，将虾仁放入，拌一下。

❸ 锅中放油烧热，炸腰果，捞出，凉凉，再放入虾仁，划开，捞出控油。

❹ 锅中留少量油，放入葱、蒜、姜爆香，加料酒、醋、盐、味精炒匀，倒入虾仁、腰果翻炒片刻，淋香油即可。

营养小贴士：孕妈妈平时可以把腰果、核桃等作为零食，饿了吃一点，既饱腹，又益智，对孕妈妈、胎宝宝都很有好处。

菠菜炒猪肝

材料：猪肝250克，菠菜200克，小葱1根，泡辣椒8个，生姜1小块，酱油10克，白糖3克，料酒8克，淀粉20克，盐、味精各适量。

做法：❶ 将猪肝用清水泡30分钟，洗净，切薄片，放入酱油、少量盐、白糖、料酒、淀粉拌匀。

❷ 菠菜切长段，放入开水锅中稍汆烫，捞出过凉水，沥干；生姜、泡辣椒切末；葱切段。

❸ 锅中放油烧至6成热，下泡椒末、姜末、葱段爆香，转大火，下猪肝片略加翻炒。下菠菜续炒至猪肝断生，放味精翻炒均匀即可。

营养小贴士：菠菜中的草酸容易影响一些矿物质的吸收，包括钙、铁等，所以最好在正式烹制前用开水汆烫，以减少其含量。

五香猪肝粥

材料：黑米100克，五香猪肝50克，盐、酱油、味精、香油各适量。

做法：❶ 猪肝切末，放入盐、酱油、味精拌匀。

❷ 黑米淘洗干净，放入锅中，加适量清水煮粥。

❸ 粥将熟时，放入猪肝，淋入香油，搅匀煮开即可。

营养小贴士：猪肝中含有丰富的营养物质，尤其是铁，具有营养保健功能，是最理想的补血佳品之一。

双色菜花

材料：西蓝花、菜花各250克，姜末、枸杞子各适量，盐5克，白糖10克，味精少许。

做法：❶ 将菜花、西蓝花分别过开水焯一下，取出过凉备用。

❷ 菜花中加入白糖、盐、姜末、味精拌匀，西蓝花中加入白糖、盐、姜末、味精拌匀，将两种菜花摆盘造型，撒上枸杞子调色即可。

营养小贴士：此菜吃的时候，最好多嚼一会儿，这样才更有利于营养的吸收。

花生芝麻糊

材料：花生200克，黑芝麻100克，蜂蜜少许。

做法：❶ 将花生仁用油炸熟；黑芝麻炒香。

❷ 将花生仁和黑芝麻一同放入搅碎机，充分搅碎成粉末状，放入密封的玻璃罐中保存。

❸ 食用时用干净的勺子盛到碗里，加入开水冲匀，适量加点蜂蜜即可。

营养小贴士：这款糊中蛋白质、脂肪、铁、钙、锌等的含量都很丰富。

蒜香柠檬虾

材料：大虾15只，蒜4瓣，柠檬1个，料酒10克，盐2克，黑胡椒粉3克。

做法：❶ 大虾去虾线、内脏，剪去须、脚，洗净，沥干水后放入干净容器中，用料酒、盐腌渍10分钟备用。

❷ 蒜去衣，切厚片；柠檬洗净，切下1/4个，用来挤汁。

❸ 炒锅加少许植物油烧热，放蒜片爆香，加入腌渍好的大虾拌炒至虾略变色，撒上黑胡椒粉，翻炒至虾变红，将柠檬挤汁淋在大虾上即可。

营养小贴士：炒制的大虾要尽量新鲜，鲜虾的口感最佳。新鲜的虾背部一般呈青黑色。

芹菜香菇炒墨鱼

材料： 芹菜300克，墨鱼100克，干香菇2朵，料酒、盐各适量，味精、香油各少许。

做法： ❶ 香菇用温水泡发，去蒂洗净，切丝；芹菜摘去叶，切去根，洗净，切成长2厘米的段；墨鱼洗净，切丝。

❷ 锅中加适量清水，烧开，加入料酒，将墨鱼丝放入锅中煮1分钟，捞出备用。

❸ 锅中倒入适量的油，烧至八成热，放入芹菜段翻炒3~4分钟，再放入香菇丝和墨鱼丝继续翻炒2分钟，加入盐、味精，淋上香油即成。

营养小贴士：此菜含丰富的膳食纤维和钙质，可起到补钙和润肠通便的功效。

红豆莲子粥

材料： 粳米100克，红豆30克，莲子15克，红糖适量。

做法： ❶ 将红豆洗净，用水浸3小时；莲子洗净，用水浸泡30分钟；粳米淘洗干净，用水稍浸。

❷ 将红豆、莲子、粳米一同放入锅中，加入适量清水，煮至浓稠时，加红糖即可。

营养小贴士：可帮助孕妈妈缓解失眠症状。

黄豆海带鱼头汤

材料： 鱼头1个，水发海带50克，泡发的黄豆适量，枸杞子5克，葱1根，姜1小块，高汤250克，盐2克，胡椒粉、料酒各少许。

做法： ❶ 海带洗净切丝；鱼头去鳃洗净；葱洗净切段；生姜洗净去皮，切片。

❷ 锅中放油烧热，放入鱼头，中火煎至表面稍黄，盛出放入砂锅中。

❸ 将海带丝、黄豆、枸杞子、生姜、葱放入砂锅中，加入高汤、料酒、胡椒粉，加盖，小火煲50分钟。

❹ 去掉汤中的葱段，调入盐，再煲10分钟即可。

营养小贴士：鱼头眼窝中和鱼油中的DHA含量最高，孕妈妈吃鱼可以多吃这两个部分。

翡翠扒三菇

材料：草菇150克，平菇、香菇各100克，青菜心50克，高汤200克，料酒、水淀粉、盐各适量，香油、鸡精、生姜汁各少许。

做法：❶ 草菇、平菇、香菇均洗净，平菇、香菇去蒂，香菇在顶部划十字刀花；将三者放入沸水中略焯，捞出，沥干水分；青菜心洗净，切成段，入沸水中略烫，捞出。

❷ 锅中倒入适量的油，烧热，下入草菇、平菇、香菇，加料酒、生姜汁和高汤烧沸。

❸ 加盐、鸡精烧入味，放入青菜心，用水淀粉勾薄芡，淋上香油即成。

营养小贴士：这四种食材搭配，鲜香爽口，还有通便清肠的作用，能帮助孕妈妈维持良好的胃肠功能。

鲜虾稀饭

材料：米饭100克，鸡蛋1个，虾仁、菠菜各50克，葱花10克，盐、胡椒粉各少许。

做法：❶ 将米饭或直接用大米50克煮成稀饭；菠菜切段；鸡蛋磕入碗中，搅成蛋液。

❷ 把菠菜与虾仁加入稀饭中煮沸，用盐、胡椒粉调味。

❸ 倒入蛋液，撒上葱花即可。

营养小贴士：此稀饭荤素搭配，并富含蛋白质与钙质，可作为孕妈妈的营养早餐。

虾仁蛋炒饭

材料：熟米饭100克，虾仁10个，鸡蛋1个，青豆少许，盐3克。

做法：❶ 虾仁洗净；鸡蛋打散；青豆洗净。

❷ 锅中倒入适量的油，倒入蛋液，炒熟盛出备用。

❸ 另起锅倒油，下入虾仁、青豆，翻炒几下，倒入鸡蛋、米饭，翻炒均匀，加盐调味即可。

营养小贴士：此饭富含蛋白质，碳水化合物、维生素和矿物质等多种营养素，可满足母体和胎宝宝的多方面营养需求，适合孕妈妈食用。

豆奶饼

材料：面粉500克，豆奶粉2小包，鸡蛋4个，泡打粉5克~10克，发酵粉5克~10克，白糖50克。

做法：❶ 将鸡蛋打散，加到面粉中，再加入豆奶粉，把泡打粉、发酵粉、白糖放入温水中溶化，也倒入面粉中，搅拌均匀，揉成面团，饧1~2小时。
❷ 将面团分成小剂子，放入模子中压成小饼。
❸ 锅中抹油，烧热，放入饼，双面烙烤至饼熟即可。

营养小贴士：豆奶饼中含有丰富的碳水化合物、蛋白质和钙质等，营养较丰富，同时口感非常酥松，味道清香，可以作为孕妈妈的解馋小食品。

木耳红枣粥

材料：粳米100克，黑木耳（干）20克，红枣6颗，白糖、橙汁各适量。

做法：❶ 粳米淘洗干净，浸泡30分钟；红枣洗净。
❷ 黑木耳放入温水中泡发，去蒂，撕成小片。
❸ 将所有原材料放入锅内，加适量清水，大火烧开，转小火炖至黑木耳软烂、粳米成粥后，加白糖和橙汁调匀即可。

营养小贴士：红枣富含造血不可缺少的营养素——铁和磷，是一种天然的补血剂。

胡萝卜拌虾仁

材料：净虾仁300克，胡萝卜50克，洋葱25克，鸡蛋1个，淀粉、料酒、盐各适量，花椒油、鸡精各少许。

做法：❶ 虾仁洗净，控干水，加盐、鸡精、料酒拌匀，腌制片刻；蛋清加入淀粉，调成蛋清糊，将虾仁放入挂糊；胡萝卜、洋葱洗净，切成小丁。
❷ 锅中倒入适量的油，烧热，下入虾仁滑散滑透，捞出沥油；将胡萝卜丁和洋葱丁过油滑熟，捞出沥油。
❸ 将虾仁、胡萝卜丁、洋葱丁一同放入盘中，加盐、花椒油、鸡精调味拌匀即可。

营养小贴士：此菜色彩鲜艳，口感脆爽，富含多种维生素、钙和磷等矿物质。

糖醋猪肝

材料：猪肝250克，水发木耳50克，黄瓜30克，大葱1段，白糖25克，醋10克，淀粉20克，酱油、香油各少许。

做法：❶ 猪肝洗净，切成小片；木耳择洗干净，撕成小片；黄瓜洗净，切成片；淀粉加水适量调匀成水淀粉，放入猪肝、酱油，拌匀上浆。

❷ 锅中倒入适量的油，烧至六成热，下猪肝滑熟，捞出沥油。

❸ 锅内留底油，放入葱段、木耳片、黄瓜片，略炒几下，加入醋、白糖，用水淀粉勾芡。

❹ 倒入猪肝一同翻炒均匀，淋入香油即可。

营养小贴士：猪肝买回家后，先将外面的一层薄膜刮掉，在清水或淘米水中浸泡半小时，然后冲洗干净，切片时再把内部的筋剔除。

菠菜煎豆腐

材料：菠菜150克，豆腐200克，酱油、白糖各5克，味精、盐各适量。

做法：❶ 菠菜择洗干净，用沸水焯过，捞出沥干水后切段；豆腐用水冲净，切片。

❷ 置锅于火上，倒入适量油，烧热。

❸ 豆腐片放入油锅煎至两面微黄，加入所有调料，烧1~2分钟，再加菠菜段炒软即可。

营养小贴士：菠菜用沸水焯过后，就不会影响豆腐中的钙被人体吸收。

蛋包蘑菇

材料：蘑菇200克，鸡蛋2个，面粉100克，姜片5克，盐、高汤、料酒各适量，鸡精、香油各少许。

做法：❶ 蘑菇洗净，放入沸水略焯后捞出，沥干水。

❷ 锅中倒入适量的油烧热，下姜片爆香，烹入料酒、高汤，下蘑菇、盐、鸡精，烧至汤浓，起锅沥出汤水，稍晾。

❸ 鸡蛋打入碗内，加入油、盐拌匀，放入面粉和清水适量，调成鸡蛋糊。

❹ 锅中倒入适量的油，烧至六成热，将蘑菇逐个裹上蛋糊入油锅中炸至金黄色时，捞出装盘，淋上香油即可。

营养小贴士：蘑菇表面有黏液，泥沙粘在上面，不易洗净。如果在水里先放点盐搅拌，使黏液溶解后再洗， 更容易洗净泥沙。

本月营养关注

胎宝宝：胚胎开始顺利分化

着床后，胚泡迅速扩展成3个胚层，貌似“汉堡包”，这是胎宝宝的发展根基，它们将来的发展方向为：

外胚层	神经系统、眼睛的晶体、内耳的膜、皮肤表层、毛发和指甲等
中胚层	肌肉、骨骼、结缔组织、循环系统、泌尿系统
内胚层	消化系统、呼吸系统的上皮组织及有关的腺体、膀胱、尿道及前庭等

在这个时期，胎宝宝的神经系统和循环系统最先开始分化。

孕2月末，胚胎已经初具人形，有大脑、鼻子、眼睛、胳膊等，耳朵、牙齿、腭部正成形，只是还带着一个小尾巴，它再过几周也会消失，由于心脏已经发育，胎宝宝正在像一个小豆子一样跳动。

孕妈妈：孕吐来袭

受精后6周或更早的时间开始，孕妈妈会发生恶心、呕吐，不能闻油烟味或其他异味，早晨时尤其严重，这就是孕吐，一般会持续一个多月，同时还会出现食欲缺乏、头晕、头痛、疲倦、尿频等现象。

营养指导

1 此时是胚胎发育关键期，所以孕妈妈在这个时期一定要注意补充叶酸及各种营养素，并避免化学、物理、生物等可能致畸的因素。

2 有了早孕反应，孕妈妈应选择易消化、易吸收的食物，如烤面包、饼干、大米或小米稀饭等。可以少量多餐，想吃就吃，但记得一定要吃早餐，而且要保证质量，恶心时吃干的，不恶心时喝点稀汤。

3 如果晨吐较严重，睡前孕妈妈可以在床头柜上放一些吃的东西，如1杯水、2块馒头片、1个水果等，起床前吃一些，能比较有效地抑制恶心，缓解晨吐。如果晨吐严重影响到进食，则需要及时就医。

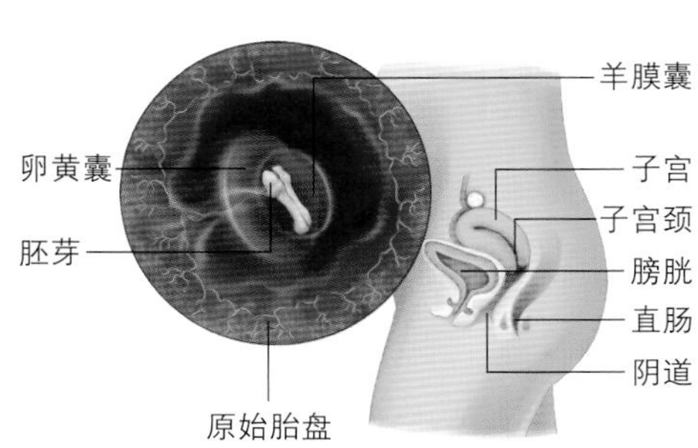

推荐食材

食材	功效
南瓜	• 南瓜富含维生素和果胶，孕期食用不但可以清除身体毒素，还对皮肤有益。 • 南瓜中的果胶还能保护胃肠道黏膜，肠胃不好的孕妈妈可以经常食用。
西红柿	• 含有丰富的维生素C，孕期经常食用，可以淡化妊娠纹和色斑。 • 酸甜可口，健胃消食，特别适合孕妈妈没胃口的情况下食用。
芦笋	• 芦笋含蛋白质、碳水化合物、多种维生素和微量元素，热量含量较低，特别适合孕期食用。 • 芦笋是碱性食物，常吃芦笋，可以让孕妈妈维持饮食的酸碱平衡性。
生姜	• 生姜有提升食欲的功效，可以帮助孕吐的孕妈妈抑制呕吐。 • 生姜中含有姜辣素，可以帮助身体发汗，适量食用可以防治感冒。
苹果	• 苹果性味温和，含有各种维生素和微量元素，是适合整个孕期食用的水果。 • 苹果中水分含量足，孕早期孕吐、恶心时，吃苹果可以适量补充水分。
燕麦片	• 燕麦片含丰富的膳食纤维，可帮助润肠通便，排出身体毒素。 • 燕麦片含丰富的B族维生素，可以帮助缓解孕吐。
柠檬	• 柠檬有一种特殊的清香，能开胃消食，特别适合孕吐期间的孕妈妈。 • 柠檬含有丰富的维生素C。
酸奶	• 开胃消食，特别适合仍处于害喜状态的孕妈妈。 • 酸奶中钙含量特别丰富，适合整个孕期经常饮用。
芹菜	• 芹菜含有丰富的膳食纤维和微量元素，能帮助润肠通便，排出身体毒素。 • 芹菜中有种特殊的香味，可以帮助孕吐的孕妈妈开胃消食。
鳜鱼	• 鳜鱼含有丰富的优质蛋白质，肉质细嫩，极易消化，特别适合孕期食用。
白萝卜	• 白萝卜有清热生津、开胃健脾的功效。 • 白萝卜润肠下气，能缓解孕妈妈肠胃胀气的不适。
虾皮	• 虾皮的营养价值特别高，含蛋白质、钙质等都很丰富，钙质对孕妈妈特别重要，是胎宝宝骨骼、牙齿及神经系统发育的必需营养素。
豆腐	• 豆腐含有丰富的大豆蛋白质，大豆蛋白属于完全蛋白质，几乎含有人体所必需的氨基酸。孕期经常进食，对孕妈妈和胎宝宝都有好处。 • 豆腐含钙丰富，有利于胎宝宝发育。

推荐食谱

炸南瓜饼

材料： 南瓜300克，糯米粉250克，豆沙馅50克，奶粉25克，植物油少许，白糖40克。

做法： ❶ 将南瓜去皮洗净切片，上笼蒸软，趁热加糯米粉、奶粉、白糖、植物油，拌匀，揉成南瓜饼皮坯。

❷ 豆沙搓成圆的馅心，包入南瓜饼坯里，压成圆饼。

❸ 锅中加入适量的油，烧热，把南瓜饼放在漏勺内，入油中用小火浸炸，至南瓜饼膨胀，捞出，待油温再次上升，再下入南瓜饼炸至发脆即可。

营养小贴士：南瓜的营养极为丰富，孕妈妈常吃南瓜，能促进胎儿的脑细胞发育，增强其活力。

南瓜鸡丁

材料： 鸡胸肉300克，南瓜100克，葱段、蒜末各5克，番茄酱10克，淀粉适量，盐、胡椒粉各少许。

做法： ❶ 鸡胸肉洗净，切成丁，加盐、胡椒粉腌制30分钟，然后在淀粉中滚匀；南瓜洗净，去皮，切丁。

❷ 锅中倒入适量的油，烧热，下入鸡丁，炸5分钟，捞出沥油。

❸ 另起锅倒油，爆香蒜末，放入南瓜，翻炒2分钟，倒入鸡丁一同翻炒，倒入适量清水，放入葱段，加盖焖5分钟。

❹ 番茄酱加水、淀粉调成芡汁，淋入锅中，加盐调味，翻炒均匀即可。

营养小贴士：这道菜含锌丰富。

西红柿鸡肉球

材料： 西红柿500克，鸡肉150克，猪肉50克，鲜香菇20克，鸡蛋1个，面粉、面包粉各30克，香菜末、葱花、姜末、白糖、料酒各适量，盐、味精各少许。

做法： ❶ 西红柿洗净，对剖，挖空成小碗状；蛋清、面粉加少许盐、味精，调成面糊；香菇洗净，切碎；鸡肉、猪肉洗净，剁成蓉。

❷ 将肉蓉与碎香菇一同放进碗内，加盐、料酒、白糖、味精、葱花、生姜末及适量清水，搅打上劲成馅，分装进西红柿碗内；将平面部分蘸上面糊，再蘸上面包粉待用。

❸ 锅中倒入适量的油，烧至八成热，将装好肉馅的西红柿碗下锅炸至底部呈金黄色，捞出装盘，周围撒上香菜末即成。

营养小贴士：鸡皮含皮下脂肪和皮脂较多，吃多了比较容易引起肥胖，在食用前最好将其去除。

奶香南瓜羹

材料：小南瓜200克，牛奶250毫升，淡奶油20克，白糖适量。

做法：❶ 南瓜洗净，去皮去瓤，切片。

❷ 将南瓜片上锅蒸10~15分钟至变软，取出，压成泥。

❸ 将南瓜泥倒入锅中，小火加热，加入牛奶和淡奶油，不断用勺搅动避免粘锅，加热到烫，加白糖调味即可。

营养小贴士：南瓜中的丰富果胶和微量元素，对于预防妊娠糖尿病有益。

生姜萝卜饮

材料：生姜片25克，萝卜片50克，红糖适量。

做法：❶ 生姜片、萝卜片加适量水煎15分钟。

❷ 加入适量红糖，煮沸即可。

营养小贴士：对孕期风寒感冒极有帮助，趁热喝下，然后盖被发汗，出汗后即愈。

西红柿玉米鸡肝汤

材料：鸡肝250克，西红柿1个，玉米1根，姜少许，白醋、料酒、盐、淀粉、香油各适量。

做法：❶ 将鸡肝去筋去膜，洗净后切成薄片，放入大碗，倒入白醋和清水搅匀，浸泡20分钟。

❷ 捞出鸡肝，用清水冲洗，沥干，放入碗中，调入料酒、盐和淀粉抓拌均匀，腌制10分钟。

❸ 把西红柿洗净，切成5厘米大小的块；姜去皮切丝；玉米洗净后切成大块。

❹ 锅中放入玉米，姜丝，清水和一半量的西红柿块，大火煮开后转小火煮10分钟，倒入剩余的一半西红柿块，加入盐调味，转大火，放入鸡肝煮沸，煮至鸡肝变色，滴几滴香油即可。

营养小贴士：肝脏是解毒器官，会残留一些有毒物质，需要较长时间的浸泡、清洗。

苹果蛋饼

材料：苹果、鸡蛋各1个，牛奶500毫升。

做法：❶ 将苹果去皮去核，切成薄片，放在盐水中浸泡；鸡蛋打散，加入牛奶搅拌均匀。

❷ 在平底锅中倒入适量植物油，烧热，倒入牛奶蛋液，将苹果片平铺在蛋液上，用小火煎。

❸ 底部熟后，翻面煎至完全熟即可。

营养小贴士：苹果切开后，容易氧化变黑，所以需要在切片后，放在盐水中浸泡。

苹果汁

材料：苹果1个，纯净水半杯，蜂蜜1小匙。

做法：❶ 苹果洗净去皮，切成小丁。

❷ 将苹果丁放入果汁机，加入纯净水和蜂蜜，启动机器约1分钟，苹果汁和蜂蜜充分混合即可。

营养小贴士：口味酸甜，可以开胃、止吐。孕妈妈若不喜太甜，可以加入适量凉白开调和饮用。

苹果蛋糕

材料：苹果（中等大小）2个，低筋面粉150克，全麦面粉120克，牛奶300克，植物油100克，鸡蛋1个，熟黑芝麻、开心果各20克，红糖80克，泡打粉3克，肉桂粉10克，香草粉2克。

做法：❶ 苹果洗净，切成丁；将低筋面粉、全麦面粉、泡打粉、肉桂粉、香草粉混合过筛，加入黑芝麻拌匀；鸡蛋打散；开心果去壳。

❷ 将牛奶、红糖倒入锅中，小火加热至红糖溶化后关火晾凉。

❸ 将植物油缓缓倒入红糖牛奶中，边倒边画圈搅匀，再将打散的鸡蛋缓缓倒入，同样边倒边画圈搅匀，倒入混合面粉、苹果丁、开心果，搅拌均匀成面糊。

❹ 将面糊倒入蛋糕模具中至7分满，并排放在烤盘上。

❺ 烤箱调至180度，预热5分钟，将烤盘放入，温度改为160度，烤25分钟，之后用余温焖5分钟即可取出。

营养小贴士：糖的用量可以按口味增减，孕妈妈不适合吃过于甜腻的东西。

鸡丝金针菇芦笋汤

材料：芦笋100克，鸡胸肉200克，金针菇50克，盐、水淀粉各适量。

做法：❶ 鸡胸肉切成丝状，用盐、水淀粉拌腌20分钟；芦笋洗净，切成长段；金针菇去根，洗净后沥干。

❷ 鸡胸肉先用开水烫熟，见肉丝散开捞起沥干。

❸ 将肉丝、芦笋、金针菇一同放入锅中，加入适量清水，大火烧沸后，加入盐煮沸即可。

营养小贴士：这道菜对胎宝宝骨骼、神经、血管、大脑的发育都有很大的好处。

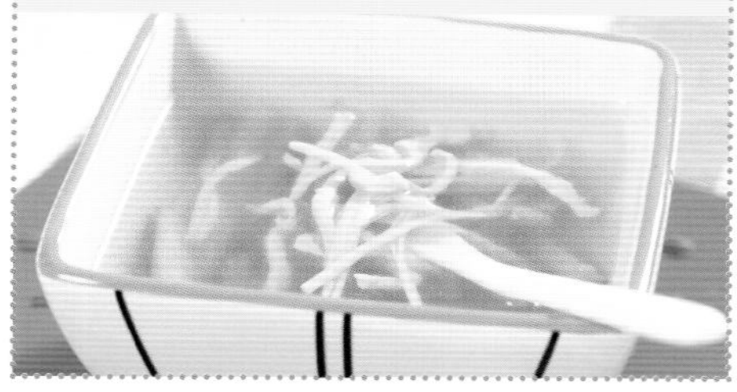

奶香麦片粥

材料：速食麦片30克，鲜牛奶250毫升，白糖20克。

做法：❶ 在速食麦片中放入适量滚开水，搅拌成粥。

❷ 将牛奶加热，倒入麦片粥中，加入白糖，搅拌均匀即可。

营养小贴士：下午体力消耗比较大，在职场的孕妈妈感觉会更明显，特别容易饿，不妨带一些营养又健康的小食品给自己来一顿营养加餐，牛奶和麦片就是既便捷又营养的好选择。

苹果熘鱼片

材料：黑鱼1条，苹果1个，胡萝卜1根，鸡蛋1个，姜1片，料酒10克，盐适量。

做法：❶ 黑鱼洗净，去皮，取净肉切成薄片，放入碗中，加料酒腌渍20分钟，洗净控净水。

❷ 苹果洗净，去核，切成薄片；胡萝卜洗净，切成薄片；姜洗净，切成末。

❸ 将鸡蛋磕破，取出蛋清打散，加入盐、姜末，拌匀，倒入鱼片上浆，腌渍10分钟至入味，放入热油锅中，滑熟，盛出控净油。

❹ 锅内留少许底油，烧热，投入胡萝卜片炒至断生，放入苹果片炒匀，调入盐，翻炒片刻，放入炒好的鱼片，拌匀即可。

营养小贴士：孕妈妈因脾虚、血气不足导致的头晕、失眠等，可用此菜作食疗改善。

蔬菜沙拉

材料：圆白菜150克，小西红柿100克，黄瓜20克，青椒1个，洋葱15克，柠檬汁10克，蜂蜜、盐各适量，香油少许。

做法：❶ 把所有准备好的蔬菜分别洗净，圆白菜、西红柿、黄瓜均切块备用；青椒、洋葱切圈备用。

❷ 把切好的材料拌匀，放在盘子中。

❸ 把盐、柠檬汁、蜂蜜混合均匀，淋在蔬菜上，再淋上香油即可。

营养小贴士：口感脆爽，滋味可口，适合正处于早孕反应期的孕妈妈食用。

芹菜雪梨汁

材料：新鲜芹菜100克，新鲜雪梨150克，西红柿1个，柠檬半个。

做法：❶ 将芹菜洗净，切段；雪梨洗净，去皮，切小块；西红柿洗净，切块；柠檬洗净，去皮，切块。

❷ 将所有材料一同放入榨汁机中，搅成汁即可。

营养小贴士：这道芹菜雪梨汁具有清热解毒、滋润肌肤、利肠通便的功效。

酸奶水果沙拉

材料：酸奶1杯，各色水果适量。

做法：❶ 选出你喜欢的各色水果或蔬菜，如苹果、草莓、樱桃、西红柿、黄瓜、葡萄柚等，洗净去核去皮，切块。

❷ 将所有材料放入碗中，加入酸奶拌匀即可。

营养小贴士：水果中含有丰富的多种维生素及各种矿物质，搭配上酸奶，更增加了其营养价值。这道水果餐在美味之余，还是补铁、补维生素、补钙的好选择。

芹菜炒羊肉

材料：羊肉、芹菜各250克，姜丝10克，料酒、鸡精、淀粉、醋、豆瓣酱、酱油、盐、高汤各适量。

做法：❶ 羊肉洗净切丝，放入开水中汆烫，去血水，加适量盐、料酒、酱油、淀粉搅拌均匀；芹菜洗净切段备用。

❷ 在锅中倒入适量油，烧热，放入豆瓣酱炒出香味，放入羊肉丝、芹菜段、姜丝翻炒片刻。

❸ 将适量酱油、醋、料酒、鸡精、盐、淀粉、高汤调成汁，倒入羊肉中，拌炒均匀即可。

营养小贴士：此道菜钙、铁、锌的含量都很丰富。羊肉有些膻味，料酒和姜丝可以去膻味，所以孕妈妈不用担心反胃、呕吐，可以大胆尝试一下。

香辣芹菜豆干丝

材料：芹菜300克，白豆干2片，红椒1个，辣椒油、花椒粉、盐、味精各适量。

做法：❶ 将白豆干切细丝，放入温水中，加盐、味精泡5分钟，捞出沥干。

❷ 芹菜去叶切段，放开水内略汆烫，过凉；红椒去籽，洗净切丝。

❸ 锅中放辣椒油烧热，放入豆干、芹菜段、红椒丝翻炒至熟，加盐、花椒粉、味精略炒即可。

营养小贴士：此菜也可凉拌食用，凉拌时，芹菜可不汆烫，只需洗净，切滚刀段即可，这样的口感更爽脆。

白萝卜豆腐

材料：豆腐200克，姜汁5克，白萝卜150克，海苔（或海带）丝、面粉各少许，酱油10克，白糖3克。

做法：❶ 将豆腐切成8小块，蘸上面粉；白萝卜洗净，入蒸锅中蒸熟后搅拌成泥状。

❷ 酱油、姜汁、白糖和适量清水调成汁。

❸ 豆腐上放少许白萝卜泥，淋上调好的汁，加少许海苔（或海带）丝上蒸锅蒸10分钟即可。

营养小贴士：萝卜含有丰富的维生素和矿物质，不但可以增强机体免疫功能，提高抗病能力，还能够增强食欲，促进消化。

山药萝卜粥

材料：大米150克，山药100克，白萝卜50克，芹菜末、香菜末各少许，盐、胡椒粉各适量。

做法：① 大米淘洗干净；山药和白萝卜均去皮洗净，切成小块。

② 锅中放入适量清水煮开，放入大米、山药和白萝卜，再次滚沸时转中小火熬煮30分钟。

③ 加盐拌匀，撒上胡椒粉、芹菜末和香菜末即可。

营养小贴士：白萝卜有排水利尿、帮助消化等功效。

鲜虾萝卜

材料：草虾300克，胡萝卜、白萝卜各50克，盐适量。

做法：① 草虾去除虾线，洗净；胡萝卜、白萝卜分别洗净，去皮，切大块。

② 锅中倒入适量清水，放入白萝卜块、胡萝卜块一起煮，至萝卜熟烂后，再放入虾。

③ 待水滚后，加入盐调味即可。

营养小贴士：去虾线时可用牙签插入虾背第三节，划开后直接挑出虾线。

鱼头炖豆腐

材料：鲢鱼头1个，豆腐100克，香菇30克，葱白丝适量，姜3片，盐3克。

做法：① 鱼头洗净，从中间剖开，用纸巾将鱼头表面的水分吸干；豆腐切大块备用；香菇用温水浸泡5分钟后，去蒂洗净。

② 锅中放油烧热，放入鱼头，中火将两面煎黄（每面约3分钟）。

③ 将鱼头暂放在锅的一边，葱白丝、姜放入另一边爆香，倒入开水，没过鱼头，放入香菇，盖上盖子，大火炖煮50分钟，放入豆腐块，加入盐，继续煮3分钟即可。

营养小贴士：这道菜的搭配很好，能使鱼头、豆腐、香菇中的各种营养被最大限度地吸收。

丝瓜虾仁糙米粥

材料：糙米100克，丝瓜50克，虾仁15克，盐适量。

做法：❶ 将糙米清洗3次，用清水浸泡1小时；虾仁洗净；丝瓜去皮，洗净，切成末。

❷ 将糙米和虾仁放入锅中，加入2倍的水，中火煮成粥状。

❸ 放入丝瓜末，稍煮一会儿，加入适量盐调味即可。

营养小贴士：糙米富含碳水化合物，能为孕妈妈身体补充能量。虾仁和丝瓜，一荤一素，营养全面丰富，可为孕妈妈补充均衡的营养。

香菇烧豆腐

材料：豆腐150克，水发香菇200克，彩椒丝少许，酱油、水淀粉各10克，盐3克，料酒、白糖、胡椒粉各适量。

做法：❶ 将豆腐切成长方条；水发香菇洗净后去蒂。

❷ 锅中放油烧热，一块挨一块地放入豆腐，用小火煎至表面金黄色。

❸ 烹入少量料酒，倒入香菇翻炒几下，再加入白糖、酱油、胡椒粉、料酒和少许清水，大火收汁。

❹ 用水淀粉勾芡，颠翻均匀，撒上彩椒丝即可。

营养小贴士：香菇中含有大量的维生素D，可以帮助孕妈妈吸收豆腐中的钙质。

糖醋鱼卷

材料：鳜鱼1条，鸡蛋1个，葱丝、姜丝各适量，醋、白糖、香油各10克，酱油、西红柿汁、淀粉、盐、味精各少许。

做法：❶ 鱼剖洗干净，片成薄片，加盐、味精、蛋清腌入味，卷入姜丝、葱丝，蘸上干淀粉。

❷ 锅中倒入适量的油，烧至七成热，投入鱼卷，炸成浅黄色，捞出沥油，摆在盘内。

❸ 另起锅，将醋、白糖、香油、酱油、西红柿汁倒入，烧开，用水淀粉勾芡，调成糖醋汁，浇在鱼片上即可。

营养小贴士：此菜虽做法稍复杂，但有口感和滋味，能让孕妈妈胃口更好。

本月营养关注

胎宝宝：“尾巴”消失，开始有了人样

胎宝宝现在成长迅速，胚胎期的“尾巴”彻底消失，各种器官正在发育成形，有了人样。从第3个月开始，他就不再是胚胎，而改称胎宝宝了。

这时，胎宝宝的头越来越大，占了整个身体的一半左右，各种关节都开始活动，只是还太小，胎动并不能被孕妈妈明显感知到。孕8~12周时，胎宝宝牙齿发育处于关键时期，这期间孕妈妈要注意补钙。

孕妈妈：常常有焦虑情绪

孕妈妈可能会忽然之间变得焦虑不安或者有些健忘，甚至认为自己的智商都有所下降，这其实是孕激素引起的，孕妈妈要注意调节，分散注意力。

到了后半个孕月，孕妈妈的早孕反应会逐渐减轻直至消失，会感到轻松很多，并且精力充沛，这时常常会觉得饥饿，这是胎宝宝需要营养的信号，所以饿了孕妈妈就要吃点东西。

营养指导

1 胎宝宝进入快速发育期，这个月，孕妈妈仍然要注意补充叶酸及其他维生素、矿物质、蛋白质、脂肪等营养素。如果孕妈妈妊娠反应比较严重，并因此造成体重减轻的话，建议在医生指导下补充维生素D，以促进钙的吸收。

2 过多的维生素D会导致胎宝宝的大动脉和牙齿发育出现问题，所以，建议孕妈妈不要随意服用维生素制剂，最好先咨询医生的建议。

3 孕妈妈的肾脏功能减退，因此要减少盐的摄入量，以免造成水肿和高血压，但也不能不摄入盐，以每天6克以内为好。

4 孕妈妈的肠道肌肉因为激素增高而松弛，食物储留在肠道，容易发生便秘，应多吃富含膳食纤维的食物并多喝水：每天早晨空腹喝一杯温开水，饭后半小时也要记得喝水。

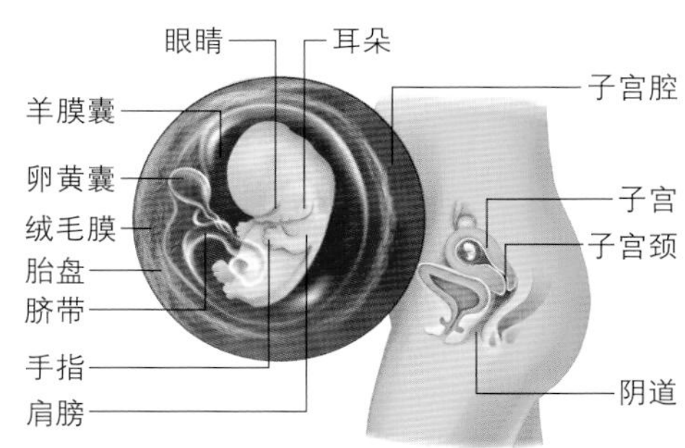

推荐食材

食材	功效
鲫鱼	• 富含优质蛋白质，易于吸收，孕期、产后都可经常食用。 • 含DHA丰富，对胎宝宝大脑发育特别有利。
橙子	• 橙子中维生素C的含量丰富，可以帮助孕妈妈增强身体抵抗力。 • 橙子有生津止渴、开胃下气、促进消化、增强食欲的功效。 • 橙子中所含的纤维素和果胶可以促进肠道蠕动，有利于清肠通便，排出身体有害物质。
鸡肉	• 鸡肉中优质蛋白质含量较高，脂肪含量较低。 • 孕妈妈经常食用鸡肉可以补充身体所需要的铁质，还可以增强体力，提高身体免疫能力。
蛤蜊	• 蛤蜊富含蛋白质以及其他微量元素，适合孕妈妈食用。 • 蛤蜊中钙、铁的含量非常丰富，可以补充孕妈妈身体所需的铁和钙。
樱桃	• 樱桃除了含有多种维生素、矿物质外，还含有丰富的铁质，适合孕妈妈食用，可以帮助预防缺铁性贫血。
海带	• 海带含有丰富的碳水化合物，较少的蛋白质和脂肪。 • 海带中含有大量的碘，碘是甲状腺合成的主要物质，如果孕妈妈缺少碘，会引起甲状腺机能的减退。
大白菜	• 大白菜中胡萝卜素、钙含量特别丰富，热量特别低，孕期可以经常食用。 • 大白菜含有丰富的碳水化合物，可以帮助增强身体抵抗力，并能解渴利尿。
牛肉	• 牛肉中含有丰富的蛋白质，可以帮助提高孕妈妈的机体免疫力，促进胎宝宝生长发育。 • 牛肉中含有比较多的锌，容易被吸收和利用。
黄瓜	• 黄瓜中含有丰富的维生素C，可以帮助孕妈妈预防牙龈出血。
青椒	• 青椒富含维生素C、胡萝卜素，最重要的是，青椒中含有促进维生素C吸收的维生素P，就算加热，维生素C的流失量也很少。

推荐食谱

清蒸鲫鱼

材料：鲫鱼500克，干香菇2朵，冬笋50克，高汤100克，姜丝、葱花、盐、料酒各适量。

做法：❶ 鲫鱼去鳞、鳃、内脏，洗净，加料酒、盐、葱花、姜丝拌匀腌制；香菇用温水泡软，去蒂洗净，切成片；冬笋去皮洗净，切片。

❷ 将鲫鱼置于盘中，香菇片、笋片平铺在鱼身上，放姜丝、葱花，上笼用旺火蒸约15分钟，用热油淋浇在鱼身上即成。

营养小贴士：鲫鱼性味甘平，对脾胃虚弱，食少无力有健脾利湿的功效，适合于妊娠高血压及气虚的孕妈妈。

蛋蒸鲫鱼

材料：鲫鱼500克，鸡蛋2个，熟火腿10克，高汤100克，香菜叶5克，葱段、姜块、姜末、香醋、料酒各适量，盐、鸡精各少许。

做法：❶ 鲫鱼去鳞、鳃、内脏，洗净，切去脊骨，放盘内，加葱段、姜块、料酒、盐，上笼蒸约七八成熟，取出，去葱、姜；蛋清放碗内，加盐、鸡精、高汤搅匀。

❷ 取盘1只，加入1/3的蛋清，加盐，上笼蒸4~5分钟取出，再将鱼放在蛋上，剩余的蛋清倒入盘内，加盖上笼蒸透取出。

❸ 撒上火腿末、香菜叶；姜末和香醋放入小碟，搅匀，供蘸食。

营养小贴士：容易水肿的孕妈妈在孕期可适当吃些鲫鱼，达到消除水肿的目的。

香葱豆芽鲫鱼汤

材料：鲫鱼250克，黄豆芽200克，葱花、盐各适量，味精少许。

做法：❶ 鲫鱼去鳃、鳞及内脏，洗净；黄豆芽洗净。

❷ 锅中倒入适量的油，烧热，下葱花煸炒，再放入黄豆芽，炒出香味时加适量水烧煮。

❸ 烧开后放入鲫鱼，改小火炖烧熟烂，加入盐、味精调好味，出锅即可。

营养小贴士：鲜豆芽若特别粗壮，且闻起来有氨水味，不能购买食用。

嫩豆腐鲫鱼羹

材料：嫩豆腐1块，鲫鱼肉200克，鸡蛋1个，玉米粒20克，姜丝、香菜各少许，盐、水淀粉各适量。

做法：❶ 嫩豆腐、鲫鱼肉洗净，切丁；鸡蛋磕入碗中，搅打成液；玉米粒洗净；香菜洗净，切小段。

❷ 锅置火上，加水，煮沸后加入豆腐、鲫鱼肉、玉米粒，至熟，加盐调味，再用水淀粉勾芡，最后淋上蛋液，撒上姜丝及香菜段即可。

营养小贴士：如果做鲫鱼炖豆腐，可用整条鲫鱼，并先将鲫鱼稍煎一下，再加水和豆腐慢炖至汤呈奶白色即可，味道非常鲜美。

鲫鱼猪血小米粥

材料：鲜鲫鱼1条，猪血100克，红枣10颗，枸杞子5克，小米40克~50克，红糖15克，生姜、大葱、盐各适量。

做法：❶ 先将鲫鱼去鳞、剖洗干净；将切碎的生姜、大葱连同盐一起塞入鱼腹中。

❷ 锅置火上，放油烧热，放入鱼，中火煎至鱼表皮略黄，加入开水适量，煮10~15分钟，捞出鱼加作料当菜吃。

❸ 再将红枣、小米和枸杞子洗净，加入鱼汤中共煮，待粥熟后加入红糖及洗净、切碎的猪血，再煮5分钟即可。

营养小贴士：经常食用这道粥，能温阳、益气、养血，特别适合冬季怕冷、贫血的孕妈妈食用。

胡萝卜香橙汁

材料：橙子2个，胡萝卜2根。

做法：❶ 将橙子去皮；胡萝卜去皮，洗净，切成小块。

❷ 将橙子和胡萝卜一起放入榨汁机中榨成汁。

❸ 榨好后立即饮用。

营养小贴士：这道蔬果汁能够增加食欲，补充维生素C和维生素A。

海带烧黄豆

材料：黄豆50克，海带（干）、香菇（干）各20克，酱油、红糖各适量。

做法：❶ 黄豆洗净，用清水浸泡2~4小时；香菇泡发洗净；海带泡发，洗净，切成小段。

❷ 将黄豆、香菇、海带一同放入锅中，倒入适量清水，大火煮开，转小火炖煮。

❸ 煮至入味后加酱油、红糖，慢慢煮至汤汁收干即可。

营养小贴士：干海带表层的白色粉末是甘露醇，不是脏污，而是好海带的标志之一。

菠萝炒鸡丁

材料：鸡肉250克，菠萝150克，鸡蛋1个，高汤100克，葱段、姜末、盐、水淀粉各适量，鸡精、香油各少许。

做法：❶ 鸡肉切丁，放入盐和少许水淀粉、蛋清，搅匀上浆；菠萝切丁；余下的水淀粉加入高汤，调匀备用。

❷ 锅中倒入适量的油，烧至三成热，下入鸡丁，滑至发白，捞出沥油。

❸ 锅中留底油，烧热，下入葱段、姜末、菠萝丁、盐炒匀，再下入鸡丁，一同翻炒几下。

❹ 倒入调好的水淀粉，放入鸡精，淋上香油即成。

营养小贴士：色香味俱佳，并且富含蛋白质、多种维生素和矿物质。

海带炖豆腐

材料：水发海带200克，白豆腐100克，姜片、葱丝、盐各适量。

做法：❶ 海带洗净打结备用，豆腐切成3厘米见方的块。

❷ 加油适量，五成油温时，放入姜片、葱丝爆香；加入豆腐块，放盐。

❸ 煎至豆腐微黄，翻炒；放入海带，翻炒大约1分钟，加水，漫过主料1厘米，继续大火烧约8分钟，剩少许汤，即可出锅。

营养小贴士：这道菜加水后，可以适当多炖些时间，时间越长，豆腐越筋道，海带越绵软。海带搭配豆腐也具有很好的补钙效果。

水果煎饼卷

材料： 面粉200克，鸡蛋1个，橙子半个，火龙果1/4个，牛奶适量，蜂蜜少许。

做法： ❶ 在面粉中加入鸡蛋、蜂蜜、牛奶，调成糊状；橙子、火龙果去皮，分别将果肉切成丁。

❷ 锅中倒入少许油，烧热，倒入适量面糊，转动锅子，将面糊摊成薄饼，煎至两面金黄色即可盛出。

❸ 将橙子丁、火龙果丁均匀地撒在煎饼上，卷成卷即可。

营养小贴士：摊煎饼时一定要用小火，否则表面很快就煳了，里面却还没有熟。

橘味拌白菜海带丝

材料： 白菜250克，海带150克，鲜橘皮50克，香菜5克，酱油、白糖、醋各适量，香油、鸡精各少许。

做法： ❶ 鲜橘皮洗净，用温水浸泡后取出，改刀成丝状；海带洗净，上笼蒸熟，切成丝；白菜洗净，切成丝；香菜洗净切成段。

❷ 将海带丝、白菜丝放入大碗内，加入酱油、白糖、鸡精、香油，调拌均匀，然后加入橘皮丝、香菜段、醋，拌匀即成。

营养小贴士：海带内含有丰富的可溶性膳食纤维，有通便的功能。

鸡肉卷饼

材料： 鸡腿肉100克，黄瓜条、葱丝各50克，薄鸡蛋烙饼1张，料酒、甜面酱、沙拉酱各适量，黑胡椒、辣椒粉、盐、糖各少许。

做法： ❶ 鸡腿肉切成小块，加盐、辣椒粉、黑胡椒粉、料酒拌匀，腌渍30分钟。将甜面酱、白糖加少许清水调匀。

❷ 炒锅放油烧热，将鸡腿肉入锅炸成金黄色后捞出控净油。

❸ 鸡蛋烙饼分切成小长条（方便入口），在一面抹上甜面酱、沙拉酱，再放黄瓜条、葱丝、鸡块，卷起来即可。

营养小贴士：烙饼的面皮要尽量薄，烙时不需要加油，可使热量更低，而且能避免饼过于油腻，烙好的饼最好立即密封，以免干硬。

醋拌西红柿海带

材料：西红柿2个，海带（干）15克，醋10克，酱油5克，白糖、鸡精各适量。

做法：❶ 西红柿切丁；海带切段。

❷ 锅内放入适量清水，烧开，将海带段放入，至海带熟，捞出控净水。

❸ 将所有的调味料混合，搅拌均匀，放入西红柿丁和海带段，拌匀即可。

营养小贴士：海带不能用开水焯太久，不然海带中的营养物质会很容易流失掉。

海带栗子排骨汤

材料：水发海带200克，板栗100克，猪排骨(大排)300克，盐、味精各少许。

做法：❶ 海带洗净，切成长条后，打成海带结；板栗肉洗净。

❷ 猪排骨洗净，剁成块，用清水浸泡15分钟，去一下血水，然后放入沸水锅内煮片刻，撇去浮沫，捞出备用。

❸ 把猪排骨、板栗放入锅内，加适量水，大火煮沸，加入海带，再次煮沸后转小火煮1小时左右。

❹ 煮至猪排骨肉熟易脱骨时，加入盐、味精调味即可。

营养小贴士：栗子被称为“肾之果”，对孕妈妈来说，吃栗子不仅可以补肾健脾，提高自己的抗病能力，还可以缓和情绪、缓解疲劳、消除孕期水肿和胃部不适。

海米醋熘白菜

材料：白菜300克，海米30克，酱油、醋、盐、料酒、白糖、味精、花椒油、水淀粉各适量。

做法：❶ 白菜切片，放入开水中烫一下，控净水分。

❷ 锅置火上，倒入适量的油烧热，下海米、酱油、盐、醋、料酒、白糖和适量清水，加入白菜翻炒。

❸ 待汤沸时，加水淀粉勾芡，撒入味精，淋上花椒油，即可出锅。

营养小贴士：此菜酸爽开胃，适合孕吐期食欲欠佳的孕妈妈食用。

鸭块白菜

材料：鸭肉250克，白菜200克，姜2片，盐、料酒、花椒各适量，味精少许。

做法：❶ 将鸭肉洗净切成块，加水略超过鸭块，煮沸去泡沫，加入料酒、姜片及花椒，用小火炖酥。

❷ 将白菜洗净，切成4厘米长的段，待鸭块煮至八分烂时，将白菜倒入，一起煮烂，加入盐及味精即可。

营养小贴士：如果孕妈妈不喜欢吃鸭肉，也可用鸡块代替。

牛肉苦瓜汤

材料：牛柳肉100克，苦瓜50克，酱油、香油、料酒、淀粉、盐各适量，白糖5克。

做法：❶ 将淀粉、酱油、白糖、料酒、香油同放一个碗里兑成腌汁。

❷ 牛肉切薄片，加入腌汁拌匀，腌约10分钟；苦瓜切稍厚的片。

❸ 锅中加约1000毫升水，下入牛肉片稍煮片刻后搅散。

❹ 在汤里放盐调好味，烧沸后，下苦瓜片煮熟，待牛肉断生后即可。

营养小贴士：汤煮好加盐时要先试味，因为牛肉用酱油和盐腌过，已带咸味。

葱爆酸甜牛肉

材料：牛里脊肉250克，大葱200克，姜1块，酱油50克，香油、料酒各15克，白糖10克，香醋、胡椒粉各5克，味精少许。

做法：❶ 将牛里脊肉洗净，切成大薄片；大葱切成斜片；姜块洗净，去皮，切成丝。

❷ 将牛里脊片放碗中，加料酒、酱油、胡椒粉、味精、白糖、姜丝抓匀上劲，再用香油拌匀。

❸ 锅置火上烧热，放油烧至八成热，下牛里脊片迅速搅炒至肉片断血色，加入大葱片炒片刻，滴入香醋再炒片刻，起锅装盘即成。

营养小贴士：牛肉蛋白质含量高，而脂肪含量低，有“肉中骄子”的美称，是中国人仅次于猪肉的第二大肉类食品。

牛肉生煎包

材料：面粉600克，牛肉(肥瘦)300克，葱末15克，姜末5克，酵母20克，盐8克，味精3克，香油5克。

做法：❶ 牛肉洗净，切成末，加入盐、味精、葱末、姜末、香油，调拌均匀，制成馅料。

❷ 将面粉放入盆内，放入酵母、水，和成较硬的面团，饧发，将饧发好的面放在案板上，揉匀揉透，搓成长条，分成大小均匀的剂子，擀成圆皮，包入馅料，捏成带褶包子生坯。

❸ 将平锅底抹上一些油，烧热后码入包子生坯，倒入少许凉水加盖煎焖，两手随时转动锅，使火候均匀，大约10分钟，见包子底呈金黄色熟透即可。

营养小贴士：有补中益气、滋养脾胃、强健筋骨之功效。

炝瓜条海米

材料：黄瓜200克，海米30克，姜丝少许，盐2克，花椒2克，味精1克。

做法：❶ 将黄瓜去蒂，洗净，切成条，加3克盐腌制几分钟，将腌出的水分沥干。

❷ 锅中倒入适量的油，烧热，下入花椒，炸至花椒稍煳，捞出花椒，油备用。

❸ 将海米、味精、盐、姜丝放入黄瓜条上，浇入热花椒油，调拌均匀即可。

营养小贴士：黄瓜必须选用鲜嫩的，否则影响菜的质量；切黄瓜条时，要粗细长短均匀，才可保证菜的美观；腌黄瓜时，时间不可过长，以脆嫩微咸为宜。

鲜奶炖蛤蜊

材料：蛤蜊100克，鲜奶250毫升，冰糖或盐适量。

做法：❶ 蛤蜊用水浸泡至发涨，挑除污物及沙肠后洗净待用。

❷ 鲜奶倒入炖盅内，加进发好的蛤蜊，盖上盅盖。

❸ 隔水炖1小时，依个人喜好酌加盐或糖调味即可。

营养小贴士：牛奶能使人脑分泌催眠血清素，可以松弛神经，起到安神助眠的效果。蛤蜊中所含的硒可以调节神经、稳定情绪。

冬瓜百合蛤蜊汤

材料：蛤蜊150克，冬瓜100克，鲜百合50克，枸杞子少许，生姜1块，葱1根，清汤、盐、鸡精各适量，料酒、胡椒粉各少许。

做法：❶ 鲜百合洗净；蛤蜊洗净；冬瓜洗净去皮切条；生姜洗净去皮切片；葱洗净切段。

❷ 瓦煲内加入清汤，大火烧开后，放入蛤蜊、枸杞子、冬瓜、生姜、料酒，加盖，改小火煲40分钟。

❸ 加入百合，加入盐、鸡精、胡椒粉调味，继续用小火煲30分钟后，撒上葱段即可。

营养小贴士：蛤蜊要选活的，最好选在净水中养了一段时间，吐过沙的蛤蜊。烹调前建议刷洗蛤蜊外壳。

米醋圆白菜

材料：圆白菜100克，芹菜50克，米醋10克，白糖和盐各少许。

做法：❶ 将圆白菜和芹菜分别择洗干净，圆白菜切成细丝，芹菜切成小段备用。

❷ 将切好的圆白菜和芹菜段放入大碗中，淋上米醋，加入白糖和盐调味即可。

营养小贴士：圆白菜含有丰富的β-胡萝卜素、维生素C、钾、钙，搭配芹菜，能健胃顺肠，有助于消化。

青椒里脊肉片

材料：猪里脊肉200克，青柿椒150克，鸡蛋1个，香油、盐、水淀粉各5克，味精少许，料酒、干淀粉各适量。

做法：❶ 猪里脊肉切薄片，加盐、味精、鸡蛋清、干淀粉，拌匀上浆；青椒去蒂、籽，切成大小与肉片相同的片。

❷ 锅内放入油烧至四成熟，下里脊片滑熟，捞出沥油。

❸ 原锅留油少许置火上，下青椒片煸至变色，加料酒、盐和少许清水烧沸，用水淀粉勾芡，倒入里脊片，淋上香油即可。

营养小贴士：青椒爽脆，肉片滑嫩，味鲜可口，含有丰富的蛋白质、脂肪、钙、铁和维生素C、维生素E等多种营养素，尤其是维生素C含量极为丰富。

孕4月
胃口大开，调整饮食

本月营养关注

胎宝宝变化：胎动来得很突然

孕13周时，胎盘已经发育完全，与母体的联系更加紧密，胎宝宝通过脐带从母体摄取丰富的营养物质。

这时胎宝宝能做许多小动作，甚至手指、脚趾都能弯曲运动，这些动作可以促进胎宝宝大脑的成长。

在这个月末时，孕妈妈可能感觉到胎宝宝的蠕动，有点类似饥饿时的咕噜声，记录下初次胎动的时间和规律，可作为医生检测胎宝宝发育的重要参考。

孕妈妈变化：早孕反应逐渐消失

孕妈妈的早孕症状开始逐渐消失，所以，身体会比以前舒服很多，食欲也较以前大增，心情也轻松愉悦不少，精力充沛。

乳房在继续增大，白带、腹部沉重感及尿频现象依然存在，一些孕妈妈可能出现了妊娠纹，它会影响美观，但对健康没有影响。

从这个月开始，孕妈妈会看见自己原本平平的肚子在一天天地隆起，体重也在不断地增加，这个月体重会增加1千克~2千克，这是胎宝宝茁壮成长的表现。

营养指导

1 现在，孕妈妈的胃口好起来，可以放心地吃各种平时喜欢吃的食物，饿了就吃一顿加餐或有营养的零食。

2 怀孕后，孕妈妈的胃肠功能减弱，冷饮会使胃肠血管突然收缩，导致消化功能减弱而出现腹泻、腹痛等症状，而且胎宝宝对冷的刺激十分敏感，孕妈妈过食冷饮会让胎宝宝变得躁动不安。

3 孕妈妈要尽量多吃蔬菜和水果，它们富含维生素及膳食纤维，营养丰富，还能防止孕期便秘。

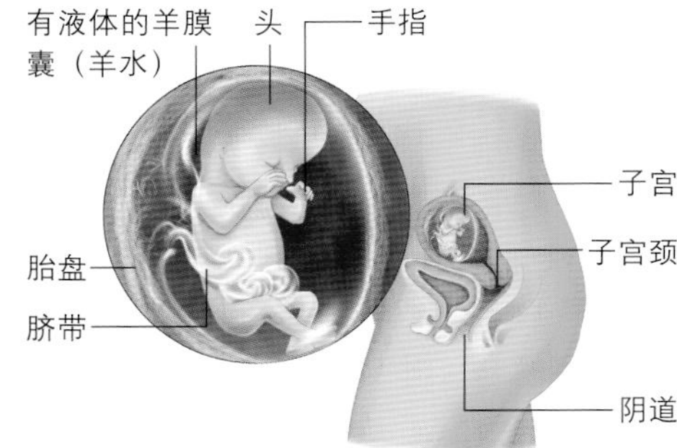

推荐食材

食材	功效
猪肉	• 猪肉含丰富的优质蛋白质、铁、维生素B_1，可以帮助孕妈妈改善缺铁性贫血，增强记忆力，同时还能促进胎宝宝的生长发育。
山药	• 山药中含有丰富的蛋白质以及微量元素，可以健脾益胃助消化，孕妈妈孕期可以经常食用。
草鱼	• 草鱼含有丰富的蛋白质、微量元素和DHA，孕妈妈经常食用可以补充身体所需，同时，丰富的DHA还有利于胎宝宝大脑发育。
红薯	• 红薯含丰富的碳水化合物和膳食纤维，孕妈妈食用红薯可以帮助顺肠通便。
玉米	• 玉米中膳食纤维的含量很高，具有刺激胃肠蠕动、加速粪便排泄的特性，可帮助孕妈妈防治便秘。 • 玉米含有维生素E，孕妈妈常吃可以健脑益智。
圆白菜	• 圆白菜含有丰富的食物纤维，孕妈妈经常食用圆白菜，不但能顺肠通便，还能补充维生素C。
猪小排	• 猪小排可以为孕妈妈提供优质蛋白质和必需的脂肪酸。 • 猪小排还可提供血红素（有机铁）和促进铁吸收的半胱氨酸，对孕妈妈大有好处。
荷兰豆	• 荷兰豆含有丰富的蛋白质、膳食纤维，能帮助孕妈妈补充身体所需的营养，还能顺肠排便。 • 荷兰豆富含碳水化合物、铜和胡萝卜素等营养素，可以帮助增强身体免疫力。
丝瓜	• 丝瓜中钾、胡萝卜素、叶酸等多种营养素含量丰富，但热量不高，特别适合孕妈妈控制体重时食用。
蒜苗	• 蒜苗中维生素C的含量丰富，孕妈妈常吃蒜苗可以帮助淡化妊娠斑，除此之外，蒜苗还含有丰富的胡萝卜素、钾、钙等营养素。
西蓝花	• 西蓝花中含有丰富的维生素C，还有比其他蔬菜更丰富全面的矿物质，孕妈妈可经常食用。

推荐食谱

椒盐肋排

材料：猪肋排500克，鸡蛋1个，盐、淀粉、花椒粉各适量，鸡精少许。

做法：❶ 排骨洗净，用清水浸泡半小时去血水，沥干后加入鸡精、蛋清、淀粉和少许盐，拌匀，腌制1小时。

❷ 在锅中放适量油，烧至七成热时，将排骨放入，炸至双面金黄色，肉熟后捞出沥净油。

❸ 另起锅烧热，放入盐炒至微黄，加入花椒粉，一起炒匀炒香，撒在排骨上即可。

营养小贴士：色泽金黄，外焦里嫩，口味咸香，非常开胃。

草鱼狮子头

材料：五花肉300克，草鱼肉200克，鸡蛋1个，高汤100克，料酒10克，盐3克，香油5克，味精少许，姜末、水淀粉各适量。

做法：❶ 鱼肉洗净，剁成蓉；猪肉去皮，洗净，剁碎，加姜末、料酒、鱼肉、味精、鸡蛋、水淀粉拌匀，而后加盐搅拌上劲，做成肉丸。

❷ 锅置火上，加入高汤，大火烧后开下入肉丸，用小火炖透，入味后淋上香油即可。

营养小贴士：草鱼含有丰富的不饱和脂肪酸，有利于血液循环，还可助食欲缺乏的孕妈妈开胃。

鱼片紫菜粥

材料：大米150克，草鱼肉100克，干紫菜20克，高汤100克，葱花、胡椒粉、盐、香油各适量。

做法：❶ 大米淘洗干净，浸泡30分钟；紫菜剪成末。

❷ 鱼肉去大刺，切成薄片备用。

❸ 大米放入锅内，加入适量清水，大火煮沸后，加入高汤，转中火熬煮30分钟。

❹ 加入鱼肉煮沸片刻至断生，最后加入紫菜碎、葱花、胡椒粉、盐煮开，滴入香油即可。

营养小贴士：大米、鱼肉均是益脑食品，适当配一些蔬菜既增加营养，又增加食物的色、香、味。

山药排骨汤

材料：排骨300克，山药250克，葱段、姜片、盐、料酒各适量。

做法：❶ 排骨洗净，剁成块，放入沸水中汆约5分钟，洗净，捞出备用；山药洗净，去皮，切滚刀块。

❷ 砂锅中放入排骨、葱段、姜片、料酒和适量清水，中火烧开，转小火炖1小时。

❸ 拣出葱段，加入山药块，转中火煮沸，再转小火炖半小时，加盐调味，继续炖至排骨和山药酥烂即可。

营养小贴士：煮排骨汤时可加2~3滴白醋，以促使骨中的钙质释出；山药去皮切块后极易发黑，可抹少许盐来预防变黑。

清炒山药

材料：山药200克，葱丝、姜丝、鸡精各少许，白醋、白糖、盐各适量。

做法：❶ 山药洗净，用开水烫1分钟，去皮，切成菱形片，入沸水焯一下，再放入冷水中淘洗沥干。

❷ 锅中倒入适量的油，烧热，下葱丝、姜丝炒香，加入山药片翻炒。

❸ 调入白醋、白糖、盐、鸡精炒匀即可。

营养小贴士：山药切好后泡入冷水中，可以防止其氧化变色。

莴笋胡萝卜炒肉丝

材料：猪肉（肥瘦）100克，莴笋、胡萝卜、芹菜、黑木耳各适量，醋20克，白糖10克，酱油3克，水淀粉15克，盐、香油各少许。

做法：❶ 猪肉洗净切成丝，加盐、水淀粉拌匀；莴笋、胡萝卜去皮，芹菜去根，均洗净切丝；黑木耳泡发，洗净切丝；将白糖、醋、盐、酱油、香油和水淀粉调成调味汁。

❷ 锅中倒入适量的油，烧热，下肉丝炒散，再下莴笋丝、胡萝卜丝、芹菜丝合炒，最后下木耳。

❸ 翻炒数下，烹入调味汁炒匀即可。

营养小贴士：莴笋怕盐，所以不要放太多盐，酱油不宜放得太多，以免影响菜的美观与味道。

炸山药芝麻条

材料：鲜山药200克，熟芝麻粉150克，白糖适量。

做法：❶ 山药洗净去皮，切成4厘米长、1厘米宽的条。

❷ 锅中倒入适量的油，烧至五成热，下山药条炸透，捞出沥油。

❸ 锅中留底油，将白糖下锅烧开，炒成液状能拔出丝时将山药下锅，颠翻挂匀糖汁，将芝麻粉撒上即可。

营养小贴士：注意，炒糖时油不宜太多，油温五六成即可，并趁热放入山药。

山药枸杞烧羊肉

材料：羊肉300克，山药200克，枸杞子、高汤各适量，姜末、葱花、味精各少许，料酒10克，盐3克。

做法：❶ 羊肉洗净入锅，加姜末、高汤、盐、料酒煮熟，取出切块；山药洗净去皮，切成1.5厘米厚的圆段。

❷ 锅中倒入适量的油，烧热，下葱花、姜末，加入羊肉及原汁，再下山药块、枸杞子烧透后下味精即可。

营养小贴士：这道菜有很好的温补效果，能起到补肾祛寒的作用。

微波红薯排骨

材料：红薯200克，排骨300克，香菇3朵、葱3段、姜1片，料酒、酱油各8克，白糖少许。

做法：❶ 红薯洗净，去皮，切滚刀块；排骨洗净，剁成3厘米长的块；香菇洗净，去蒂。

❷ 排骨入沸水锅中汆烫一下，捞出加入葱段、姜片及所有调味料，拌匀，腌渍半小时入味。

❸ 去除葱段、姜片，取一个微波碗，铺上香菇，排骨、红薯块。

❹ 将腌渍排骨的汁液兑半杯清水，倒入碗内，放入微波炉，高火转20分钟，取出拌匀汤汁即可。

营养小贴士：不要一次吃太多红薯，吃多了胃灼热，也不利于消化，每天吃红薯80克左右即可。

红薯糙米粥

材料：红薯1个，牛奶100毫升，糙米100克。

做法：❶ 将红薯清洗干净，削去皮，切成小块。

❷ 将糙米淘洗干净，用冷水浸泡1小时，沥水。

❸ 将红薯块和糙米一同放入锅中，加入适量冷水，大火煮开，转小火，慢慢熬至粥稠米软。

❹ 根据自己的口味偏好，酌量加入牛奶，再煮沸即可。

营养小贴士：糙米富含钾和膳食纤维，红薯也含有丰富的膳食纤维，两者煮粥，可促进细胞新陈代谢和肠道蠕动，预防便秘发生。

菠菜玉米粥

材料：菠菜100克，玉米糁150克。

做法：❶ 将菠菜洗净，放入沸水锅内汆烫2分钟，捞出过凉后，沥干水分，切成碎末。

❷ 锅置火上，加入适量清水，烧开后，撒入玉米糁，边撒边搅，煮至八成熟时，撒入菠菜末，再煮至粥熟即可。

营养小贴士：这道粥富含膳食纤维，容易便秘的孕妈妈可常吃。

香蕉玉米羹

材料：玉米面100克，香蕉50克，熟蛋黄半个，胡萝卜20克。

做法：❶ 先将胡萝卜洗净，去皮，切成小块，放入榨汁机中，加少许凉开水榨成汁。

❷ 把熟蛋黄用勺子捣碎，香蕉也捣烂成糊状。

❸ 用凉开水将玉米面调成稀糊倒入奶锅中上火煮，边煮边搅拌，火不要太大，以免煳锅。

❹ 玉米糊煮熟时加入捣碎的蛋黄和糊状的香蕉，再倒入适量胡萝卜汁搅拌均匀，小火煮片刻即可。

营养小贴士：喜欢甜口的孕妈妈可调入适量蜂蜜后食用。

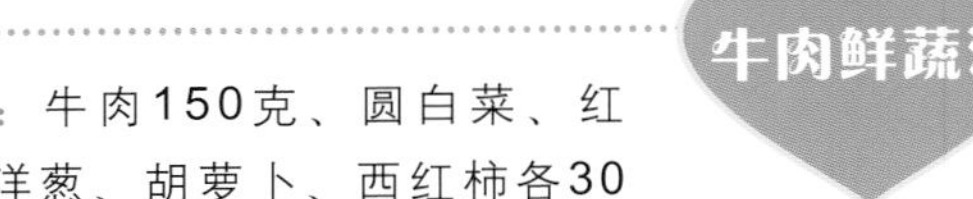

牛肉鲜蔬汤

材料：牛肉150克、圆白菜、红薯、洋葱、胡萝卜、西红柿各30克，盐、味精各适量。

做法：❶ 所有材料洗净；红薯、胡萝卜分别去皮、切大块；牛肉切大块，汆烫后捞出备用；洋葱、西红柿对切成大块；圆白菜以手剥成大块。

❷ 置锅，倒入适量水，将所有材料一起放入锅中焖煮至牛肉熟烂，加盐、味精拌匀即可。

营养小贴士：煮牛肉最好用热水，可让肉味更鲜美。

蒜苗甜椒炒肉丝

材料：猪肉150克，甜椒100克，蒜苗20克，鲜鸡汤25克，姜丝10克，水淀粉、料酒、酱油、甜面酱各适量，盐少许。

做法：❶ 猪肉洗净，切粗丝，加入水淀粉、料酒、盐拌匀；甜椒洗净，去蒂、籽，切细丝；蒜苗洗净，切段；将酱油、料酒、水淀粉和鲜鸡汤兑成调味汁。

❷ 锅中倒入适量的油，烧至五成热，放入甜椒丝略炒一下，再加盐炒匀，盛出。

❸ 另起锅倒油，烧热至六成热，放入肉丝炒散，炒至发白后，加甜面酱炒出香味，再加入已炒过的甜椒丝略炒。

❹ 放入蒜苗、姜丝一起炒匀，烹入调味汁，翻炒几下起锅即可。

营养小贴士：甜椒含维生素C丰富，宜快炒出锅。

西红柿丝瓜炒木耳

材料：西红柿50克，丝瓜30克，水发黑木耳20克，盐、白糖各适量，味精少许。

做法：❶ 西红柿洗净，用开水烫后剥皮，切成块；丝瓜去皮，洗净，切成滚刀块；黑木耳洗净，撕成小片。

❷ 锅中倒入适量的油，烧热，放入丝瓜、西红柿，翻炒几下，再加黑木耳略炒一下。

❸ 加盐、白糖调味，炒1~2分钟后放味精即可。

营养小贴士：丝瓜要选外皮细嫩有弹性的，这样的才不老。

健康牛肉烩

材料：牛里脊肉300克，西蓝花100克，水发黑木耳、洋葱丁各少许，红糖、酱油、盐、鸡精各适量，黑胡椒少许。

做法：❶ 牛肉切小片，用红糖、酱油、鸡精、少量盐和黑胡椒腌30分钟；黑木耳撕成小片；西蓝花掰成小朵。

❷ 锅中倒入适量的油，放入牛肉、西蓝花煸炒。

❸ 待牛肉变色，倒入黑木耳和洋葱丁，调入适量腌牛肉的料汁，翻炒均匀即可。

营养小贴士：红酒腌牛肉不但可以去腥，还有助于消化，不必担心，酒精会在炒制中完全挥发。

冬笋香菇豆干汤

材料：冬笋200克，鲜香菇4朵，豆干100克，莲子20粒，荷兰豆50克，盐少许。

做法：❶ 冬笋去壳，放入锅中加水煮去涩味，捞出切片；豆干切片；香菇洗净，去蒂，切片。

❷ 将所有材料放入炖盅，加入盐调味，倒入适量热水，用耐热的保鲜膜封口，移入蒸笼中，大火蒸40分钟即可。

营养小贴士：这道汤健脾养胃、镇定安神、补中益气。

什锦素菜

材料：冬笋100克，水发香菇、蘑菇、芦笋各50克，西蓝花30克，胡萝卜1根，盐、料酒、高汤、水淀粉各适量。

做法：❶ 将冬笋、蘑菇、香菇、胡萝卜、芦笋分别洗净，切成条；西蓝花洗净，掰成小朵。

❷ 锅内加水，水开后，将上述菜一起下入，汆烫熟后捞出沥干。

❸ 锅内放油烧至五成热，下入所有菜，大火翻炒约1分钟，然后加入高汤，煮开后加入盐、料酒调味，最后用水淀粉勾芡即可。

营养小贴士：本菜品富含维生素和矿物质，是孕期补充营养的不错选择。

西红柿烧西蓝花

材料：西蓝花150克，西红柿50克，豌豆100克，醋5克，水淀粉20克，盐、白糖各少许。

做法：❶ 西蓝花掰成小朵，放入淡盐水中浸泡10分钟，用清水冲净，入沸水锅中焯2分钟，捞出备用。

❷ 西红柿洗净，去蒂，切成大块；豌豆洗净，入沸水锅中焯1分钟，捞出控净水。

❸ 锅内加油烧热，放入西红柿、西蓝花、豌豆，翻炒片刻，加适量清水。

❹ 调入醋、白糖、盐，搅拌均匀，以中火煮至西红柿块软烂，调入水淀粉勾芡即可。

营养小贴士：西蓝花用手掰的口感较好，刀切形状不好看，容易切碎成细末，也不好炒。将西蓝花放在淡盐水中浸泡可赶走菜虫，去除残留农药，有利健康。

什锦蔬菜粥

材料：大米200克，西蓝花100克，洋菇、香菇、胡萝卜各少许，盐适量。

做法：❶ 大米洗净用水浸泡30分钟，放入锅中，加适量水，大火煮开。

❷ 洋菇、香菇、胡萝卜洗净切丝；西蓝花掰小朵后洗净，用开水汆烫。

❸ 将洋菇丝、香菇丝及胡萝卜丝倒入粥中，转小火煮至粥黏稠。

❹ 再放入汆烫过的西蓝花及盐，煮开即可。

营养小贴士：粥中加一些蔬菜、水果，可以提供丰富的膳食纤维，增强肠胃蠕动，促进排便。

肉丝羹浇面

材料：瘦肉50克，黄瓜30克，面条100克，葱花少许，酱油、盐各适量。

做法：❶ 瘦肉和黄瓜洗净，分别切成丝。

❷ 锅中倒入适量的油，烧热，放葱花爆香，放肉丝煸炒，加酱油、盐，倒入黄瓜丝，再煸炒几下，做成酱卤。

❸ 烧一锅开水，下入面条煮熟，捞出，将酱卤浇在面条上拌匀即可。

营养小贴士：若想保持黄瓜的脆爽口感，可在烹调前用盐腌一下。

蛋黄猪肉焖鸡

材料：鸡肉250克，猪肉末100克，鸡蛋4个，鸡汤300克，葱段3段，姜2片，水淀粉、酱油、料酒各适量，白糖、盐、花椒各少许。

做法：❶ 鸡肉洗净，用刀背拍砸均匀；猪肉末加少许盐、水淀粉、水和2个鸡蛋黄搅拌上劲。

❷ 用鸡蛋黄2个，加适量水淀粉调成糊，先在鸡肉上抹上一层，再把肉馅均匀抹在鸡肉上，然后再抹上一层蛋黄糊。

❸ 锅中加油烧至五成热，放入鸡肉中火煎成金黄色捞出。

❹ 用锅中余油炒香葱段、姜片、花椒，捞出不用，倒入鸡汤，加料酒、白糖和盐，放入鸡肉烧开，转小火炖烂，捞出切成大块。

❺ 煮肉的汤汁用水淀粉勾芡后，浇在鸡肉上即可。

杂锦酿西红柿

材料：西红柿2个，鸡肉、猪肉末各50克，水发干贝、香菇、虾仁、豌豆各20克，高汤、姜末、葱花各适量，料酒、水淀粉、花椒水、盐、味精各少许。

做法：❶ 将香菇、鸡肉、干贝、虾仁洗净，切成丁，放入猪肉末、葱花、姜末、豌豆搅匀，加高汤、料酒、味精、盐、花椒水调匀。

❷ 西红柿洗净，在蒂根处切下一片，掏空内瓤，放入做法1的肉馅，再将切下的蒂根盖上，放入蒸锅蒸熟后取出。

❸ 锅内放入高汤、料酒、味精、盐，煮沸后用水淀粉勾芡，浇在西红柿上即可。

黄花菜蒸猪肉饼

材料：猪瘦肉100克，干黄花菜10克，面粉、盐各适量，味精、五香粉各少许。

做法：❶ 猪瘦肉洗净剁成末；黄花菜加适量水，煎汁去渣。

❷ 将猪瘦肉与黄花菜汁混合，加入面粉、盐、味精、五香粉，搅拌均匀，压成饼状，上锅蒸熟即可。

营养小贴士：鲜黄花菜中含有一种叫秋水仙碱的有毒物质，不宜食用。

孕5月 促进胎宝宝脑发育

本月营养关注

胎宝宝变化：对触压有了反应

胎宝宝的心跳逐渐有力，胎心率每分钟120~160次，准爸爸俯在孕妈妈的肚子上可以听到胎心音。由于骨骼和肌肉越来越结实，胎宝宝的活动增强，孕妈妈越来越容易感受到胎动。

胎宝宝的味觉、嗅觉、听觉、视觉和触觉都从此时开始在大脑里的专门区域发育，已经可以听到外界较强的声音、孕妈妈的心脏跳动声、血流声及肠鸣声。胎宝宝对触压有了感觉，孕妈妈用手触摸腹部时会感到胎宝宝轻微反应的力量。

孕妈妈变化：体重明显上升

到了这个月，孕妈妈的体重至少会增加2千克，有的孕妈妈甚至会增加5千克。从外观上看，腹部明显增大，前凸明显，已经看得出是一个孕妇了，孕妈妈可能要换大一号的衣服或孕妇装了。

有时候，孕妈妈会明显感到一阵阵的腹痛，这种疼痛是因为腹部韧带抻拉的原因。子宫增大，腹部也膨大起来，这会牵拉到韧带而引起腹痛，适应了就好。

营养指导

1 动物肝脏含有大量蛋白质和多种维生素，特别是维生素A，但肝脏含胆固醇高，而且作为代谢器官可能含有毒性物质，建议孕妈妈每周吃动物肝脏不要超过2次。

2 菠菜、苋菜、竹笋等蔬菜含有大量的草酸，会影响钙的吸收，因此，食用这些蔬菜前应先用水焯一下，破坏草酸。

3 鱼肉含丰富的蛋白质及不饱和脂肪酸，对大脑发育非常有好处，孕妈妈可以适量吃鱼，尤其是鱼头，因为它们在鱼头中的含量要高于鱼肉。

4 本月起，钙需求量剧增，孕妈妈可以在医生的指导下适当服用钙剂，同时，每天晒一会儿太阳可促进钙吸收。

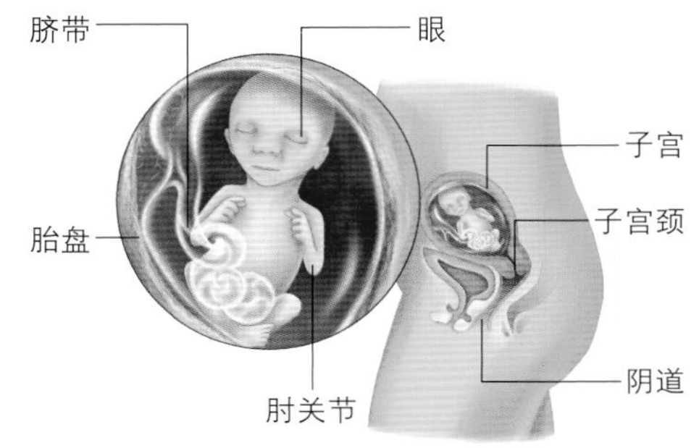

推荐食材

食材	功效
豇豆	• 豇豆提供了易于消化吸收的优质蛋白质，适量的碳水化合物及多种维生素、微量元素等，可以帮助促进肠道蠕动，防止便秘并提高免疫力。
金针菇	• 金针菇具有热量低、脂肪低，并含有多糖及多种维生素的营养特点，可以满足孕妈妈的营养需求。 • 金针菇中赖氨酸含量特别高，锌的含量也比较高，可以促进胎宝宝的身体发育，对胎宝宝的大脑发育很有好处。
牡蛎	• 牡蛎是一种高蛋白、低脂肪、容易消化且营养丰富的食品。 • 牡蛎中锌含量非常丰富，孕妈妈如需补锌，可以选择吃一些牡蛎。
芝麻	• 芝麻含有大量的脂肪、蛋白质、糖类以及多种微量元素，其中锌、镁、钙的含量更是丰富。
西瓜	• 西瓜含有丰富糖分及大量水分，还有利尿的作用。
百合	• 百合含有淀粉、蛋白质、脂肪及钙、磷、铁、镁、锌、硒、维生素B_1、维生素B_2、维生素C，泛酸、胡萝卜素等营养素，除了补充孕妈妈孕期所需营养素外，还能帮助润燥清热。
胡萝卜	• 胡萝卜中含有丰富的胡萝卜素，胡萝卜素可以转变成维生素A，对胎宝宝的发育极为重要。 • 胡萝卜素有造血功能，可以改善贫血。
鳝鱼	• 鳝鱼富含蛋白质、钙、磷、铁、烟酸等多种营养成分，还含有多种人体必需氨基酸和对人体有益的DHA、维生素B_1、维生素B_2等成分，是适合孕妈妈食用的高蛋白、低脂肪的食物。
银耳	• 银耳富含维生素D，能防止钙的流失。 • 银耳含有丰富的钙、铁等孕妈妈必需的营养物质。 • 银耳中的胶质能帮助孕妈妈增加皮肤弹性。

推荐食谱

豆角炒肉

材料：猪肉100克，豆角300克，姜丝、盐各适量，五香粉、鸡精、香油各少许。

做法：❶ 猪肉洗净，切丝备用；豆角洗净，择除豆筋，切斜片。

❷ 锅中倒入适量的油，下入姜丝爆香，然后放入肉丝，炒至变色，倒入豆角。

❸ 待豆角将熟，放入盐、五香粉和鸡精调味，出锅前淋几滴香油即可。

营养小贴士：准备半碗凉水，一边炒一边加入少许水，分3~5次进行，这样可使豆角保持青翠。

芝麻拌菠菜

材料：菠菜100克，白芝麻10克，鸡汤、酱油、盐各少许。

做法：❶ 菠菜洗净，入沸水中，加盐，氽烫片刻后捞出沥干。

❷ 将氽水后的菠菜切成4厘米长的小段。

❸ 拌入鸡汤和酱油，再撒上白芝麻、盐，拌匀即可。

营养小贴士：富含铁、叶酸以及胡萝卜素等营养，可改善孕期贫血症状。

鸡蛋牡蛎煎饼

材料：中筋面粉150克，鸡蛋3个，牡蛎100克，香葱末50克，盐、香油、胡椒粉各适量。

做法：❶ 中筋面粉加鸡蛋液调匀。

❷ 牡蛎洗净，焯水处理后，加入盐、香油、胡椒粉、香葱末拌匀，再与鸡蛋、面合拌在一起备用。

❸ 平底锅上火烧热，加适量底油，放入牡蛎面饼，用小火煎至两面金黄色，熟透即可。

营养小贴士：在孕中期常食牡蛎，既能增强孕妈妈的体力，又能加速胎宝宝的生长，还能预防孕妈妈和胎宝宝缺钙。

芝麻杏仁粥

材料：粳米100克，黑芝麻20克，杏仁10克，冰糖适量。

做法：❶ 粳米淘洗干净。

❷ 将粳米与杏仁、黑芝麻一同放入锅中，加入适量清水，大火煮开，转小火煮熟成粥，加入冰糖煮溶化即可。

营养小贴士：黑芝麻与杏仁，孕妈妈可以在孕后期的饮食里常加点，补钙的同时还能帮助通便。

枸杞黑芝麻粥

材料：粳米100克，黑芝麻30克，枸杞子、白糖各适量。

做法：❶ 将黑芝麻淘洗干净；粳米淘洗干净；枸杞子洗净。

❷ 将三种原材料一同放入锅中，加入适量清水和白糖，煮成粥即可。

营养小贴士：芝麻和枸杞子都有补肾明目的功效，常吃可保护眼睛。

鳝鱼金针菇汤

材料：鳝鱼250克，金针菇100克，盐少许。

做法：❶ 将鳝鱼去内脏，洗净切段；金针菇去根，清洗干净。

❷ 将鳝鱼入热油锅内稍煸，放入金针菇，加入适量清水，用大火煮沸后，改小火煮熟。

❸ 加入少许盐调味即可。

营养小贴士：这道菜富含优质蛋白质、钙、磷、铁，有利于胎儿骨骼生长发育，也有利于防治孕期孕妈妈的贫血，很适宜孕中期食用。

拔丝藕片

材料：藕300克，鸡蛋1个，面粉、熟芝麻各适量，白糖100克，水淀粉少许。

做法：① 藕洗净，去皮，切成厚片，撒上少许面粉；鸡蛋打散，加入水淀粉、面粉调匀成糊。

② 锅中倒入适量的油，烧至六成热，将藕逐块放入面粉鸡蛋糊中包裹均匀，下油锅炸至外壳呈金黄色时捞出控油。

③ 炒锅内留少许油，加入白糖，用中火炒制，不停地搅拌炒化，呈金黄色时推入藕片。撒上熟芝麻，翻拌至糖液全部包裹在藕片上，出锅盛盘即成。

营养小贴士：选藕时，要挑选外皮呈黄褐色、肉肥厚而白的，发黑、有异味的不宜食用。

翠衣炒鳝鱼

材料：黄鳝150克，西瓜翠衣、芹菜各50克，葱花、蒜末、姜末、水淀粉、盐各适量，香油、味精各少许。

做法：① 黄鳝活剖，去内脏、脊骨及头，用少许盐腌去黏液，放入沸水锅内烫一下，过凉水洗去血腥，切成段。

② 西瓜翠衣放入清水中洗净，切成条状，沥干水；芹菜去根及叶，洗净，切成小段，入沸水中焯一下，捞起，沥干备用。

③ 锅中倒入适量的油，烧热，下葱花、姜末、蒜末爆香，放入鳝鱼段，炒至半熟时，放入西瓜翠衣条、芹菜段翻炒至熟。

④ 加盐、味精调味，用水淀粉勾芡，淋入香油即成。

营养小贴士：黄鳝中含有丰富的DHA和卵磷脂，对胎儿大脑发育有好处。

素拌茄泥

材料：嫩茄子300克、芝麻酱30克，芝麻少许，大蒜3~4瓣，酱油、醋、盐、香油各适量。

做法：① 将茄子洗净，去蒂，去皮，切成粗条，装在大碗内，上笼蒸至烂熟。

② 芝麻酱加少许水澥开；大蒜捣成蒜泥。

③ 茄子取出晾凉后，加入芝麻酱、蒜泥、酱油、醋、盐、香油拌匀，撒上芝麻即成。

营养小贴士：芝麻酱可以用开水直接澥，能把芝麻油澥出来，让芝麻酱香而不腻。

西瓜西米露

材料：西米250克，西瓜200克。

做法：❶ 西米洗净，放入开水锅中煮，到西米半透明时，捞出并用凉水浸泡。

❷ 煮开一锅水，放入凉水浸泡过的西米，煮到完全透明，去掉煮过的水，将西米晾凉待用。

❸ 西瓜洗净，去皮，去籽，将大部分西瓜用榨汁机榨成汁液，倒入西米中，剩下的西瓜切小块，放在西米露上点缀即可。

营养小贴士：此饮品含有丰富的蛋白质、维生素A、维生素C和矿物质，西瓜还有明目清热的功效。

百合菠菜炒鸡蛋

材料：鲜百合200克，菠菜100克，鸡蛋2个，小葱1段，盐、味精各适量，胡椒粉少许。

做法：❶ 鲜百合择洗干净，用开水烫一下捞出；葱洗净切末；菠菜洗净备用。

❷ 将鸡蛋打入碗里，放适量盐、味精、胡椒粉搅拌均匀，倒入热油锅中炒熟盛出备用。

❸ 另起锅，放入适量油，待油烧至5成热时，放入葱末炒香；加入百合和菠菜翻炒几下，下入鸡蛋拌炒均匀，加入盐、味精调味即可。

营养小贴士：鸡蛋的蛋白质丰富且优质，孕妈妈可以经常将之作为早餐，每天吃两个，可强壮身体、增强免疫力。

麻酱百合

材料：芝麻酱100克，鲜百合150克，盐少许。

做法：❶ 将鲜百合剥开，洗净待用。

❷ 锅置火上，倒入少许油，放入鲜百合翻炒。

❸ 百合五成熟时放入芝麻酱共同翻炒，加盐调味即可。

营养小贴士：芝麻中含有丰富的不饱和脂肪酸，有利于胎儿大脑的发育；百合具有清热解毒的作用。此菜尤其适合内热较重的孕妈妈夏天食用。

百合冰糖蛋花汤

材料：鸡蛋2个，百合30克，冰糖适量。

做法：❶ 百合用清水冲洗干净，捞出，沥干水分。
❷ 鸡蛋洗净，将蛋液磕入碗中盛放，搅匀。
❸ 百合放入净锅中煮至熟烂后放入冰糖，把搅匀的鸡蛋液调入锅内，放入冰糖，调匀即可。

营养小贴士：百合中含有的百合苷，有镇静和催眠的作用。孕妈妈常喝这道汤有助于缓解失眠。

百合炖雪梨

材料：雪梨2个，百合(干)20克，冰糖适量。

做法：❶ 百合用清水浸泡30分钟，放到滚水中煮3分钟，取出沥干水分。
❷ 将冰糖放入锅中，加适量清水，小火煮10分钟至滚；雪梨去核，洗净连皮切片。
❸ 把雪梨、百合、冰糖水放入锅中，加适量清水，用小火炖约1小时即可。

营养小贴士：百合、雪梨养阴生津、清热去燥，对缓解胃灼热有较好的功效。

腰果鸡丁

材料：鸡肉200克，腰果40克，黄瓜丁、胡萝卜丁各20克，鸡蛋1个，姜末、高汤、味精、水淀粉各少许，盐适量。

做法：❶ 鸡肉洗净，用刀背拍松，切成丁，加盐、蛋清、味精、水淀粉上浆待用；腰果用水泡后，用油炸脆备用。
❷ 锅中倒入适量的油，将上浆后的鸡丁过油滑散；锅留余油，下姜末煸香，加入胡萝卜丁、鸡丁、高汤、盐、味精、黄瓜丁、腰果翻炒，最后用水淀粉勾芡即可。

营养小贴士：腰果中的脂肪成分主要是不饱和脂肪酸，有很好的软化血管的作用。它含有丰富的油脂，可以润肠通便，并且具有很好的润肤美容功效。

生菜胡萝卜卷

材料：胡萝卜、生菜各150克，盐、淀粉各适量，味精、香油各少许。

做法：❶ 将生菜叶择洗干净，用70℃的水略烫；将胡萝卜洗净，切成细丝，用盐略腌，投入沸水中略烫，捞出过凉，沥干水分，加入盐、香油、淀粉、味精拌匀。

❷ 将生菜叶铺开，放入适量胡萝卜丝，卷成拇指大小的卷，然后上蒸锅蒸约3分钟即可。

营养小贴士：胡萝卜过凉水时可以加少许冰块，使口感更清脆、爽口。

生菜豆衣卷

材料：生菜100克，豆腐皮1张，胡萝卜50克，面包粉30克，鸡蛋1个，盐、白糖、鸡精各少许。

做法：❶ 将胡萝卜洗净，切成长条，焯水；生菜洗净，沥干水分，放入盐、鸡精、白糖调味拌匀；豆腐皮放入水中泡软；鸡蛋磕开，取蛋清备用。

❷ 将生菜铺在豆腐皮表面，放上胡萝卜条，将豆腐皮卷紧。

❸ 豆腐皮卷外面裹上蛋清和面包粉，放入油锅中，炸至金黄色捞出，切成小段即可。

营养小贴士：豆腐皮中含有优质的大豆蛋白，且含钙量较高；生菜和胡萝卜中含有丰富的维生素和膳食纤维，能为孕妈妈提供较为均衡的营养。

田园小炒

材料：西芹、鲜草菇各100克，胡萝卜50克，小西红柿10个，料酒5克，盐少许。

做法：❶ 将西芹摘去叶洗净，切成寸段，投入开水中氽烫一下，捞出沥干水分。将鲜草菇、小西红柿分别洗净，切块；将胡萝卜洗净，切成细丝。

❷ 锅内加入适量油烧热，依次放入西芹段、胡萝卜、鲜草菇，翻炒均匀。

❸ 烹入料酒，加入盐，大火爆炒2分钟左右，加入小西红柿，翻炒均匀即可。

营养小贴士：这道菜色泽鲜艳，口味鲜香，营养丰富，可以帮助孕妈妈补充多种维生素。

酿香菇

材料：香菇10个，嫩豆腐200克，胡萝卜30克，高汤100克，盐、干淀粉、水淀粉、料酒、葱花、生姜汁、味精各适量。

做法：❶ 香菇洗净，去蒂，挤干水分；胡萝卜洗净，切成末；豆腐压碎，加盐、味精、生姜汁、水淀粉调匀。

❷ 香菇放入碗内，加盐、生姜汁、料酒、高汤、植物油各适量，入笼蒸10分钟后取出，挤干水分，菇面向下，撒上干淀粉。

❸ 将调匀的豆腐抓起挤成小圆球，放在香菇上，上面再放胡萝卜末和葱花，按实，上笼蒸熟取出。

❹ 锅内放入高汤、盐、味精，加水淀粉勾薄芡，淋上热油，浇在香菇上即可。

清炒素四色

材料：绿豆芽、韭菜各100克，胡萝卜50克，水发木耳2朵，盐、酱油各适量，味精少许。

做法：❶ 绿豆芽洗净，沥干水分；韭菜洗净，沥干水分，切成小段；胡萝卜洗净，切成丝；木耳洗净，切成丝。

❷ 锅中倒入适量的油，烧热，放入胡萝卜丝和木耳丝翻炒一会儿，再放入韭菜和绿豆芽翻炒。

❸ 炒至所有材料变软，加盐、酱油、味精调味，炒匀即可。

营养小贴士：叶片异常宽大的韭菜可能使用了生长激素，对人体有害。

胡萝卜炒猪肝

材料：猪肝、胡萝卜各100克，芹菜20克，大蒜2瓣，姜、青椒丝各少许，料酒、盐、胡椒粉、淀粉各适量。

做法：❶ 猪肝洗净切片，用料酒、胡椒粉、盐、淀粉拌匀；将芹菜去叶，洗净后切段；胡萝卜洗净后切成菱形片备用；姜切丝、蒜切片备用。

❷ 锅内油烧热，倒入猪肝，大火炒至变色后盛出。

❸ 锅内留少许底油烧热，下入姜丝、蒜片稍炒，加入胡萝卜片、芹菜段翻炒至熟。

❹ 倒入猪肝，加入青椒丝，加少许盐翻炒几下即可。

营养小贴士：猪肝切片后应迅速用调料和湿淀粉拌匀并尽早下锅。

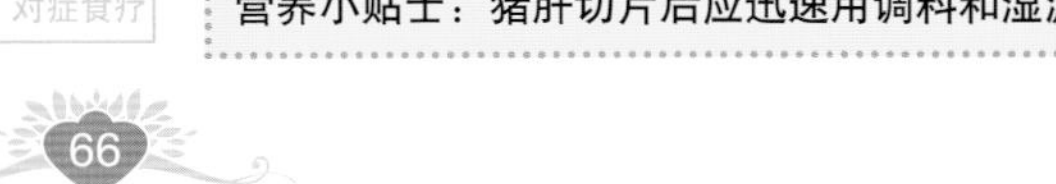

芦笋炒银耳

材料：芦笋200克，银耳15克，香菇5朵，葱2段，姜2片，盐3克，鸡精少许。

做法：❶ 芦笋洗净，切段；银耳洗净，用温水泡发，撕小片；香菇去蒂，洗净，用温水泡软，控净水分；葱洗净，切丝；姜切丝。

❷ 锅内放入适量植物油烧热，下葱丝、姜丝爆香。

❸ 倒入芦笋段、银耳、香菇，翻炒到快熟，放盐、鸡精调味即可。

营养小贴士：芦笋根部皮硬的话，可平放在案板上用刮皮器去掉硬皮。

拌双耳

材料：水发银耳、水发黑木耳各100克，葱丝、彩椒丝、香油、醋、鸡精、胡椒粉、盐、白糖各适量。

做法：❶ 将银耳和黑木耳分别用温水泡发，去掉根、蒂，洗净，撕成小朵，用开水汆烫，捞出投入凉开水中过凉，再捞出沥干水。

❷ 将银耳和黑木耳装入盘中，撒上葱丝、彩椒丝。

❸ 将盐、醋、鸡精、白糖、胡椒粉、香油用凉开水调匀，浇在银耳和黑木耳上，拌匀即可。

营养小贴士：银耳和黑木耳都是降血压的天然药材，而且对便秘也有很好的改善作用。

红枣银耳羹

材料：银耳（干）40克，红枣10颗，莲子3粒，枸杞子20粒，冰糖适量。

做法：❶ 银耳用清水泡发后洗净，用剪刀剪去根部的黄色硬结，用手将银耳撕碎。

❷ 将红枣、莲子和枸杞子放入大碗中，倒入清水，浸泡5分钟后洗净。

❸ 将红枣、莲子、枸杞子和银耳倒入砂锅中，倒入4倍的清水，大火烧开后，转小火煲2小时后关火，加入冰糖搅拌一下，盖上盖子闷半小时即可。

营养小贴士：银耳浸泡时间长一点，在煲制的过程中较省时间。

孕6月 饮食把关，拒做“糖妈妈”

本月营养关注

胎宝宝变化：五官清晰可辨

经过几个月的成长，胎宝宝的五官看起来已经是个“小人儿”了，眉毛和眼睑已经清晰可辨，只是脸上皱巴巴的、红红的。

胎宝宝的上下肢肌肉已经发育得很好，也开始在子宫羊水中游泳，并且会用脚踢子宫。他还能咳嗽、皱眉、眯眼睛和听见妈妈的声音了。

孕妈妈变化：乳房开始为哺育做准备

到这个月，孕妈妈的体重会比孕前增加4.5千克~9.0千克，腹部明显凸出，越来越有孕妇的样子。坐下或站起时会觉得吃力，也容易觉得疲劳，甚至会出现头晕、目眩的状况，这是身体重心前移，为保持平衡而引起的，是孕期正常现象。

这一时期，孕妈妈乳晕和乳头的颜色还在加深，而且乳房越来越大，这很正常，是在为哺育宝宝做准备。

营养指导

1 这时，孕妈妈会发现自己异常地能吃，不仅如此，很多以前不喜欢的食物现在反倒成了最喜欢的东西，孕妈妈可以好好利用这段时间调整自己的饮食习惯，加强营养，增强体质，为将来分娩和产后哺乳做准备。

2 用餐后，孕妈妈可以喝一些柠檬水（在水中加上1片柠檬）或用清水漱口，可令口腔保持湿润，还能刺激唾液分泌，减少因鼻塞、口干或口腔内残余食物引起的厌氧细菌造成的口臭。

3 如果孕妈妈有胃灼热的感觉，可以试试少量多餐，一天分5~6次进食；或在晚上适当吃点健康的小零食，也可以减轻胃灼热的感觉。

4 铁的来源分为食物和药物。如果缺铁严重的话，仅仅靠食补很难满足需求，这个时候，孕妈妈不妨采取服用药剂的补铁方法，但是不要盲目乱补，应先检测，然后在医生的指导下进行。

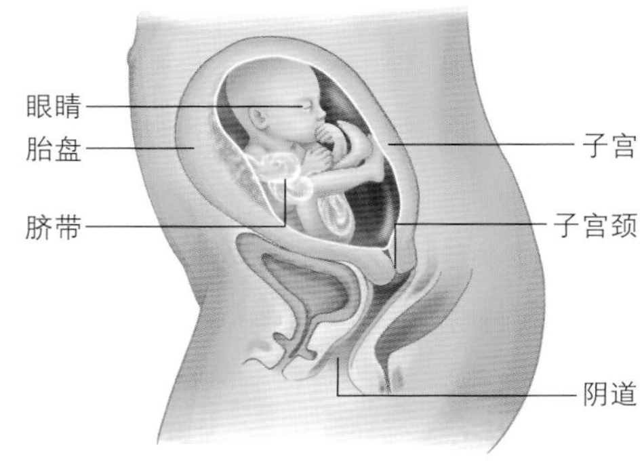

怀孕
饮食调整
必需营养素
孕1月
孕2月
孕3月
孕4月
孕5月
孕6月
孕7月
孕8月
孕9月
孕10月
坐月子
饮食宜忌
母乳喂养
育儿
喂养提前知
0~6个月
7~8个月
9~10个月
11~12个月
必需营养素
对症食疗

推荐食材

食材	功效
黄花菜	• 黄花菜含有丰富的卵磷脂，除了能增强和改善大脑功能、健脑、提升记忆力、改善注意力不集中的情况外，还能宁心安神。
猪心	• 猪心营养十分丰富，它含有蛋白质、脂肪、钙、磷、铁、维生素B_1、维生素B_2、维生素C以及烟酸等，这对加强心肌营养、增强心肌收缩力有很大的作用。孕妈妈适量进食一些猪心，有助于安神和睡眠。
牛奶	• 牛奶所含的碳水化合物中最丰富的是乳糖，乳糖使钙易于被吸收。 • 孕期每天饮用500毫升左右，可以补充优质蛋白质和钙质。 • 牛奶有安神的作用，睡前喝一杯牛奶有利于睡眠。
平菇	• 平菇中含有丰富的蛋白质、氨基酸、矿物质等，孕妈妈经常吃平菇，可以补铁补血，增强身体免疫力。
红豆	• 红豆含有较多的膳食纤维，可以防止孕妈妈便秘。 • 红豆中蛋白质赖氨酸含量较高，对孕妈妈身体有益。 • 红豆是富含叶酸的食物，孕妈妈可以常常食用。
枸杞子	• 枸杞子含有丰富的胡萝卜素、维生素A、B族维生素、维生素C和钙、铁等对身体有益的必需营养，孕期可以适量食用。
黑米	• 黑米含蛋白质、碳水化合物、B族维生素、维生素E、钙、磷、钾、镁、铁、锌等营养元素，营养丰富，孕期食用能明目、补血。
桑葚	• 桑葚性寒，味甘、酸，能滋阴补血，生津润肠。 • 孕期适量食用桑葚可以防治阴亏血虚之眩晕、目暗、耳鸣、失眠、消渴、便秘等症。
猪蹄	• 猪蹄含丰富的胶原蛋白质，在烹调过程中可转化成明胶，孕期适量食用有助于减少妊娠纹。 • 孕妈妈食用猪蹄还可缓解四肢疲乏、腿抽筋、麻木等症状。

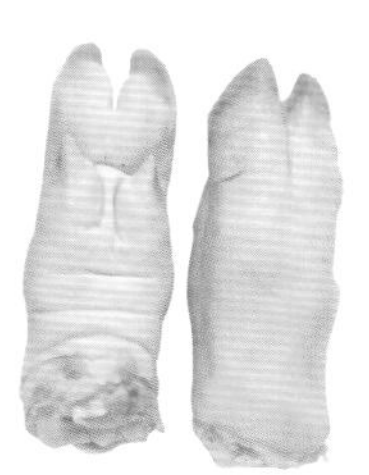

推荐食谱

奶油蘑菇汤

材料：牛奶250毫升，土豆泥50克，口蘑、火腿各少许，盐、味精各适量。

做法：❶ 火腿切丁；口蘑洗净切丁。

❷ 锅置火上，倒入牛奶，煮开后放入口蘑、火腿、土豆泥，搅拌均匀，煮开后放盐、味精调味即可。

营养小贴士：牛奶富含蛋白质，脂肪、钙、磷、维生素A 、核黄素、硫胺素等，有利于胎宝宝的大脑发育。

牛奶炖豆腐

材料：豆腐200克，牛奶200毫升，葱花、盐、味精各少许，白糖5克。

做法：❶ 将豆腐切块放入锅中，加入适量清水，大火烧沸。

❷ 转小火至豆腐煮透，加入牛奶煮沸，依个人口味加入调味料即可。

营养小贴士：用牛奶入菜时，不要过早加入，一般在其他材料熟后加入温热即可，以免其中营养遭到破坏。

黑木耳炒肉

材料：猪瘦肉100克，黑木耳（干）20克，红椒、青椒各1个，蒜1瓣，姜1片，醋10克，盐、鸡精各少许。

做法：❶ 黑木耳用温水浸泡软，洗净，撕成小块；猪瘦肉洗净，切丝；红椒、青椒去蒂，去籽，洗净，切圈；蒜切末；姜切丝。

❷ 炒锅放适量植物油，烧热，下蒜末、姜丝爆香，下猪瘦肉丝爆炒至变色。

❸ 放入红椒圈、青椒圈、木耳，翻炒片刻，加醋、盐、鸡精，大火快炒至熟即可。

营养小贴士：猪瘦肉中的蛋白质质与量均为上等，补充蛋白质少不了肉类的参与。炒肉时，最好能先用水淀粉上浆，这样口感更滑嫩。

牛奶香蕉芝麻糊

材料：香蕉2根，牛奶1杯，熟芝麻30克，玉米面10克，白糖少许。

做法：❶ 将香蕉去皮后，用勺子研碎。

❷ 将牛奶倒入锅中，加入玉米面和白糖，边煮边搅均匀（注意一定要把牛奶、玉米面煮熟）。

❸ 煮好后倒入研碎的香蕉中调匀，撒上熟芝麻即可。

营养小贴士：黑芝麻营养非常丰富，可以在煮粥、拌凉菜时撒一点。

黄花菜泥鳅汤

材料：泥鳅200克，黄花菜50克，香菇5朵，胡萝卜少许，生姜1块，盐适量，料酒5克。

做法：❶ 泥鳅宰洗干净；黄花菜切去头尾；胡萝卜去皮，洗净，切片；香菇、生姜均洗净，切片。

❷ 锅置火上，放油烧热，放入姜片、泥鳅煎至金黄，下入料酒，加入开水煮10分钟。

❸ 加入黄花菜、香菇、胡萝卜再滚片刻，调入盐即可。

三鲜汤

材料：鸡肉250克，豌豆50克，西红柿30克，鸡蛋1个，牛奶、淀粉各10克，料酒、盐、味精、高汤、香油各适量。

做法：❶ 鸡肉洗净剁成泥，取少许淀粉用牛奶搅拌，与鸡蛋清放在一个碗内，搅成鸡肉泥待用。

❷ 西红柿洗净用开水烫一下，去皮，切丁；豌豆洗净备用。

❸ 炒锅置火上，倒入高汤，放入盐、料酒烧开后，放入豌豆、西红柿丁，等再次烧开后改小火。

❹ 把鸡肉泥用手挤成小丸子，下入锅内，再把火开大待汤煮沸，放入剩余淀粉，烧开后放味精，淋香油即可。

营养小贴士：三鲜汤还可用瘦肉、香菇、青菜等材料制作。

韭菜炒河虾

材料：新鲜河虾250克，韭菜150克，盐适量，生抽少许。

做法：❶ 先将河虾剪去尖嘴，用淡盐水浸泡再反复冲洗干净，沥干水备用；韭菜洗净后切小段。

❷ 锅中放入适量油，油热后下河虾，小火炸至变红色即可盛出备用。

❸ 锅内留少量油，待油六成热时，放虾和韭菜翻炒均匀，放入盐、生抽调味即可。

营养小贴士：河虾富含钙质、蛋白质，韭菜富含膳食纤维，二者搭配既能通便，又能补钙。

乌鸡汤

材料：乌鸡半只，枸杞子10克，红枣3颗，姜1块，盐适量。

做法：❶ 乌鸡剁成块，放入沸水内煮去血水，捞出备用；姜拍扁。

❷ 将乌鸡、枸杞子、红枣、姜一同放入锅内，加入适量清水，大火烧开，10分钟后转小火煲1.5小时，最后加盐调味即可。

营养小贴士：煲汤一次要加足水，中途再加水的话，营养和味道都会大打折扣。

枸杞子蒸鸡

材料：嫩母鸡1只，枸杞子15克，料酒15克，胡椒粉、姜、葱、盐各适量。

做法：❶ 母鸡宰杀洗净；枸杞子洗净；姜洗净切成大片；葱切成段备用。

❷ 起锅，放入适量水煮沸，再放入母鸡用沸水汆透，捞出在凉水中洗净，沥干水分。

❸ 把枸杞子装入母鸡腹内，然后把母鸡腹部朝上放入水盆内，放入姜片、葱段，加适量水和料酒、盐、胡椒粉，最后用湿棉纸封口，上笼用大火蒸约2小时。

❹ 取出蒸好的母鸡，揭去棉纸，拣去姜片、葱段即可。

营养小贴士：这道菜有滋肾润肺、补肝明目的功效。

菠菜枸杞粥

材料：小米150克，菠菜100克，枸杞子15克，盐、香油各少许。

做法：❶ 将菠菜去杂，洗净，放入开水锅中略微汆烫，捞出，切小段；小米淘洗干净。

❷ 将小米、枸杞子放入砂锅，加适量清水，置火上，大火煮沸后，改用小火煨煮1小时。

❸ 待小米酥烂，放入菠菜段，搅拌均匀，加入盐调味，淋入香油，搅拌均匀即可。

营养小贴士：这道粥有滋养肝肾、补血健脾的功效，对贫血患者尤为适宜。

花生卤猪蹄

材料：猪蹄300克，花生仁150克，姜片、大葱、料酒、酱油、白糖、盐各适量。

做法：❶ 将猪蹄刮洗干净，斩小块，放入沸水中汆烫去血沫，捞出；花生仁放入水中浸泡2小时。

❷ 砂锅底部铺上姜片和大葱，然后放入猪蹄，加料酒和适量水，大火煮开，转小火炖约1小时。

❸ 放入泡好的花生仁、酱油和白糖再炖煮约50分钟至猪蹄软烂，最后加入适量的盐调味即可。

营养小贴士：将姜片和大葱铺满锅底，这样可以有效防止卤的过程中猪蹄粘锅。

红枣花生烧猪蹄

材料：猪蹄300克，带衣花生仁30克，红枣5颗，葱段、姜片各5克，料酒、酱油、白糖、盐各适量，大茴香、小茴香、花椒、味精各少许。

做法：❶ 花生仁、红枣洗净，用清水浸泡；猪蹄去毛洗净切块，入沸水中煮四成熟，捞出，用酱油拌匀。

❷ 锅中倒入适量的油，烧至七八成热，下入猪蹄，炸至金黄色捞出。

❸ 将猪蹄放入砂锅内，注入清水，加入花生仁、红枣及料酒、白糖、葱段、姜片、盐、味精、小茴香、大茴香、花椒，大火烧开后转用小火烧至熟烂即成。

营养小贴士：猪蹄中含有丰富的胶原蛋白，对皮肤保养有益，但脂肪含量高，血压高或血糖高的孕妈妈不宜多吃。

桂圆莲子猪心汤

材料：猪心300克，莲子20克，太子参、桂圆肉各少许，盐适量。

做法：❶ 将猪心洗净切片；莲子去心洗净；太子参、桂圆肉分别洗净。

❷ 把全部用料放入砂锅内，加清水适量。

❸ 大火煮沸后，转小火煲2小时，最后加入盐调味即可。

营养小贴士：猪心和桂圆都有补虚、养心、安神的作用。此汤非常适合于胸闷气短、长期失眠的孕妈妈食用。

百合芝麻猪心汤

材料：猪心300克，百合40克，红枣10颗，黑芝麻适量，盐、鸡精各少许。

做法：❶ 猪心剖开，切去筋膜，洗净，切片；百合、红枣分别洗净，红枣去核。

❷ 黑芝麻放入锅中，不必加油，炒香。

❸ 炖锅中加适量水，大火煲至水滚，放入全部材料，用中火煲约2小时，加入盐、鸡精适量调味即可。

营养小贴士：此汤有润燥润肺、补血养颜、宁心安神的作用。

蛋黄奶香粥

材料：大米150克，牛奶100毫升，鸡蛋1个，盐少许。

做法：❶ 将大米洗干净，用冷水浸泡1~2小时。

❷ 将鸡蛋煮熟，取出蛋黄，压成泥备用。

❸ 将大米连水倒入锅里，先用大火烧开，再小火煮20分钟左右。

❹ 加入蛋黄泥，用小火煮2~3分钟，边煮边搅拌，加入牛奶调匀，最后加入盐调味即可。

营养小贴士：牛奶中含有丰富的钙，蛋黄中含有一定量的维生素D，二者搭配能够有效地提高钙的吸收率。

油菜炒腐竹

材料：油菜、鲜腐竹各150克，姜末少许，酱油、料酒各5克，盐、香油各适量。

做法：❶ 腐竹洗净，放锅中加水烧开，煮熟捞出洗净，切成5厘米长的段；油菜洗净。

❷ 把炒锅烧热，放油，待油烧至六七成热时，放腐竹煸透捞出，控净油。

❸ 原锅留适量底油，烧至七八成热，下姜末爆香，放油菜、腐竹煸炒，加酱油、盐，改用小火焖烧5分钟，烹入料酒，淋上香油炒匀即可。

营养小贴士：泡腐竹的时候用温水，并在水中加点盐，这样腐竹能发得又快又好。

骨枣汤

材料：猪脊骨500克，红枣8颗，生姜适量，盐少许。

做法：❶ 将猪脊骨洗净，斩成小块，浸泡15分钟去血水；红枣泡开。

❷ 将长骨或脊骨、红枣、生姜放入瓦煲内，加适量清水，置火上。

❸ 大火烧沸后，转小火烧2小时以上，汤稠之后，加少许盐调味即可。

营养小贴士：炖排骨的时候可滴几滴醋，排骨更容易熟烂，并有利于钙、磷等矿物质析出。

桑葚粥

材料：糯米100克，鲜桑葚50克，冰糖适量。

做法：❶ 将桑葚捣烂备用。

❷ 糯米淘洗干净后加适量清水入砂锅中，大火烧开后转小火煮至粥熟。

❸ 加入捣烂的桑葚和冰糖，煮至冰糖溶化即可。

营养小贴士：桑葚果色深红带紫，汁甜味美，营养甚高，与糯米煮粥，为滋补佳品，能补肝益血。

木耳猪血汤

材料： 猪血150克，水发木耳100克，青蒜半根，盐3克，香油少许。

做法： ❶ 将猪血洗净切块备用；木耳洗净，撕成小朵备用；青蒜切末备用。

❷ 锅置火上，放入猪血和木耳，加入适量清水，用大火烧开，再用小火炖至血块浮起。

❸ 加入青蒜末和盐，淋入香油即可。

营养小贴士：木耳中含有丰富的膳食纤维和一种特殊的植物胶原，能够促进胃肠蠕动，防治便秘。其中铁的含量也十分丰富，与含铁质丰富的猪血搭配食用，可以帮助孕妈妈预防贫血，防治便秘。

桂圆鸡丁紫米粥

材料： 紫糯米100克，鲜桂圆10颗，鸡肉50克，鸡汤、盐、鸡精、白糖各适量。

做法： ❶ 鲜桂圆剥壳洗净；鸡肉洗净后切丁；紫糯米洗净后用水浸泡2小时。

❷ 锅置火上，放入鸡汤与紫糯米，大火煮开后转小火，放入桂圆，继续用小火熬约30分钟。

❸ 放入鸡肉丁、盐、白糖，继续熬煮20分钟，肉熟后加入鸡精调味即可。

营养小贴士：紫米有滋阴补肾、健脾暖肝，明目活血的作用，被誉为“药谷”。

花生紫米粥

材料： 紫糯米100克，花生20克，盐适量。

做法： ❶ 将紫糯米、花生均洗净。

❷ 锅中加入适量清水，大火烧开，放入紫糯米和花生，煮开后转小火，熬成粥。

❸ 粥将熟时，放少许盐调味即可。

营养小贴士：紫米淘洗时建议轻轻淘洗即可，不要揉搓。

菊花红枣汤

材料：干菊花少许，红枣5颗，冰糖少许。

做法：❶ 红枣洗净，加水适量煮沸后以小火煮约15分钟，倒入茶壶内。

❷ 菊花放在茶壶的滤器内，再将其放在壶上，使菊花能浸泡到红枣汤汁。

❸ 约5分钟后加入少许冰糖即可。

营养小贴士：颜色偏绿，有花萼的干菊花比较新鲜，太鲜艳或太暗淡的干菊花成色不佳。

皮蛋青菜豆腐汤

材料：皮蛋1个，豆腐150克，青菜20克（油麦菜或油菜等），姜1小块，盐、胡椒粉、香油各少许。

做法：❶ 豆腐切小块，放在淡盐水中浸泡片刻，去除豆腥味；皮蛋切小块，姜切细丝，青菜洗净切段。

❷ 汤锅中加适量水烧至沸腾，放入姜丝、皮蛋块和豆腐块，调入适量盐，中火煮3~4分钟。

❸ 放入青菜段再煮半分钟，加入适量胡椒粉，滴入香油即可。

小贴示：皮蛋和豆腐都有清热去火的功效，且豆腐含有丰富的蛋白质，加上青菜含维生素丰富，非常适合孕期火旺的孕妈妈食用。

绿豆鸡蛋汤

材料：绿豆100克，鸡蛋1个，冰糖适量。

做法：❶ 将绿豆洗净后用清水浸泡2小时左右，再将绿豆连同浸泡绿豆的水一同倒入锅中，加入适量冰糖，大火煮至绿豆开花，熟烂。

❷ 鸡蛋磕入碗中，搅打成液，等绿豆煮好后倒入鸡蛋液，搅匀即可。

营养小贴士：绿豆具有清热解毒的功效，鸡蛋含丰富的蛋白质，两者煮汤，既营养美味，又能帮助孕妈妈清热去火。

本月营养关注

胎宝宝变化：视网膜形成

到这个月底，胎宝宝几乎已经快占满整个子宫空间，可自由活动的空间将越来越小。

此时，胎宝宝的大脑皮层已经很发达，能够控制身体的动作，并能够分辨妈妈的声音，同时对于外界声音的喜欢与否也已经有了反应能力。

胎宝宝的视网膜已完全形成，能够区分光亮与黑暗，会自动把头转向光亮的地方。

孕妈妈变化：看起来大腹便便

这个月，孕妈妈的体重在迅速增加，每周可增加0.5千克左右，肚子有了明显的沉重感，孕妈妈的动作因此而显得笨拙、迟缓。从外观上看，当真称得上是“大腹便便”了，只要身体稍失去平衡，孕妈妈就会感到腰酸背痛。

由于子宫快速增长，从而向上挤压到内脏，孕妈妈可能会感到胸口憋闷、呼吸困难，这时最好侧卧，以缓解压迫感。

营养指导

1 为补充足量的“脑黄金”，孕妈妈可以交替地吃些富含DHA类的物质，如富含天然亚油酸、亚麻酸的核桃、松子、葵花籽、杏仁、榛子、花生等坚果类食品，此外还包括鱼与鱼油等。

2 本月因为血压升高或贫血加重，有的孕妈妈可能会有头痛、头晕的症状，此时一定要保持心情愉快，因为心理负担会加重这种症状。

3 怀孕7~8月，是容易发生糖尿病和高血压疾病的时期，建议孕妈妈按时做产前检查，做好孕期保健。

4 胎宝宝进入快速生长期，建议孕妈妈应在前期基础上，适当增加热能、蛋白质和必需脂肪酸的摄入量，适当限制碳水化合物和脂肪的摄入，强调营养多样化、合理性，不偏食，适当补充维生素A和维生素D，注意体内钙、磷平衡。

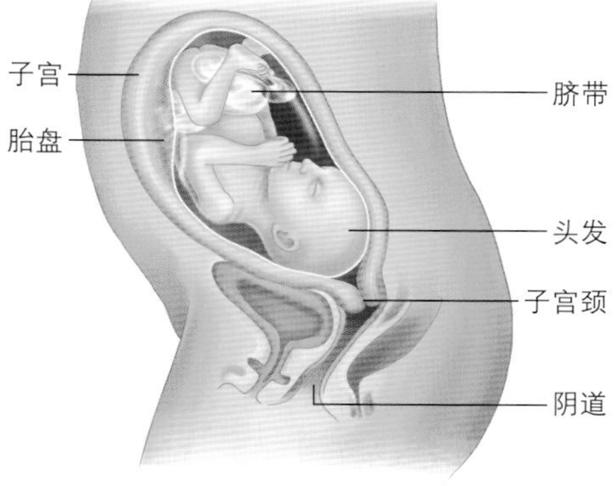

推荐食材

食材	功效
花生	• 花生富含维生素E和一定含量的锌，可以增强记忆、滋润皮肤、健脑益智。
鱿鱼	• 鱿鱼是一种高蛋白低热量食品，有预防糖尿病的作用，还可缓解疲劳，改善肝脏功能。 • 鱿鱼含有丰富的钙、磷、铁元素，对胎宝宝骨骼发育有好处，还可预防贫血。
油菜	• 油菜富含维生素C及矿物质，可促进血液循环、活血消肿，孕期、产后都可常常食用。 • 油菜含有能促进眼睛视紫质合成的物质，有明目的作用，可缓解眼疲劳。
海参	• 海参含有丰富的优质蛋白质，并含丰富的镁、铁、锌、钾、磷、硒等矿物质，还具有滋养肌肤、修补组织的功效。
生菜	• 生菜含莴苣素，味微苦，孕妈妈常吃可以镇痛，缓解神经紧张，其中的甘露醇成分还可促进血液循环。 • 生菜中含有丰富的膳食纤维和维生素C，是控制体重特别好的食物。
豆浆	• 豆浆营养丰富、全面，对增强孕妈妈体质、淡化妊娠纹有好处。 • 豆浆中的豆固醇和钾、镁都是控钠高手，有一定的降血压功效。 • 豆浆含大量膳食纤维，有调节血糖的作用。 • 豆浆中的卵磷脂对大脑发育有益处。
茼蒿	• 茼蒿中含有丰富的维生素、胡萝卜素、脂肪、蛋白质，具有养心安神、降压补脑、通便利肠、消除水肿、增强抵抗力的作用。 • 茼蒿中含有一种有特殊香味的挥发油，有消食开胃的作用。
韭菜	• 韭菜含有蛋白质、脂肪、糖类、B族维生素、维生素 E、叶酸、膳食纤维及多种矿物质，可以预防感冒、健胃、消除眼睛和身体疲劳、缓解孕期腰痛。 • 常吃韭菜对保护牙齿和预防缺铁性贫血有积极的意义。
绿豆芽	• 绿豆芽富含维生素C、维生素B_1、维生素B_2及叶酸等，有清热、利尿、消除紧张的作用。
苋菜	• 苋菜所含的铁质、钙质均非常丰富，适合孕妈妈食用。
空心菜	• 空心菜营养丰富，且含大量膳食纤维，可以帮助孕妈妈通便、排毒。
山药	• 山药可健脾益胃助消化，适合孕妈妈食用。

推荐食谱

花生仁炒芹菜

材料：嫩芹菜250克，花生仁100克，大蒜10克，盐5克，白糖、水淀粉各少许。

做法：❶ 将花生仁用油炸熟至脆；芹菜去叶、根洗净，切小段；大蒜去皮，切片。

❷ 锅中倒入适量的油，烧热，下蒜片、芹菜段，用中火炒至八成熟时，放入盐、白糖。

❸ 加入炸花生仁炒透、用水淀粉勾芡，炒匀即可。

营养小贴士：炸花生仁的油温要合理掌握，过高易炸煳；芹菜一定要嫩。

花生拌菠菜

材料：菠菜200克，花生仁50克，熟芝麻20克，香油、醋、白糖、盐、味精各适量。

做法：❶ 花生仁用温油炸香炸透；菠菜洗净放开水锅内烫熟，再放入冷水中冷却一下，捞出沥水。

❷ 熟菠菜切段，加盐、白糖、味精、醋、香油拌匀，装盘，撒上熟芝麻和花生仁即可。

营养小贴士：菠菜含有大量的植物粗纤维，具有促进肠道蠕动的作用，利于排便。

鱿鱼松子

材料：鱿鱼（鲜）300克，松子仁20克，小葱1段，清汤适量，酱油、料酒、水淀粉各8克，盐、花椒、姜片各少许。

做法：❶ 鱿鱼片去掉薄边，十字花刀交叉成松果形，放入油锅中，翻炒至卷起后，盛出。

❷ 花椒放入热油锅内炸出花椒油，稍凉，放入葱段、姜片炸出香味，捞出花椒、葱段、姜片丢弃，放入松子仁略炒呈杏黄色，均匀地倒在鱿鱼上。

❸ 炒锅内加入适量清汤、酱油、盐、料酒，大火烧沸，撇去浮沫，用水淀粉勾芡，浇在鱿鱼、松子仁上即可。

营养小贴士：鱿鱼中的特殊物质有防辐射的作用，职场孕妈妈不妨适当吃一些，但最好不要吃炸制、烧烤的，以免上火。

炒鱿鱼

材料：鲜鱿鱼300克，葱末、姜片、白醋、料酒、孜然各适量。

做法：❶ 将鱿鱼剪开，把墨囊取出，剥下皮，剪去内脏并冲洗干净。

❷ 在鱿鱼切十字花刀后，放在沸水中焯一下，捞出沥干。

❸ 锅中倒入适量的油，烧热，放入葱末、姜片炝锅后，倒入鱿鱼快速翻炒，再放入白醋、料酒，将鱿鱼炒熟透，撒上孜然即可。

营养小贴士：鱿鱼含有丰富的蛋白质，以及钙、磷、铁、硒、钾、钠等矿物质，对胎宝宝骨骼发育和造血十分有益。另外，鱿鱼中含有较高的锌，其含量仅次于牡蛎。

木耳炒鱿鱼

材料：鱿鱼300克，水发木耳100克，胡萝卜50克，葱段、姜片、蒜末各适量，料酒、酱油各10克，芝麻5克，盐、味精各少许。

做法：❶ 木耳用清水洗净，去蒂后撕成小片；胡萝卜洗净切成丝。

❷ 鱿鱼洗净，去皮和内脏在背上斜刀切花纹，入沸水中稍焯一下，沥干水分，加入盐、料酒、酱油腌制一会儿。

❸ 炒锅置火上，放入适量油，下蒜末、姜片炒出香味，再放入胡萝卜丝、木耳、鱿鱼，调入味精后炒匀装盘，撒上葱段、芝麻即可。

营养小贴士：木耳的铁、钙含量都比肉类多，鱿鱼也富含蛋白质、钙、磷、铁，二者搭配食用，对孕妈妈缺铁性贫血有较好的辅助治疗作用。

宫爆鱿鱼卷

材料：鲜鱿鱼300克，青蒜1根，蒜末、葱花、姜末各10克，酱油5克，米醋、盐、香油各少许。

做法：❶ 鱿鱼洗净，去皮和内脏，在内面切十字花刀，再改切成条状，入沸水中焯至变白色，捞起沥干水分待用；青蒜洗净，青蒜白切片，青蒜叶切末。

❷ 锅中倒入适量的油，烧热，倒入青蒜白、蒜末和葱花、姜末煸香，倒入鱿鱼卷，一同快速炒匀。

❸ 加入酱油、米醋和盐调味，炒熟后撒入青蒜叶末，淋上香油即可。

营养小贴士：清洗鲜鱿鱼时，不仅要去除内脏、眼和牙，还要剥去外层的红膜，以免烹调时会染红菜肴。

猪肝炒油菜

材料： 油菜200克，猪肝100克，葱花、姜末、酱油、盐、料酒各适量。

做法： ① 将猪肝切成薄片，用酱油、葱花、姜末、料酒腌制片刻；油菜洗净切成段，梗、叶分开。

② 起锅热油，放入猪肝快炒后盛出备用。

③ 起锅热油，先炒菜梗，随后下油菜叶，炒至半熟。

④ 放入猪肝，加适量酱油、料酒、盐，用大火快炒至熟即可。

营养小贴士：两种材料搭配，营养丰富，对妊娠缺铁性贫血、妊娠肝虚水肿有辅助疗效。

腐竹炒油菜

材料： 油菜200克，水发腐竹100克，葱花、姜末、白糖、盐各适量。

做法： ① 将泡好的腐竹切成柳叶形；油菜择洗干净，控干水分备用。

② 炒锅内放入少许的油，待油温五成热时放入葱花、姜末爆炒出香味。

③ 放腐竹翻炒片刻，放入油菜、适量白糖和盐翻炒均匀即可。

营养小贴士：好的腐竹色泽淡黄，表面略有光泽。若色泽暗淡或发白，则不宜购买。

冬笋烧菜心

材料： 油菜300克，鲜香菇100克，冬笋50克，葱末、姜末各少许，料酒5克，花椒油10克，淀粉适量，盐3克，味精、胡椒粉各少许。

做法： ① 香菇洗净，切成片；冬笋洗净，切成片；油菜洗净，掰开；淀粉加少许水调成水淀粉。

② 锅中倒入适量的油，烧热，下葱末、姜末爆香，倒入料酒和少许清水。

③ 水开后下入香菇、冬笋略炒，加盐、胡椒粉，下入油菜、味精，大火翻炒，用水淀粉勾芡，淋入花椒油，即可出锅。

营养小贴士：富含膳食纤维和维生素，可润肠通便，预防孕期便秘。

黑豆豆浆

材料：黑豆100克，白糖适量。

做法：❶ 将黑豆清洗干净，倒入黑豆量2～3倍的温水浸泡7～8小时。

❷ 将泡好的黑豆倒入豆浆机中，加适量水，打成豆浆，加热煮开后，持续10分钟。

❸ 加入白糖调味即可。

营养小贴士：孕妈妈多喝豆浆，有提高身体抗病力，增强体质的作用。

茼蒿猪肝鸡蛋汤

材料：茼蒿200克，猪肝100克，鸡蛋1个，盐适量。

做法：❶ 茼蒿洗净备用；猪肝洗净，切薄片备用；鸡蛋磕入碗中，打碎搅匀。

❷ 将锅置于火上，加适量清水，煮滚，放入茼蒿，滚熟后倒入猪肝煮熟。

❸ 倒入鸡蛋液，搅成蛋花，加入盐即可。

营养小贴士：猪肝居所有含铜食物之首位，且含有铁、锌等矿物质，可预防孕妇贫血。同时，能帮助孕妈妈摄入全面合理的营养素，有利于防止胎儿畸形。

鸡茸面包片

材料：鸡胸肉200克，生菜、面包各50克，熟猪肥肉30克，鸡蛋1个，荸荠15克，料酒、水淀粉各适量，盐少许。

做法：❶ 荸荠削皮煮熟，切碎；鸡胸肉洗净，切碎；熟猪肥肉切成绿豆大的丁，放在盘中，加入盐、鸡蛋清、料酒、水淀粉、碎荸荠，搅拌均匀。

❷ 面包切成片，将鸡肉茸均匀地抹在面包片上约1.5厘米厚。

❸ 锅中倒入适量的油，烧至六成热，投入面包片炸至变黄时，将锅离火，用热油浸约3分钟，再上火炸至呈金黄色，熟透后捞出。

❹ 将生菜放在碟中间，鸡茸面包片放在生菜上面即成。

营养小贴士：一般油炸食物都会进行二次炸制，也叫复炸，可以让食物更酥脆。

韭菜炒豆芽

材料：绿豆芽400克，韭菜100克，葱、姜、盐各适量。

做法：❶ 韭菜择好洗净，切成3厘米左右的段备用；豆芽掐去两头洗净，捞出沥干水分备用；葱、姜均洗净切丝备用。

❷ 锅内加油烧热，放入葱丝、姜丝爆香，随后倒入豆芽，大火翻炒1分钟左右。

❸ 加入韭菜，调入盐，翻炒几下即可。

营养小贴士：韭菜不易消化，所以一次不要吃太多。

韭菜鸭血汤

材料：鸭血块150克，韭菜100克，料酒、盐各5克，香油、胡椒粉各少许。

做法：❶ 韭菜择洗干净，切成3厘米左右的段备用。

❷ 鸭血洗净后切成长方块，投入开水锅中焯熟，捞出来沥干水分备用。

❸ 锅内加入植物油烧热，放入韭菜段略炒，烹入料酒，加水烧开，再加入鸭血块煮至熟，加盐、胡椒粉调味，起锅时淋上香油即可。

营养小贴士：也可以在最后加入沙茶酱调味，沙茶酱搭配韭菜鸭血，味道非常鲜美。

海参百合羹

材料：海参1条，猪肉末150克，干百合20克，鸡蛋2个，冬菇5朵，冬笋20克，葱花、姜片各5克，料酒、酱油、盐、白糖、水淀粉、胡椒粉各适量。

做法：❶ 百合洗净后用清水泡1小时；冬笋、冬菇均洗净切丁；鸡蛋磕入碗中，搅打成液。

❷ 锅内放油烧热，放入葱花、姜片炒香，加入料酒和适量水，放入海参煮去腥味，捞出切丁。

❸ 另起锅，加油烧热，放入猪肉末炒散，加酱油炒入味，加清水大火烧开，放入海参、冬菇、冬笋、百合，烧开后加盐、白糖煮至材料熟透，调入水淀粉，一边搅一边倒入，再煮2～3分钟，倒入蛋液烧开，撒上胡椒粉即可。

营养小贴士：这道粥有补肾、养血、润燥的功效。

赤小豆橙皮紫米粥

材料：赤小豆、紫米各50克，橙皮、红枣、红糖各适量。

做法：❶ 将赤小豆、紫米、红枣用清水洗净，分别浸泡2小时。

❷ 将赤小豆、紫米、红枣放入锅，加适量清水，用大火烧开，后转小火煮至软透。

❸ 橙皮洗净，刮去内面白瓤，切丝，入粥锅中，待橙香渗入粥汁后，加入红糖再煮约5分钟即可。

营养小贴士：紫米味甘，性温，有健脾胃、益肺气的功效，这道粥是体虚孕妈妈的补益佳品。

核桃猪腰粥

材料：核桃仁10个，猪腰1个，大米100克，葱末、姜末各适量，盐少许。

做法：❶ 将猪腰去臭线，洗净，切细；大米淘洗干净。

❷ 将大米放入锅中，加入适量清水，煮粥。

❸ 待沸后加入猪腰、核桃仁及葱末、姜末、盐，煮至粥熟即可。

营养小贴士：猪腰洗净后可用白酒去腥，约500克猪腰加50克白酒揉捏去腥，再用开水烫洗一遍，就不腥了。

香菇木耳瘦肉粥

材料：大米100克，瘦猪肉50克，香菇2朵，木耳、银耳各15克，盐适量。

做法：❶ 将香菇择洗干净，用清水浸泡至软；大米、木耳、银耳分别洗净，用清水泡软；猪肉洗净，剁成末，入沸水中氽烫一下。

❷ 将大米放入锅中，加入适量清水，用大火烧沸。

❸ 放入香菇、木耳、银耳、猪肉末，加入盐，用小火煮至米、肉熟烂即可。

营养小贴士：此粥有健脾开胃、益气清肠的作用，且含铁丰富，可补血。

枸杞苋菜汤

材料：苋菜200克，大蒜4瓣，枸杞子少许，盐适量。

做法：❶ 将苋菜洗净，切段；大蒜洗净，去皮切成粒。

❷ 锅置火上，放油烧热，放入蒜粒，用小火煎黄。

❸ 在煎蒜的锅中加入清水，煮滚后加入苋菜，待汤再次煮滚，撒上枸杞子，加盐调味即可。

营养小贴士：喝此汤不但能吸收苋菜的营养，补血强身，还可起到通便润肠的功效。

鸡丁苦瓜燕麦粥

材料：大米100克，燕麦50克，鸡肉、苦瓜各30克，姜片、盐、味精、料酒、胡椒粉各少许。

做法：❶ 将大米淘洗干净，用清水浸泡30分钟；燕麦淘洗干净，用清水浸泡8小时。

❷ 将鸡肉清洗干净，切丁，入沸水锅中汆烫透；苦瓜洗净，去瓤切片，入沸水锅中汆烫透。

❸ 锅中加入清水、大米、燕麦，上火烧沸，放入鸡丁、姜片及盐、料酒、胡椒粉，搅拌均匀，转小火煮1小时，再放入苦瓜煮10分钟，加入味精即可。

营养小贴士：此粥有很好的祛火和通便功效，适合炎热夏日食用。

莲藕瘦肉汤

材料：莲藕、猪瘦肉各100克，脊骨200克，生姜1小块，葱1小段，盐3克，鸡精2克。

做法：❶ 先将猪瘦肉、脊骨分别斩块洗净；莲藕切小块，生姜去皮切块。

❷ 砂锅中加入适量清水，烧开，放入姜块、葱段、猪瘦肉、脊骨煮沸，撇去浮沫，转小火煲约1小时。

❸ 加入莲藕，再煲半小时左右，加入盐、鸡精和葱段调味即可。

营养小贴士：炖莲藕建议用砂锅，不建议用铁锅，因铁锅易使莲藕氧化变黑。

虾仁山药粥

材料：山药30克，虾仁3～4个，粳米100克，葱花适量。

做法：❶ 将粳米洗净；山药去皮，洗净，切成小块；虾择好洗净，切成两半备用。

❷ 锅内加适量水，投入粳米，大火烧开后加入山药块，用小火煮至粥黏稠。

❸ 放入虾仁煮熟，撒葱花点缀即可。

营养小贴士：山药中含有淀粉、蛋白质及多种微量元素，与虾仁合用，能健脾胃，增强身体抵抗力。

素笋耳汤

材料：冬笋200克，水发黑木耳50克，香菜1根、葱末、姜末、盐、鸡精、香油各适量，高汤100克。

做法：❶ 先将冬笋去皮洗净，切成薄片，入沸水中略烫捞出，放凉水中过凉后捞出控水。

❷ 黑木耳洗净，择成小朵；香菜洗净，切成小段。

❸ 锅中放入鲜汤，加入葱末、姜末，大火煮沸，再放入笋片、黑木耳片。

❹ 待汤煮沸时，用勺撇去浮沫，放入香菜段，再加盐和鸡精调味，淋上香油搅匀后即可。

营养小贴士：黑木耳中含有丰富的膳食纤维和一种特殊的植物胶质，能促进胃肠蠕动，可防止孕妈妈便秘。

排骨西红柿汤

材料：排骨300克，西红柿1个，豆腐30克，盐适量。

做法：❶ 将排骨洗净，放入热水中汆烫一下。

❷ 把西红柿洗净，放入热水汆烫，捞起后剥去外皮，切成块状；豆腐也切成块状。

❸ 锅中加6碗水，放入排骨，小火煮约30分钟，加入豆腐块、西红柿块，大火煮开后，转小火煮约40分钟，最后加入盐调味即可。

营养小贴士：要想汤汁滋味鲜美，则建议用凉水煲汤，并在最后加调味料。

孕8月 控制体重，防止胎宝宝过大

本月营养关注

胎宝宝变化：胎位开始固定

到了这个月，胎宝宝的身体发育已经基本完成了，身体增长速度减慢，但体重迅速增加。

到了30周之后，随着子宫内的空间变小，胎动会明显减少，胎位也渐渐固定。正常的胎位应该是枕前位，即胎体纵轴与母体纵轴平行，胎头俯曲，枕骨在前。其他的胎位，如臀位、横位、枕后位、颜面位等都属于异常胎位，会给自然分娩带来不同程度的困难，此时应该在医生的指导下积极采取措施进行纠正。

孕妈妈变化：孕期不适加重

这个月，孕妈妈的体重会比孕前增加7千克～12千克，此时，因为身体笨重，无论是站立还是走路，孕妈妈都需要挺胸昂头才行。孕妈妈的行动越来越不便，稍微多走点路就会感到腰痛和足跟痛，呼吸困难，喘不上气来。

由于激素变化的原因，孕妈妈的消化系统运作会变慢，尤其是胃部，所以吃饭后往往感觉不适，而且便秘、背部不适、腿肿及呼吸的状况可能会更严重。

保持乐观的心态，注意休息，按时产检，再坚持一下，很快，孕妈妈的宝宝就会健康降生了。

营养指导

1 本月，孕妈妈的子宫不断增大，慢慢顶住胃部，吃一点就有了饱胀感，这时孕妈妈可以少吃多餐，每天吃7～8次都可以。夜间被饿醒的时候，可以喝点粥，吃2片饼干喝1杯奶，或者吃2片牛肉，然后漱漱口，再接着睡。

2 这个月，所有的器官、系统都趋于成熟，营养需求也达到顶峰，孕妈妈需要摄入大量的蛋白质、维生素C、B族维生素、铁质和钙质；同时保证热量的供给，除了每天进食400克左右的米、面外，还可以增加一些粗粮，如小米、玉米、燕麦片等。

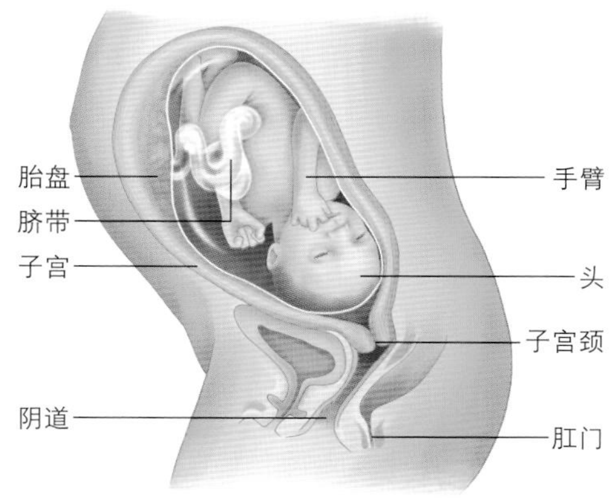

怀孕
饮食调整
必需营养素
孕1月
孕2月
孕3月
孕4月
孕5月
孕6月
孕7月
孕8月
孕9月
孕10月
坐月子
饮食宜忌
母乳喂养
育儿
喂养提前知
0~6个月
7~8个月
9~10个月
11~12个月
必需营养素
对症食疗

推荐食材

食材	功效
鲶鱼	•鲶鱼营养丰富，每100克鱼肉中含水分64.1克、蛋白质14.4克，并含有多种矿物质和微量元素，特别适合孕妈妈食用。
哈密瓜	•哈密瓜含钙、磷、铁等多种矿物质，有利小便、止渴、除烦热等作用。
荸荠	•荸荠中含磷等矿物质丰富，对保护孕妈妈牙齿、骨骼有很大好处，同时可促进体内糖、脂肪、蛋白质三大物质的代谢。 •其中所含粗蛋白有润肠通便的作用。
苦瓜	•苦瓜有降低血糖的作用，可缓解妊娠糖尿病。 •苦瓜可清热消暑，还可促进消化液分泌、胃肠蠕动，能帮助孕妈妈改善食欲。
冬瓜	•冬瓜利尿消肿，可以作为孕期治疗水肿的辅助食品。 •冬瓜对改善机体的钾钠比值有明显作用，可清热解暑、降血压、降血脂。
鲤鱼	•鲤鱼的钾含量较高，对各种水肿、腹胀、少尿皆有益。 •鲤鱼的视网膜上含有大量的维生素A，孕期食用鲤鱼眼睛可有效明目。
土豆	•土豆含钾量高，可有效缓解孕期高血压、水肿。 •土豆淀粉吸收缓慢，不会导致血糖过高，可作妊娠糖尿病患者的食疗。
带鱼	•带鱼含有丰富的镁元素，对心血管系统有很好的保护作用。 •带鱼含有丰富的蛋白质，脂肪含量高于一般鱼类，且多为不饱和脂肪酸。
豆腐干	•豆腐干含有钙、磷、铁等多种人体所需的矿物质，可补充钙质，防止孕妈妈因缺钙引起的骨质疏松。
乳鸽	•乳鸽的骨内含丰富的软骨素，常食能增加皮肤弹性，改善血液循环。 •乳鸽具有滋补肝肾、补气血的功效。
鳕鱼	•鳕鱼含有丰富的优质蛋白质、DHA、钙、磷等营养成分，对帮助孕妈妈提高身体免疫力，促进胎宝宝身体、大脑和神经系统的发育都有很好的作用。
莴苣	•莴苣中含有的铁可以为孕妈妈补充铁质，帮助孕妈妈预防缺铁性贫血。 •莴苣中含有丰富的叶酸、维生素B_1、维生素B_2、维生素C、烟酸等。
南瓜	•南瓜中含有大量果胶，可以影响肠道对胆固醇和糖的吸收，降低血清胆固醇和控制高血糖。
口蘑	•口蘑中含有18种氨基酸，其中8种是人体必需氨基酸，营养价值非常高。 •口蘑中含有多种抗病毒成分，可以增强孕妈妈的免疫机能。

推荐食谱

红烧冬瓜条

材料：冬瓜400克，姜1片，小葱2根，甜面酱、酱油、水淀粉各10克，高汤100克，白糖、盐各适量。

做法：❶ 冬瓜去皮、去瓤、去籽，洗净，切成3厘米长、1厘米宽的长方块；姜洗净，切成末；葱洗净，切成末。

❷ 锅置火上，放油烧热，放入葱末、姜末、甜面酱，爆至出香味，再放入冬瓜块、酱油、白糖、盐、适量高汤，烧开后转小火。

❸ 至冬瓜块熟烂，用水淀粉勾薄芡即可。

营养小贴士：冬瓜中含有丰富的营养成分，钠盐含量比较低，具有利水消肿、清热解毒的独特功效。

排骨炖冬瓜

材料：猪排骨250克，冬瓜200克，葱白1段，姜3片，料酒、盐、鸡精各适量。

做法：❶ 猪排骨洗净，剁成块，投入沸水中氽烫一下，捞出来沥干水分；冬瓜洗净，切成比较大的块。

❷ 将排骨块放入砂锅，加适量清水，加入姜片、葱白、料酒，先用大火烧开，再用小火煲至排骨八成熟，倒入冬瓜块，煮熟。

❸ 拣去姜片、葱白，加入盐、鸡精搅匀即可。

营养小贴士：本汤羹味美可口，具有补虚消肿，减肥健体的功效，适用于水肿、肥胖的孕妈妈食用。

双仁甜粥

材料：大米100克，花生仁50克，杏仁10粒，枸杞子少许，白糖适量。

做法：❶ 大米淘洗干净，用清水浸泡30分钟；花生仁洗净，浸泡至发软；杏仁氽烫透。

❷ 将大米放入锅中，加入适量清水，大火煮沸，转小火，放入花生仁，煮约40分钟。

❸ 放入杏仁、枸杞子及白糖，搅拌均匀，煮15分钟即可。

营养小贴士：此粥有很好的滋补效果，可增强身体抵抗力。

赤小豆鲤鱼

材料：鲤鱼1条，赤小豆100克，陈皮、花椒、草果各7克，葱花、姜、胡椒粉、盐、鸡汤各适量。

做法：❶ 将鲤鱼收拾干净；赤小豆、陈皮、花椒、草果均洗净，塞入鱼腹。

❷ 将鱼放入砂锅中，加葱花、姜、胡椒粉、盐，倒入鸡汤，煲1.5小时左右，撒上葱花即可。

营养小贴士：鲤鱼被中医认为是健脾利水及减肥的上品，有益气健脾、利水化湿、消脂的功效。赤小豆也是中药里利水之物，两者相配，共行健胃醒脾、化湿利水，水肿严重的孕妈妈可以常吃。

冬瓜赤小豆汤

材料：冬瓜200克，赤小豆100克，盐少许。

做法：❶ 将冬瓜去皮，去瓤，洗净；赤小豆洗净，用清水浸泡3小时。

❷ 将冬瓜、赤小豆放入锅中，加入适量清水，煮至赤小豆软烂。

❸ 加入盐调味即可。

营养小贴士：冬瓜与赤小豆都有上佳的利尿祛湿功效，另外，赤小豆含有较多的膳食纤维，可以润肠通便、降血压、降血脂，很适合此期孕妈妈食用。

土豆煎饼

材料：土豆2个，鸡蛋1个，洋葱30克，面粉150克，盐、胡椒粉各少许。

做法：❶ 土豆洗净，去皮，切成丝；鸡蛋打散；洋葱洗净，切碎。

❷ 取1大碗，将土豆丝、鸡蛋、洋葱、面粉、盐和胡椒粉混合，搅拌成面糊。

❸ 锅中倒入适量的油，烧热，倒入面糊，每面煎大约4分钟直到呈金黄色即可。

营养小贴士：土豆含有大量淀粉以及蛋白质、B族维生素、维生素C等，能促进脾胃的消化功能；还含有大量膳食纤维，能宽肠通便，帮助机体及时排出毒素，防止便秘。

土豆烧牛肉

材料：土豆200克，牛肉250克，葱3段，姜2片，盐适量。

做法：❶ 土豆洗净，去皮，切成滚刀块；牛肉洗净，切小块；葱洗净，切末。

❷ 炒锅置火上，放油烧热，下牛肉块煸炒片刻，加葱末、姜片，倒入适量清水（以浸过肉块为好），加盖煮开。

❸ 改小火炖至肉快烂，加土豆块、盐，接着炖至土豆、牛肉酥烂入味即可。

营养小贴士：盐要最后加，牛肉过早加盐煮容易缩紧。

香菇火腿蒸鳕鱼

材料：鳕鱼1块，干香菇3朵，火腿3片，葱丝、姜丝、蒜片各适量，蒸鱼豉油10克，白糖3克，料酒、白胡椒粉各少许。

做法：❶ 将鳕鱼洗净，放入蒸盘，用纸巾吸干表面水分；香菇热水泡发后切成丝，火腿切成条。

❷ 将火腿条撒在鳕鱼上，然后分别将葱丝、姜丝和蒜片铺在鳕鱼上。

❸ 把切好的香菇丝铺在最上面并撒上少许的白胡椒粉和白糖。

❹ 把蒸鱼豉油和料酒倒在鳕鱼上，放入蒸锅内大火蒸10分钟即可。

营养小贴士：鳕鱼是深海鱼，营养价值较高，是比较适合孕妈妈吃的食物。

清蒸带鱼

材料：新鲜带鱼200克，红椒丝、姜片、蒜片、葱丝、香菜末各10克，料酒、酱油、盐、味精各适量。

做法：❶ 带鱼洗干净，切成段，加入料酒、酱油、盐、味精腌制5分钟。

❷ 盘底摆放姜片、蒜片、葱丝，上面均匀摆放腌好的鱼段，并把腌料汁倒入蒸盘，放入蒸锅蒸8分钟，关火，闷2分钟，取出，将汤汁倒出备用。

❸ 锅中放油烧热，放入红椒丝、蒜片、姜片炒香，倒入蒸鱼的汤汁烧开，撒上葱丝和香菜末，浇在带鱼上即可。

营养小贴士：带鱼腹壁的黑膜一定要撕去，不然会很腥。

鸡蛋炒莴笋

材料：莴笋200克，鸡蛋1个，葱花、盐各适量，味精少许。

做法：❶ 莴笋洗净，去皮，切片；鸡蛋磕入碗中打散。

❷ 锅中倒入适量的油，烧热，放入葱花爆香，倒入蛋液，翻炒至七成熟，捞出。

❸ 另起锅热油，下入莴笋片翻炒几下，倒入鸡蛋一同翻炒至熟，加盐、味精调味即可。

营养小贴士：莴笋含有大量植物纤维素，能促进肠壁蠕动，通利消化道，帮助大便排泄，有效缓解便秘症状。

卤鲜口蘑

材料：口蘑200克，鸡汤20克，葱花、姜丝、盐、味精各少许，酱油、白糖、料酒各5克，水淀粉适量。

做法：❶ 口蘑洗净，切成片。

❷ 锅中倒入适量的油，烧热，爆香葱花、姜丝，放入酱油、料酒，加入鸡汤、盐、味精、白糖，盖上锅盖，大火煮沸。

❸ 放入口蘑转小火烧3~4分钟，改用大火收汁，最后用水淀粉勾芡即可。

营养小贴士：此菜吃起来滑润鲜香，并富含蛋白质、脂肪及多种维生素和微量元素，开胃消食，是缓解孕期腹胀的经典菜肴。

口蘑焖腐竹

材料：口蘑100克，腐竹150克，高汤100克，姜末、水淀粉、料酒、酱油、白糖、盐各适量，味精、香油各少许。

做法：❶ 口蘑洗净；腐竹用温水浸软，放锅中加水烧开，煮熟捞出洗净，切成5厘米长的段。

❷ 锅中倒入适量的油，烧至五六成热，放腐竹煸透捞出，控净油。

❸ 锅中留底油，烧至七八成热，下生姜末炒香，放口蘑、腐竹煸炒，加酱油、盐、白糖、味精、高汤，转小火焖烧5分钟，用水淀粉勾芡，烹料酒，淋上香油炒匀即可。

营养小贴士：此菜富含蛋白质，并有降低胆固醇的作用，十分适合想控制体重的孕妈妈。

苦瓜菊花粥

材料：苦瓜1条，粳米100克，干菊花5朵，冰糖30克。

做法：❶ 将苦瓜对半切开去瓤洗净，切成小块备用；粳米洗净，浸泡半小时。

❷ 菊花和粳米二者一同放入锅中，倒入适量的清水，大火煮沸。

❸ 将苦瓜、冰糖放入锅中，改用小火继续煮至粥成即可。

营养小贴士：苦瓜富含维生素C，可以促进孕妈妈对铁的吸收利用。

百合荸荠排骨汤

材料：猪小排300克，荸荠10颗，新鲜百合10克，杏仁少许，姜2片，盐适量。

做法：❶ 新鲜百合洗净剥瓣；杏仁洗净；荸荠去皮洗净；猪小排洗净，入沸水氽烫去血沫，捞出沥干。

❷ 锅置火上，放水烧开，放入猪小排及姜片小火煮1小时左右，加入荸荠、百合、杏仁煮至熟软。

❸ 加盐调味即可。

营养小贴士：荸荠有利尿降压的功效，对妊娠高血压疾病有较好的食疗效果。

香脆银耳盅

材料：银耳（干）20克，红樱桃适量，冰糖少许。

做法：❶ 将银耳用温水泡发，去蒂，洗净，撕成小朵；红樱桃用清水淘洗一遍，切成小片。

❷ 锅中加适量清水，放入银耳，大火烧开，转小火炖至银耳软烂。

❸ 加入冰糖搅拌，放至冰糖溶化即可。

营养小贴士：银耳中含有较多可溶性膳食纤维，可以帮助延缓食物中糖的吸收。

豆腐虾仁芹菜粥

材料：大米150克，豆腐、虾仁各50克，芹菜20克，葱花、姜末、胡椒粉各适量，盐3克，高汤100克，料酒5克。

做法：❶ 大米淘洗干净；豆腐切成条状；虾仁处理干净；芹菜洗净，切成末。

❷ 锅置火上，放油烧热，放入葱花、姜末爆香，再加入虾仁，淋上料酒爆炒片刻，盛出备用。

❸ 大米加水煮成粥，加入高汤，再放入虾仁、豆腐一起熬煮至入味，放入芹菜末煮片刻，加盐、胡椒粉搅匀即可。

营养小贴士：这道粥有健胃润肠、清肠利便的功效。

豆芽豆腐汤

材料：黄豆芽200克，北豆腐150克，盐、大葱、鸡精各适量。

做法：❶ 黄豆芽洗净去根；豆腐放入煮沸的盐水中烫一下后捞出切块；大葱洗净切葱花。

❷ 炒锅置火上，放油烧热，放入黄豆芽，炒出香味，再加适量水，中火烧开。

❸ 待黄豆芽软烂时，放入豆腐块，改小火慢炖10分钟，出锅前加入盐、鸡精，撒入葱花即可。

营养小贴士：祛风清热，解毒健脾。

黄瓜木耳汤

材料：黄瓜100克，干木耳10克，酱油、香油、盐、味精各适量。

做法：❶ 黄瓜削去外皮，切成片；木耳用温水泡发后，摘去硬蒂，洗净。

❷ 锅置火上，放油烧热，放入木耳略炒。

❸ 加入清水和酱油烧开，然后倒入黄瓜片，当黄瓜煮熟时，加入盐、味精、香油调好味即可。

营养小贴士：木耳中的胶原成分能吸附有毒有害物质，常吃可起到排毒作用，还可补铁。

苹果银耳炖瘦肉汤

材料：苹果30克，银耳（干）10克，瘦肉200克，胡萝卜20克，盐少许。

做法：❶ 银耳浸泡至软，撕去蒂部的黄色部分，再撕成大小适中的块状。

❷ 苹果洗净去皮，切成6瓣，去心；胡萝卜洗净，切块；瘦肉洗净，切小块，放入沸水中汆烫去血水捞出备用。

❸ 把瘦肉、苹果、银耳、胡萝卜放入炖盅。

❹ 锅内放入适量清水，煮沸，放入炖盅，隔水炖2小时，加盐调味即可。

营养小贴士：苹果加同样滋阴润燥的银耳是很经典的搭配，二者和瘦肉同炖，能补血。

苦瓜炖排骨

材料：排骨300克，苦瓜50克，料酒10克，盐适量。

做法：❶ 排骨洗净，入沸水汆烫去除血水；捞出沥干；放入砂锅内，加入清水、料酒，先大火煮沸后，用小火炖约1小时。

❷ 将苦瓜洗净切块。

❸ 放入苦瓜块煮至熟透，再加盐调味即可。

营养小贴士：此汤能提高人的免疫力，还能补充蛋白质及维生素D，对孕妈妈极为有益。

荸荠黄豆冬瓜汤

材料：冬瓜200克，瘦肉150克，荸荠10颗，水发黄豆50克，盐适量。

做法：❶ 荸荠去皮；冬瓜切厚片。

❷ 瘦肉洗净，入沸水中汆烫后再洗净切块。

❸ 锅中加入适量清水，煲滚，放入瘦肉、黄豆，再次煲滚后改小火煲40分钟，再加入荸荠、冬瓜片煮至熟软，最后放盐调味即可。

营养小贴士：冬瓜可利尿消肿，有水肿症状的孕妈妈可适当吃一些。

冬瓜鱼尾汤

材料：冬瓜250克，金针菇100克，胡萝卜30克，鲤鱼尾1段，姜2片，盐、味精各适量。

做法：❶ 所有食材洗净，冬瓜切厚片；胡萝卜去皮切块；鱼尾洗净，去鳞。

❷ 锅置火上，放油烧热，放入姜片爆香，放入鱼尾略煎至表面微黄，盛出。

❸ 另取锅，加入适量清水，放入鱼尾、冬瓜、金针菇、胡萝卜，大火烧沸后改小火煲至汤白，放入盐和味精调味即可。

营养小贴士：冬瓜含钙、磷、铁及多种维生素，特别是维生素C的含量较高，可增强孕妈妈抗病能力。

鲫鱼香菇粥

材料：糯米、鲫鱼各100克，新鲜香菇50克，盐适量。

做法：❶ 糯米淘洗干净，加水用大火煮开，煮开后转小火煮20分钟。

❷ 香菇洗净，切薄片；鲫鱼宰杀去内脏，洗净。

❸ 一起加入煮好的糯米中，煮至鲫鱼脱骨，拣去鲫鱼骨，加入盐调味即可。

营养小贴士：糯米性黏滞，不易消化，不可多吃，本身消化能力弱，胃酸的孕妈妈更要少吃。

苦瓜红椒皮蛋汤

材料：苦瓜30克，皮蛋2个，红椒20克，老姜2片，盐适量。

做法：❶ 苦瓜洗净，去瓤，切薄片，抹上少许盐腌一下，去除苦味再洗净。

❷ 皮蛋去壳，切片；红椒洗净切丁。

❸ 汤锅内放入清水，放入苦瓜片大火煮滚，加入皮蛋、老姜、红椒煮滚，加盐调味即可。

营养小贴士：苦瓜富含粗纤维及维生素C，皮蛋助消化，是一道适宜孕妈妈的汤品。

孕9月

储备营养，应对分娩

本月营养关注

胎宝宝：胎头开始入盆

到这个月末，胎宝宝皮下脂肪沉积，小脸胖嘟嘟的，胎毛逐渐褪尽，皮肤变成淡淡的粉红色。

胎宝宝手脚肌肉发达，听力充分发育，具备呼吸、啼哭、吮吸和吞咽能力，性器官、肾脏发育完全，肝脏可以处理代谢废物了。如果此时出生，他也能独立存活。

到孕34周左右，胎头开始下降，进入骨盆，到达子宫颈，这是为即将到来的分娩做准备。这个时候，你应该注意胎位是否正常，和医生讨论胎位及分娩方式。

孕妈妈：宫缩频繁，随时可能生产

这个月，孕妈妈的体重会比孕前增加8千克～13千克，因为胎宝宝的头部开始逐渐下降入盆腔，胃、肺和心脏的压迫感减轻，呼吸困难、胃胀、食欲缺乏的感觉得到缓解，但是却挤压到膀胱和直肠，所以尿频和便秘反而会加重。

子宫频繁收缩是最后两个月出现的正常现象，这表示胎宝宝成熟，随时可能降生，孕妈妈要注意生产征兆，做好足够的心理准备，不要有恐惧或是害怕的心理。同时还应该做好个人卫生，勤换内裤，每天用温水洗外阴部、大腿内侧和下腹部，并做好物质上的准备。

营养指导

1 这一时期胎宝宝发育迅速，体重增长加快，需要更多的营养，再加上孕妈妈也该为分娩和产后积蓄体力，打好身体基础，因此这段时间的营养需求一定要得到满足：早餐应吃好，午餐、晚餐也要认真对待，饿了时随时吃些零食、点心。

2 临近预产期，孕妈妈要继续保持以前的良好饮食方式和饮食习惯，少吃多餐，注意饮食卫生，减少因吃太多或是饮食不洁造成的胃肠道感染等给分娩带来不利影响。

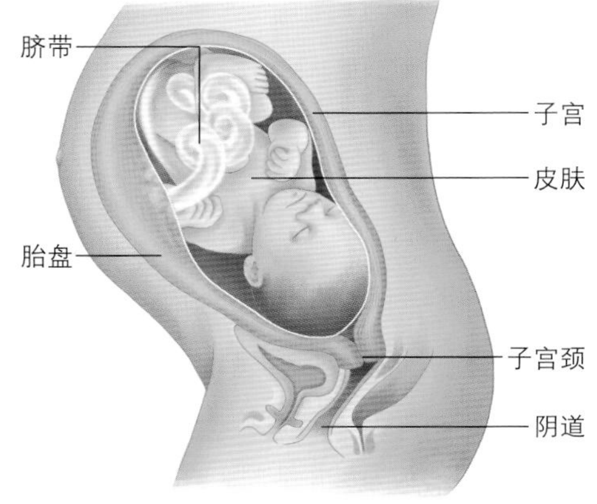

怀孕
饮食调整
必需营养素
孕1月
孕2月
孕3月
孕4月
孕5月
孕6月
孕7月
孕8月
孕9月
孕10月
坐月子
饮食宜忌
母乳喂养
育儿
喂养提前知
0~6个月
7~8个月
9~10个月
11~12个月
必需营养素
对症食疗

推荐食材

食材	功效
大蒜	• 大蒜有强烈的杀菌作用，且对降低血糖及血脂都有所帮助。
羊肉	• 羊肉能御风寒，又可补身体，对一般风寒咳嗽、气血两亏、病后或产后身体虚亏等有补益效果。
红糖	• 红糖性温、味甘、入脾，具有益气补血、健脾暖胃、缓中止痛、活血化淤的作用。 • 红糖中含有“益母草”成分，可促进子宫收缩，排出产后宫腔内淤血，使子宫早日复原。
小白菜	• 小白菜含维生素B_1、维生素B_6、泛酸等，具有缓解精神紧张的功能。 • 小白菜含钙量高，是孕妈妈补钙的较理想蔬菜。
武昌鱼	• 武昌鱼性温，味甘，具有补虚、益脾、养血、祛风、健胃的功效。 • 对预防贫血、低血糖、高血压和动脉血管硬化等疾病有一定作用。
茄子	• 紫色茄子含有大量维生素P，有防治微血管脆裂出血，促进伤口愈合的作用。 • 有助于改善血液循环，防治心脑血管病。
鸡腿菇	• 有助于增进食欲，促进消化，增强人体免疫力。
甘蔗	• 甘蔗中含有丰富的糖分、水分，此外，还含有对人体新陈代谢非常有益的各种维生素、脂肪、蛋白质、有机酸、钙、铁等物质。
菊花	• 菊花味甘性寒，具有清热解毒、疏散风热的作用。
竹笋	• 竹笋含有丰富的蛋白质、氨基酸、脂肪、糖类、钙、磷、铁、胡萝卜素以及多种维生素。 • 竹笋具有低脂肪、低糖、多纤维的特点，可以帮助消化，去积食，防便秘。
火龙果	• 火龙果具有抗氧化、抗自由基、抗衰老的作用，还具有抑制脑细胞变性，预防痴呆症的作用。 • 火龙果中芝麻状的种子有促进孕妈妈胃肠消化的功能。
黄花鱼	• 黄花鱼含有丰富的蛋白质、矿物质和维生素，对孕妈妈有很好的补益作用。 • 黄花鱼含有丰富的微量元素硒，能补充孕期所需。

推荐食谱

红白豆腐酸辣汤

材料：豆腐、猪血各100克，葱20克，姜1片，蒜1瓣，水淀粉20克，醋10克，盐、胡椒粉、鸡精、香油各少许。

做法：❶ 将豆腐和猪血洗净，切块备用；葱洗净后切少许葱花，剩余切丝备用；姜洗净切丝备用；蒜洗净切片备用。

❷ 锅中放油烧热，放入葱丝爆香，倒入3碗水，加入豆腐块、猪血块一同煮沸。

❸ 将姜丝、蒜片、醋、盐、鸡精、胡椒粉加入汤中稍煮，用水淀粉勾薄芡，撒上葱花，淋入香油即可。

营养小贴士：孕期肠胃功能变弱，醋和辣椒都不宜多吃。

柿子椒炒玉米粒

材料：嫩玉米粒200克，红、绿柿子椒各50克，盐、白糖、味精各适量。

做法：❶ 将玉米粒洗净；红、绿柿子椒去蒂去籽洗净，切成小丁。

❷ 锅置火上，放油烧热，放入玉米粒，加适量盐，炒两三分钟，加清水少许，再炒三分钟，放入柿椒丁翻炒片刻，再加白糖、味精翻炒即可。

营养小贴士：这道菜还可以加入胡萝卜丁、松仁、豌豆等做成松仁玉米，营养更全面。

黄瓜木耳炒猪肝

材料：猪肝150克，黄瓜1根，木耳3朵，葱末、姜末、蒜末各少许，淀粉、水淀粉各10克，料酒、酱油各5克，盐、白糖、高汤各适量。

做法：❶ 猪肝洗净，切成片，用淀粉、少许盐拌均匀；黄瓜洗净，切成片；木耳泡发后择洗干净，撕成小朵。

❷ 锅置火上，放油烧热，放入猪肝，用筷子轻轻搅散，待八成熟时，倒入漏勺中沥净油。

❸ 另起锅热油，放入葱末、姜末、蒜末和黄瓜、木耳稍炒几下，再将猪肝回锅，迅速加入料酒、酱油、盐、白糖、高汤略炒，用水淀粉勾芡后炒匀即可。

营养小贴士：黄瓜中的黄瓜酶有很强的生物活性，能促进机体的新陈代谢，帮助预防生理性水肿和妊娠高血压。

香蕉菠菜粥

材料：粳米100克，香蕉2根，菠菜50克，盐3克。

做法：❶ 将菠菜择洗干净，入沸水锅中汆烫，捞出过凉，挤去水分，切碎。

❷ 香蕉去皮，切碎；粳米淘洗干净。

❸ 将粳米放入锅中，加入适量清水，煮滚后用中小火煲至八成熟时加入菠菜、香蕉、盐，再煮至粥熟即可。

营养小贴士：香蕉有润肠通便的作用，晚餐食用，还可起到安神、镇静作用，预防失眠。

黑木耳豆腐汤

材料：黑木耳10克，豆腐50克，胡萝卜20克，葱5克，姜1片，盐、鸡精各少许，鸡汤适量。

做法：❶ 黑木耳用温水泡发，去蒂，洗净；豆腐洗净，切成1厘米厚的片；胡萝卜洗净，切成丁；葱洗净，切成末；姜洗净，切成末。

❷ 锅内加入鸡汤，倒入胡萝卜丁、黑木耳，调入盐、葱末、姜末，炖10分钟。

❸ 烧沸后放入豆腐片、鸡精即可。

营养小贴士：泡发黑木耳的水可用温盐水，这样半小时就能让黑木耳迅速变软。

松仁玉米

材料：鲜玉米粒1碗，松仁100克，红柿子椒半个，葱花、白糖、盐各适量。

做法：❶ 将玉米粒洗净，放入开水锅中烧开，转小火煮5分钟，捞出沥水备用。

❷ 松仁放入锅中焙干，红柿子椒洗净，切成丁备用。

❸ 将锅烧热，倒入适量油，油热后，放入葱花煸炒片刻，放入玉米粒和红椒丁、盐、白糖，翻炒片刻，倒入适量水，加盖焖3分钟，倒入炒好的松仁炒匀即可。

营养小贴士：口味清甜，营养丰富。

猪血菠菜汤

材料：菠菜250克，猪血100克，葱10克，盐、香油各适量。

做法：❶ 猪血洗净、切块；葱洗净，葱叶切断，葱白切丝；菠菜洗净，切段。

❷ 锅中倒油烧热，放入葱段爆香，倒适量清水煮开。

❸ 放入猪血、菠菜，煮至水滚，加盐调味，熄火后淋少许香油，撒上葱白即可。

营养小贴士：菠菜、猪血都含有丰富的铁，是补血的好材料，这道汤还能明目润燥，贫血的孕妈妈不妨经常饮用。

青豆玉米胡萝卜丁

材料：玉米粒、青豆、胡萝卜各100克，火腿肠30克，盐适量。

做法：❶ 将胡萝卜洗净，切丁；火腿肠切丁，大小同胡萝卜丁；青豆和玉米粒分别洗净。

❷ 锅置火上，放油烧热，放入玉米粒、青豆、胡萝卜丁和火腿肠丁，加盐炒匀即可。

营养小贴士：这道菜色美味鲜，十分开胃，并且富含多种维生素、矿物质和蛋白质，适合孕妈妈食用。

凉拌菠菜

材料：菠菜300克，葱丝、姜丝各少许，盐3克，花椒适量。

做法：❶ 将菠菜洗净后，放入沸水锅中氽烫，开始变软时即捞出，放凉开水内过凉，捞出挤净水分放入碗中，加盐、葱丝、姜丝拌匀。

❷ 锅内加入油烧热，放入花椒煸炒出香味，捞出花椒，将花椒油淋浇在菠菜上，拌匀即可。

营养小贴士：食用菠菜时要注意现洗、现切、现吃。建议不要去根，不要煮烂，以保存更多的叶酸和维生素C。

清蒸黄花鱼

材料：黄花鱼1条，生姜、葱丝、蒸鱼豉油各适量。

做法：❶ 将姜洗净切片，鱼收拾干净放盘子上，姜片铺在鱼上；蒸鱼豉油倒在小碗里。

❷ 将鱼盘和豉油碗都放在锅里用大火蒸，大约10分钟左右，至鱼熟。

❸ 鱼蒸好后把姜片拣去，鱼盘里的腥水倒掉；然后将葱丝铺在鱼上，蒸鱼豉油倒到鱼上。

❹ 将锅烧热，倒入油烧到七成热，把烧热的油浇到鱼上即可。

营养小贴士：黄花鱼对孕期和产后身体虚弱的孕妈妈有良好的补益作用。

糯枣羊肉温胃粥

材料：新鲜羊肉、糯米各100克，红枣10颗，生姜、盐各适量，味精、胡椒粉各少许。

做法：❶ 将羊肉煮烂，切碎；糯米淘洗干净；大枣洗净，去核，切碎；姜去皮，洗净，切丝。

❷ 将羊肉、糯米、红枣、姜丝放入锅中，加适量清水，煮粥。

❸ 待粥煮熟后加入适量盐、味精、胡椒粉调味。

营养小贴士：此粥是养胃健脾的佳品，孕妈妈在孕期可常吃。

核桃蒸羊肉

材料：羊肉300克，核桃仁50克，料酒、盐各适量，葱段、姜片、大茴香、花椒、香油、味精各少许。

做法：❶ 羊肉洗净切成大块，下沸水锅焯透，捞出洗净，切成薄片，码入碗内。

❷ 核桃仁洗净，摆在四周，加入料酒、葱段、姜片和适量清水，上笼蒸烂，取出后去葱段、姜片。

❸ 锅中倒入适量清水，加入味精、盐、花椒、大茴香煮出味，淋上香油，浇入盛羊肉核桃的盘中即可。

营养小贴士：此菜有滋补肾脏、安神健脑的作用。失眠、健忘的孕妈妈可适量食用。

素炒南瓜

材料：南瓜300克，红、绿甜椒各1个，鲜百合少许，盐、糖、鸡精、水淀粉各适量。

做法：❶ 南瓜去皮去瓤，切薄片；红、绿甜椒切片。

❷ 锅中放少许油加热，倒入南瓜、甜椒翻炒片刻后，加少许水，再加入鲜百合快速翻炒几下。

❸ 加盐、糖和鸡精调味，用少许水淀粉勾芡，即可装盘。

营养小贴士：南瓜富含维生素B_6和铁，有助于补铁，并帮助缓解产前的焦虑情绪。

红枣黑木耳汤

材料：红枣10颗，水发黑木耳100克，生姜2片，红糖适量。

做法：❶ 红枣洗净，用温水泡透；黑木耳洗净，撕成小朵；生姜洗净，切成细丝。

❷ 锅中倒入适量清水，烧开，放入黑木耳，用中火煮约3分钟后，捞起备用。

❸ 另起锅倒入适量清水，烧开，下入红枣、黑木耳丝、姜丝，调入红糖，用中火煮透即可。

营养小贴士：干木耳烹调前宜用温水泡发，泡发后仍然紧缩在一起的部分不宜吃。

红糖生姜蒸蛋

材料：鸡蛋2个，红糖30克，生姜20克，醋少许。

做法：❶ 生姜洗净，用刀拍松，切块。

❷ 锅置火上，倒入开水，加入红糖、姜块和少许醋，煮5分钟，倒出，捡出姜块，晾凉姜糖水备用。

❸ 将鸡蛋磕入碗中打散，倒入姜糖水搅匀，入笼蒸10分钟即可。

营养小贴士：红糖容易结块，此时可在装红糖的容器中放几块苹果，过两三天红糖就松散了。

鱼虾粥

材料：大米100克，虾仁、鲈鱼片各50克，葱10克，嫩姜1片，盐适量，胡椒粉少许。

做法：❶ 将大米淘洗干净，用清水浸泡30分钟；虾仁洗净沥干；葱洗净切碎；姜切丝。

❷ 大米放入锅中，加入适量清水，用大火煮沸，转小火煮至米粒熟软。

❸ 然后放入姜丝，转中火，放入虾、鱼片煮熟，加入盐调味，撒上葱花再煮沸一次，最后撒少许胡椒粉即可。

营养小贴士：鱼、虾的营养价值都很高，微量元素和氨基酸含量较高。

红糖生姜汤

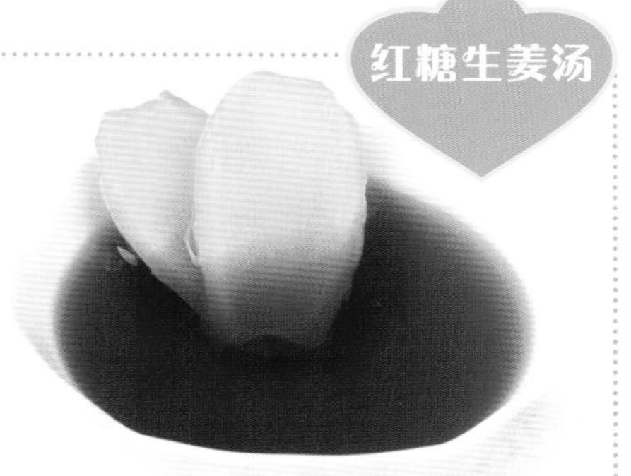

材料：红糖30克，生姜（带皮）2片。

做法：❶ 将红糖、生姜一同放入锅中，加适量清水，大火煮沸。

❷ 转小火煲45分钟，盛出，趁热饮用。

营养小贴士：此汤祛风散寒，可加速血液循环，刺激胃液分泌，帮助消化、健胃、开胃。生姜连皮吃有行水消肿的效果。

红枣西米蛋粥

材料：西米100克，红枣6颗，鸡蛋1个，桂花糖、红糖各适量。

做法：❶ 西米用清水浸泡，淘洗干净；红枣去核，洗净切丝；鸡蛋磕入碗中，搅打成液。

❷ 锅中加入适量清水，大火烧开，加入红枣、红糖、西米，烧煮成粥。

❸ 倒入鸡蛋液搅匀，放入桂花糖即可。

营养小贴士：红枣矿物质和维生素种类都很丰富，且含量较高，孕妈妈在孕期可以适量吃些红枣，预防贫血，并补充维生素。

鱼头豆腐汤

材料：鲢鱼头1个，干香菇8朵，豆腐30克，葱段2段，姜2片，盐适量。

做法：❶ 鱼头洗净，从中间劈开，豆腐切成1厘米厚的大块；香菇用温水浸泡5分钟后，去蒂洗净。

❷ 油锅烧热，放入鱼头，用中火双面煎黄。将鱼头摆在锅的一边，用锅中的余油爆香葱段和姜片后，倒入足量开水没过鱼头。再放入香菇，盖上盖子，大火炖煮50分钟。

❸ 调入盐，放入豆腐块继续煮透即可。

营养小贴士：用鱼来做汤，都需要先经过油煎，再倒入开水炖煮，其汤才会呈奶白色，且汤味浓厚。

猕猴桃鲜笋鱼片

材料：猕猴桃200克，净鱼肉150克，火腿、鲜笋各10克，鸡蛋1个，高汤、盐、料酒、白糖、水淀粉各适量。

做法：❶ 猕猴桃洗净去皮，切片；鱼肉去皮，切片，加盐、料酒、鸡蛋清抓匀；鲜笋、火腿均切成比鱼片小的片。

❷ 锅中加油烧热，下入鱼片划散，倒入猕猴桃片，翻炒几下，捞出。

❸ 另起锅烧油，下入笋片、火腿片炒几下，加高汤、白糖、猕猴桃、鱼片炒几下，用水淀粉勾芡，淋上热油即可。

营养小贴士：鱼肉易碎，切鱼时应将鱼皮朝下，刀口斜入，顺着鱼刺切。

冬瓜红枣莲子粥

材料：粳米、新鲜连皮冬瓜各100克，莲子30克，红枣5颗，枸杞子10克，冰糖适量。

做法：❶ 粳米淘洗干净，用清水浸泡30分钟；莲子用水浸泡至软；冬瓜洗净去瓤，切成小块。

❷ 将粳米连同冬瓜块、莲子一同放入锅中，加适量清水，大火烧开。

❸ 加入红枣和枸杞子，转小火慢熬，煮为稀粥，用冰糖调味即可。

营养小贴士：冬瓜消肿利水，红枣、莲子均可养神补血，此粥很适合孕妈妈食用。

猪肝鲜笋粥

材料：大米、猪肝各100克，鲜竹笋尖50克，葱末、姜末各适量，料酒5克，高汤100克，盐、水淀粉、味精各少许。

做法：❶ 笋尖洗净，斜刀切片；猪肝洗净，切片，放入碗中加料酒、水淀粉腌渍5分钟。

❷ 将笋尖、猪肝分别焯水烫透，捞出，沥干水分备用。

❸ 大米洗净，放入锅中，加入适量清水，大火烧开后转小火煮40分钟，即成稠粥，加入笋尖、猪肝及高汤、盐、味精，搅拌均匀，撒上葱、姜末稍煮即可。

营养小贴士：猪肝与鲜笋搭配熬粥不但味道更鲜美，还能使营养更均衡。

柚皮冬瓜瘦肉汤

材料：柚皮50克，冬瓜、瘦肉各200克，薏米10克，莲子50克，姜2片，盐适量。

做法：❶ 将浸水后榨干水分的柚皮放入滚水内煮40分钟，取出洗净再挤干水分。

❷ 冬瓜洗净去瓤切块；瘦肉洗净，汆烫后再洗净切碎。

❸ 煲滚适量水，放入柚皮、冬瓜、瘦肉、薏米、莲子和姜片，煲滚后改小火煲2小时，加盐调味即可。

营养小贴士：此汤化痰消食，并能消肿利水，适合消化不佳、水肿的孕妈妈食用。

西红柿鱼丸瘦肉汤

材料：鱼丸250克，西红柿、瘦肉各50克，猪脊骨100克，香菜10克，姜1块，盐适量，味精少许。

做法：❶ 将西红柿洗净，切瓣；猪脊骨、瘦肉洗净，脊骨斩块，瘦肉切块；少许香菜切末。

❷ 将脊骨、瘦肉入沸水锅中汆烫去血水，再用水洗净后取出。

❸ 将西红柿、鱼丸、猪脊骨、瘦肉、姜一同放入锅中，加入适量清水，用小火煲2小时后加入盐、味精，撒上香菜末即可。

营养小贴士：用西红柿搭配鱼丸煮汤，可以清热解毒、凉血平肝。

本月营养关注

胎宝宝：已经是个足月儿

孕38周至孕40周出生的新生儿都可称为足月儿。到这个月末，胎宝宝已完全发育成熟，只等着出生后建立起正常的呼吸模式，胎宝宝现在唯一做的事情，就是等待着降生。

孕妈妈：孕期随时可能结束

到这个月，孕妈妈的体重会比孕前增加10千克～14千克。直肠和膀胱继续受到压迫，所以，尿频、便秘、腰腿痛等症状更为明显了，同时阴道的分泌物也开始增多。

如果腹部出现强烈紧绷感，这是子宫收缩，临产的征兆。如果伴有见红、破水，需要立即安排分娩，当你感到宫缩强烈时，要提早入院待产。

在孕期的最后阶段，一定要避免夫妻生活，避免给子宫带来任何压力。除了呼吸和分娩技巧练习以及散步，不要再做其他运动，多休息，补充足够的睡眠，减少出门，这样可以保存体力，也能避免提早破水，避免胎宝宝出现危险。

营养指导

1 除非医生建议，临产前孕妈妈不宜再补充各类维生素制剂，否则可能引起代谢紊乱，造成不必要的分娩麻烦。

2 进入产房时，孕妈妈可以带一两块巧克力，在分娩开始或分娩过程中吃，因为它能在短时间内提供大量的优质能量，供孕妈妈分娩消耗，而且巧克力香甜可口，吃起来也很方便。

3 谷类食物中维生素B_1含量高，但加工越细的谷类维生素B_1含量越少，可以考虑以豆类杂粮代替精白米面；另外还可以适当改进烹调方法，如煮面条时，要喝些汤，因为大约有50%的维生素B_1会流失到面汤中；少吃油条、油饼，因为高温及加碱会破坏维生素B_1。

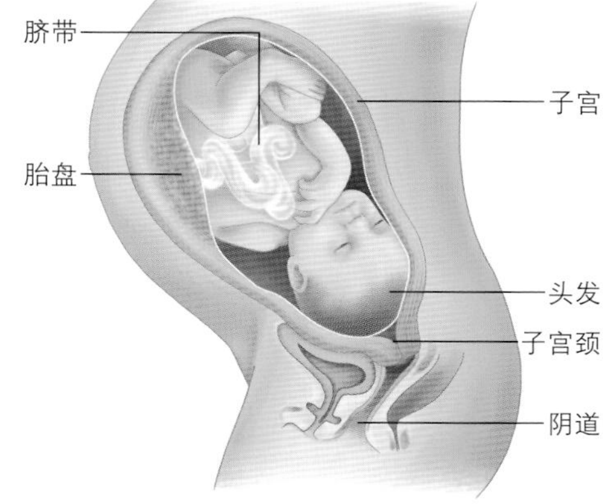

推荐食材

食材	功效
红薯	• 红薯含丰富的碳水化合物和膳食纤维，可以帮助顺肠通便。
玉米	• 玉米中膳食纤维的含量很高，具有刺激胃肠蠕动、加速粪便排泄的特性，可防治便秘。 • 玉米中含有的维生素E，孕妈妈常吃可以健脑益智。
圆白菜	• 圆白菜含有丰富的食物纤维，孕妈妈经常食用圆白菜，不但能顺肠通便，还能补充大量维生素C。
榛子	• 榛子富含蛋白质、脂肪酸以及钙、钾、镁等元素，孕期经常食用榛子，不但可以满足孕妈妈的营养需求，还能促进胎宝宝大脑发育。
洋葱	• 洋葱能刺激胃、肠蠕动及消化腺分泌，增进食欲，促进消化。 • 洋葱含有可以降血糖的甲苯磺丁脲，有一定的降血糖功效，对患有妊娠糖尿病的孕妈妈有益。
鸭肉	• 鸭肉性味甘、寒，具有滋补、养胃、补肾、消水肿、止咳化痰等作用。 • 多食鸭肉，对患有食欲缺乏、大便干燥和水肿的孕妈妈有一定的疗效。
雪梨	• 梨中含有的鞣酸等成分，可以祛痰止咳、养护咽喉。 • 梨含有丰富的果胶，有助于消化，促进大便排泄。
莲藕	• 常饮鲜藕汤，可起到健脾开胃、养血生津的作用。
泥鳅	• 泥鳅所含脂肪成分较低，胆固醇更少，是孕妈妈的理想食物。
油麦菜	• 油麦菜有利尿和促进血液循环的作用。 • 油麦菜所含的膳食纤维和维生素C，有消除多余脂肪的作用。
蒜薹	• 多食用蒜薹能预防痔疮的发生，对轻中度痔疮也有一定的疗效。 • 蒜薹含有辣素，有预防流感、防止伤口感染和驱虫的功效。
小米	• 小米味甘咸，可起到清热解渴、健胃除湿、和胃安眠的效果，整个孕期都适宜常常食用。 • 小米可以调养虚寒的体质，有滋阴养血的功效，孕中晚期食用可帮助储蓄必要的体力。
绿豆	• 绿豆中含有丰富的碳水化合物，特别适合产前孕妈妈食用。 • 绿豆含丰富的微量元素，孕妈妈经常喝绿豆汤能解渴利尿，排出身体毒素。

推荐食谱

红薯片炒虾仁猪腰

材料：猪腰2个，红薯150克，虾仁100克，姜末、葱花、酱油、料酒、白糖、淀粉各适量，盐、味精各少许。

做法：❶ 猪腰洗净，剖开，片去白色腰臊，切十字花刀，再切成条块，用盐、淀粉抓拌；虾仁洗净，沥干水；红薯洗净后切片。

❷ 锅中倒入适量的油，烧热，下姜末、葱花炝锅，放入腰花煸炒至断生，再下入红薯片，加适量盐、白糖、酱油、味精、料酒，炒熟盛入盘内。

❸ 另起锅倒油，待油热，放虾仁煸炒，加适量料酒、盐、姜末、葱花炒熟，盖在腰花上即可。

营养小贴士：猪腰里面白色的腰臊一定要剔除，不然会有一股臊味。

玉米面发糕

材料：玉米面300克，酵母10克，白糖50克。

做法：❶ 将玉米面放入盆内，加入酵母和适量温水，拌和均匀，静置发酵。

❷ 待面发酵好后，放入白糖揉匀，稍饧一会儿。

❸ 将笼屉内铺上湿屉布，将饧好的玉米面倒入屉内，铺平，用旺火蒸约15分钟。

❹ 将蒸好的发糕放案板上，凉凉，切成约6厘米见方的块，即可食用。

营养小贴士：玉米中含有丰富的碳水化合物、蛋白质、脂肪、胡萝卜素、核黄素、维生素E等，孕妈妈常吃玉米可益肺宁心、健脾开胃、降血压、健脑。

红薯粥

材料：红薯1个，粳米100克，白糖适量。

做法：❶ 将新鲜红薯洗净，连皮切成小块。

❷ 粳米淘洗干净，用冷水浸泡半小时，捞出沥水。

❸ 将红薯块和粳米一同放入锅内，加入适量冷水煮至粥稠，依个人口味酌量加入白糖，再煮沸即可。

营养小贴士：红薯含大量膳食纤维，可刺激肠道蠕动，通便排毒。

百合小米粥

材料：小米100克，干百合、花生仁各20克，红枣6颗，冰糖适量。

做法：❶ 将百合、红枣和花生仁洗净用清水泡发；花生仁去掉外皮备用。

❷ 将小米放入清水中浸泡30分钟。

❸ 锅中加入适量清水，放入小米和花生拌匀，加盖大火煮沸后，改小火慢煮40分钟，期间不断翻搅，避免小米粘锅。

❹ 煮至小米粥变得浓稠，再将红枣、百合和冰糖放入小米粥中，加入适量开水以小火继续煮30分钟即可。

营养小贴士：小米虽然有营养，但不可当作主食，而适合与其他粮食搭配或轮换食用。

菠菜洋葱猪骨汤

材料：猪骨300克，洋葱30克，菠菜20克，盐适量，枸杞子、胡椒粉各少许。

做法：❶ 猪骨洗净，斩成大块，放入开水锅中汆一下，撇去浮沫，改中火炖煮。

❷ 洋葱洗净，切成4大瓣，投入锅中与猪骨同煮；枸杞子洗净，投入锅中；菠菜择洗干净，切段备用。

❸ 40分钟后，将准备好的菠菜段下入锅中，开大火将菠菜烫熟。

❹ 加胡椒粉、盐调味即可。

营养小贴士：这道汤含有丰富的蛋白质和维生素，能帮助孕妈妈补充所需要的营养。

腰果玉米

材料：甜玉米粒100克，西芹、红椒各20克，猪瘦肉50克，腰果30克，姜2片，酱油3克，料酒5克，淀粉2克，鸡精、盐各少许。

做法：❶ 猪瘦肉洗净切丁，加入酱油、料酒、鸡精和淀粉抓匀，腌制15分钟；西芹去叶洗净，切成丁；红椒洗净，去蒂，切小片。

❷ 锅中倒入适量的油，烧热，炒香姜片，倒入猪肉丁翻炒至肉色变白，盛起待用。

❸ 另起锅倒油，烧热，倒入腰果，小火炒香，倒入玉米粒拌炒1分钟，再倒入西芹、红椒炒匀。

❹ 倒入猪肉丁一同炒匀，加入盐和鸡精调味即可。

营养小贴士：若用盐腰果，下锅后不宜久炒，否则会炒焦；如果用生腰果的话，需以小火用油炸至金黄色，再用来入菜。

泥鳅焖豆腐

材料：豆腐200克，泥鳅5条，黄花菜50克，姜片、料酒、盐各适量，香油少许。

做法：❶ 黄花菜泡发洗净；豆腐切成小方块；泥鳅用热水烫死，冷水洗去黏液，再去鳃及肠肚，切成5厘米长的段。

❷ 将豆腐、黄花菜、泥鳅、生姜放入锅中，加适量清水，大火煮沸。

❸ 加盐、料酒调味，转小火炖约30分钟，待泥鳅熟时淋上香油即可。

营养小贴士：豆腐、泥鳅均为健康营养食品，含有丰富的蛋白质、矿物质、维生素，能为孕妈妈提供热量，但是注意不可多吃。

双黑泥鳅汤

材料：泥鳅250克，黑芝麻、黑豆各30克，枸杞子、味精、盐各适量。

做法：❶ 黑豆洗净，浸泡半天；黑芝麻、枸杞子均洗净备用。

❷ 泥鳅放冷水锅内，加盖，加热烫死，然后取出，洗净，沥干水分后下油锅稍煎黄，盛出备用。

❸ 锅内加适量清水，放入泥鳅、黑芝麻、黑豆、枸杞子，大火煮沸后，再用小火续炖至黑豆烂熟时，加入盐，味精调味即可。

营养小贴士：泥鳅含蛋白质丰富，比一般鱼类都高，且肉质细嫩鲜美，还可补血益气。

洋葱炒肉段

材料：猪瘦肉250克，洋葱、冬笋各20克，姜末、蒜片、葱花各5克，高汤、酱油、醋、水淀粉、料酒、白糖各适量，盐、味精各少许。

做法：❶ 猪瘦肉洗净，切成2厘米宽、3厘米长的段，加盐、料酒、味精、水淀粉上浆，下入七成热的油锅中反复炸两次，待外表酥脆，内里成熟，呈金黄色时捞出，控油备用。

❷ 冬笋洗净，切菱形片；洋葱切橘子瓣形；酱油、料酒、醋、白糖、味精、高汤和淀粉兑成芡汁备用。

❸ 锅中倒入适量的油，下葱花、姜末炝锅，再下洋葱、冬笋和炸好的肉段，倒入兑好的芡汁，翻炒均匀，撒入蒜片炒片刻即可。

营养小贴士：洋葱气味独特，可很好地去除肉的膻味，并能增进食欲、促进代谢。

香甜豆浆粥

材料：新鲜豆浆适量，粳米100克，冰糖少许。

做法：❶ 将粳米淘洗干净，放入锅中。

❷ 加入适量豆浆、少许水，煮粥。

❸ 待粥煮至软烂黏稠时，加入冰糖，略煮3分钟即可。

营养小贴士：豆浆要煮熟煮透才能食用。

姜葱糯米粥

材料：葱白30克，生姜10克，糯米100克，盐、米醋各适量。

做法：❶ 将糯米、生姜洗净，加水适量煮成粥。

❷ 葱白洗净，切碎，加入粥内煮3~5分钟。

❸ 加米醋、盐调味后即可。

营养小贴士：这道粥很适合孕妈妈感冒后食疗。

鲜肉粽

材料：糯米500克，猪五花肉250克，绿豆100克，虾米20克，栗子10个，酱豆腐、盐、五香粉、粽子叶各适量。

做法：❶ 将粽子叶洗净，煮透，捞出晾凉；将糯米、绿豆淘洗干净，用清水浸泡约8小时，沥干水分；将猪五花肉洗净，切成小块，放入盆中，加入少许盐、酱豆腐和五香粉拌匀；栗子煮熟去壳。

❷ 将糯米和绿豆各分成10份，先取2张粽子叶，交叉放在手中，折成三角形尖筒，放入适量糯米，再加入绿豆、猪肉、虾米、栗子，最后放入另半份糯米，上面盖1片粽子叶，包裹好后，取绳子扎紧，共包成10个粽子。

❸ 将锅置于火上，添适量清水烧开，下入粽子，盖好锅盖，用中火煮约40分钟即可。

营养小贴士：糯米按外形可分为长糯米和圆糯米，包粽子一般选长糯米，黏度更好。

陈皮绿豆煲老鸭

材料：老鸭半只，冬瓜200克，绿豆50克，陈皮1块，姜1片，盐、胡椒粉各适量。

做法：❶ 鸭可先切去一部分肥肉和皮，切成大块汆烫后，洗净，沥干，留用。

❷ 绿豆洗净，浸泡3小时；陈皮浸软，刮瓤，洗净；冬瓜去皮和籽，洗净，切成大块。

❸ 锅中烧滚适量清水，放入以上所有食材，待再滚起，改用中小火煲至绿豆开花，加入盐和胡椒粉调味即可。

营养小贴士：此汤有消滞去湿的作用。

杏仁雪梨山药糊

材料：雪梨50克，杏仁10克，山药粉、米粉、白糖各适量。

做法：❶ 将杏仁用开水浸湿，去衣，洗净；雪梨去皮，洗净，取肉切块。

❷ 把杏仁、雪梨粒放搅拌机内，搅拌成泥状。

❸ 将杏仁泥、梨泥、山药粉、米粉、白糖放入大碗中，加入适量清水，调成糊状，然后倒入锅中，不断搅拌，煮熟即可。

营养小贴士：此方有止咳润肠的功效。杏仁止咳，雪梨可养阴润肺。

肉片炒豆角

材料：四季豆150克，猪瘦肉50克，大葱、大蒜、姜、料酒、盐、白糖、香油、高汤各适量。

做法：❶ 将豆角去掉两头及老筋，洗净，切成2厘米长的段。将猪肉洗净切成薄片；大葱洗净切碎；姜洗净切片；蒜洗净切末备用。

❷ 将豆角下入沸水中煮变色，捞出沥干。

❸ 锅内放油烧热，放入葱、蒜、姜炝锅，放入肉片煸炒至色白时，放入豆角、料酒炒出香味，加白糖、盐、高汤炒熟，淋入香油即可。

营养小贴士：四季豆一定要烹调熟透，否则其中的皂素等物质未被破坏，会引起中毒。

青菜拌豆腐丝

材料：豆腐皮100克，芹菜叶30克，红柿子椒20克，盐、味精、香油各适量。

做法：❶ 芹菜叶洗干净，放开水锅中烫一下，捞出沥水，切成3厘米长的段；红柿子椒去蒂和籽，清洗干净，放开水锅中烫一下，捞出切成3厘米长的细丝。

❷ 豆腐皮冲洗一下，放锅内加水煮开3分钟捞出，切成丝。

❸ 把豆腐丝、芹菜叶、柿子椒放入盘内加入盐、香油和味精，拌匀即可。

营养小贴士：牙龈易出血的孕妈妈可常吃柿子椒，其中的维生素C对牙龈出血有辅疗作用。

摊菜丝蛋饼

材料：鸡蛋2个，菠菜100克，面粉适量，盐、味精各少许。

做法：❶ 将菠菜洗净切丝，放少量盐腌5分钟。

❷ 将鸡蛋打入腌好的菜丝中，放少许面粉，加入盐和味精调成糊状。

❸ 在平锅上擦少许油，倒入蛋糊煎成蛋饼即可。

营养小贴士：摊鸡蛋前可在蛋液中放一点点油，蛋饼摊出来会更漂亮。

葱爆羊肉

材料：羊肉片100克，鸡蛋1个，大葱50克，料酒、酱油、盐、淀粉各适量。

做法：❶ 羊肉去掉筋膜，逆着纹路切大片。

❷ 将羊肉片放入碗里，加少量盐、蛋清、淀粉拌匀，腌制10分钟；大葱清洗干净，斜着切段。

❸ 锅里放油，烧到极热，将羊肉片下锅，大火炒至变色。

❹ 加入大葱、盐、酱油、料酒，翻炒均匀即可。

营养小贴士：家中有泡打粉的话，可撒在羊肉上，做出来肉质会更软嫩可口。

菠菜银耳汤

材料：菠菜100克，干银耳10克，盐少许。

做法：❶ 银耳用温水泡发，洗净备用；菠菜洗净切段。

❷ 将锅内水烧开，放入银耳、菠菜。

❸ 待菜熟时，加入盐调味即可。

营养小贴士：菠菜与银耳都富含膳食纤维，可以帮助孕妈妈缓解便秘、痔疮。

冬瓜瘦肉汤

材料：冬瓜300克，雪菜30克，猪瘦肉100克，酱油、盐各适量。

做法：❶ 将冬瓜去皮、瓤，洗净，切块；雪菜洗净沥干。

❷ 猪瘦肉洗净，剁细，加入酱油腌10分钟。

❸ 锅中加入适量水，放入冬瓜块烧滚，下瘦肉搅匀，熟后下雪菜，加盐调味即可。

营养小贴士：水肿的孕妈妈食用冬瓜可不去皮，利水消肿的功效会更好。

肉末烧豆腐

材料：豆腐100克，猪肉末20克，葱末、姜末、生抽、老抽、白糖、鸡精、料酒、香油各适量。

做法：❶ 豆腐切成小方块备用。

❷ 锅内热油，三成热时，放入葱末、姜末，以中火煸香。加入猪肉末，煸炒至发干，调入料酒、生抽、老抽、白糖，煸匀后，加开水没过肉末，水再开后接着烧5分钟。

❸ 加入豆腐块炒匀，继续烧5分钟。

❹ 加入鸡精、葱末炒匀，起锅前点入几滴香油即可。

营养小贴士：烧豆腐时配点肉类，可促使其中的蛋白质更好地被人体吸收。

干果牛奶粥

材料： 大米、莲子、葡萄干、花生仁、红枣、红小豆、绿豆、芸豆、冰糖、牛奶各适量。

做法： ❶ 将除牛奶以外的食材洗净，提前泡2小时。

❷ 将全部食材放入锅中，加5～10倍清水，小火慢煮至熟。

❸ 食用时可根据口味加冰糖、牛奶等。

营养小贴士：一道很可口的粥，各种豆类和干果的加入使粥营养丰富，可偶尔食用解馋。

鲤鱼蛋汤

材料： 鲤鱼1条，鸡蛋1个，面粉150克，葱段、姜片、料酒、盐、白糖、味精各适量。

做法： ❶ 将鲤鱼洗净切块，加入料酒、盐，腌渍15分钟。

❷ 将面粉加入清水和白糖适量，打入鸡蛋搅和成糊。

❸ 将鱼块下入糊中浸透，取出后蘸上干生面粉，下入爆过姜片的温油锅中翻炸3分钟后捞起。

❹ 另起锅，加适量水煮开，加入调料及生面粉制成芡汁水，倒入炸好的鱼块煮15分钟，撒上葱段、味精即可。

营养小贴士：此汤菜有开胃健脾的功效，适合孕期食欲不振的孕妈妈食用。

陈皮冬瓜汤

材料： 冬瓜250克，鲜香菇5朵，陈皮25克，姜2片，高汤适量，盐、白糖、味精、香油各少许。

做法： ❶ 冬瓜去皮、去瓤切成小块，在沸水中稍煮，捞出浸冷沥干。

❷ 陈皮浸软，除去果皮和瓤；香菇去蒂洗净，切块。

❸ 将香菇、冬瓜、陈皮、姜片一起放入炖盅内，盖上盖子，放入蒸锅蒸约1小时，再加入盐、白糖、香油调味即可。

营养小贴士：买冬瓜建议选长形的，这种冬瓜瓤少且味道更好。

PART2

坐月子怎么吃

宝宝已经如期降临，产后疲惫不堪的妈妈要多休息，养好自己的身体。

产后身体恢复的最初6周时间称为“产褥期”，民间叫做“坐月子”，它可以对女性的一生产生奇妙的影响：如果月子坐得好，不但能将怀孕、生产时耗损的元气补回来，还能造就一个健康的体质；月子坐得差，健康会大打折扣。

月子里的营养很重要，在这一关键时期，妈妈有两大任务：调养身体、哺乳。

新妈妈要科学进食、进补，摄入均衡营养，为身体恢复和乳汁分泌打下良好基础，让自己坐一个完美的月子。

月子里不宜吃油腻、辛辣刺激食物

产后的妈妈肠道蠕动较慢，加上还要照顾宝宝，需要卧床休息，消化能力不佳，不适合吃油腻和辛辣刺激性食物。此外，饮食中的油腻和辛辣刺激会通过乳汁进入宝宝体内，而新生儿的肠胃功能脆弱，会因此出现腹泻、便秘等，因此月子饮食最好忌油腻和辛辣。

油腻食物如猪蹄、鸡、排骨等月子里不要过早食用，至少在产后5天内少吃或不吃，这个阶段可以米粥、软饭、蛋汤、蔬菜等为主；在产后10天左右，如果妈妈的胃肠功能恢复良好，就可以适当选择鸡汤、猪蹄等食物了。但不要一次性吃太多，可以少吃多餐，而且不要有太多油脂。另外，油炸食物比较油腻又没什么营养并且难消化，也要少吃，最好不吃。

辛辣刺激食物如辣椒、花椒、芥末等，最好在整个月子里都不吃。

月子里不宜吃冷、硬食物

月子饮食有忌冷、硬的传统，这是有一定道理的。

冷食对肠胃的刺激较强烈，而且，冷食没有经过热加工，容易有细菌、微生物滋生，对健康不利。月子里应忌食的冷食主要是凉拌菜和刚从冰箱里拿出的食物。如果要吃凉拌菜，最好把主要材料用开水汆烫过之后再进行凉拌，而且尽量汆烫时间长一点，让菜更软一些。从冰箱里拿出来的食物，放到室温之后或者用温水浸泡一会再吃即可。

硬食质地细腻、密实，不易消化，而月子里的妈妈牙齿有松动现象，硬食会影响牙齿健康，从这两点来说应该少吃硬食，比较硬的食物可以打成粉末或榨汁食用。

少吃酸涩、收敛食物

生产之后，妈妈会排出恶露，先排3~4天血性恶露，最终需要大概2~3周排尽。恶露是身体内的废物，只有在恶露排出后，身体才能更好、更快地恢复。在这个阶段，应尽量保证体内环境平和、活跃，应少吃酸涩、有收敛作用的食物（如石榴、青梅、杨桃、梨、柠檬、乌梅、芡实等），因为这类食物容易导致血管收缩，引起血液循环不畅，妨碍恶露顺利排出，严重的还会引发恶露不下的病症。

哺乳妈妈不宜吃回奶食物

有些食物有抑制乳汁分泌的作用，还有些食物有回奶的作用，在断奶的时候才会用，在哺乳的时候就是绝对禁忌了。

麦芽经常被用来回奶，在哺乳期要尽量避免麦芽及含有麦芽的制品，像炒麦芽、麦芽水、麦芽糖、麦乳精等最好都不吃。

传统被用来下奶的老母鸡现在也被证明其雌激素含量过高，有回奶作用，要慎吃。虽然有些妈妈吃了老母鸡并没有发生回奶，但为了以防万一，建议妈妈还是不吃为妙。

此外，还有些食物有抑制乳汁分泌的作用，如韭菜、乳鸽、茶叶等，不过，只要不是大量、经常性地食用，一般不会发生严重的后果。

适量食用水果和蔬菜

传统习惯不允许坐月子的妈妈吃水果和蔬菜，主要原因在于担心水果和蔬菜太硬或太冷，不利于消化，并没有更深层次的理由。其实蔬菜、水果能为人体提供丰富的维生素、膳食纤维、果胶等，对促进肠道蠕动、保护胃肠黏膜都有重要作用，对产后恢复期的妈妈有利，只要在食用时规避蔬果冷、硬的缺点，就可以放心食用。

1 蔬菜要多次清洗，确保干净、卫生，并烹调得软烂些。也可做成蔬菜汤。

2 水果先用温水浸泡一会再吃。如果是冬天水果较凉，可以把一天内要吃的水果都放在暖气片上温着。较硬的水果可以榨汁饮用。

贴心叮咛

妈妈的情绪也会影响乳汁的量和质，情绪较差的妈妈乳汁质和量都较差，因此妈妈在产后要有意识地多关注自己的情绪，一旦发现有不良情绪要及时宣泄，在情绪较坏的时候则不要哺乳，等情绪平复下来后再进行。

产后不能不吃盐

产后限制盐主要是因为妈妈身体里有一定程度的水钠潴留，盐的摄入会加重这种情况，使肾脏压力增大，出现水肿等不良现象。不过，这种现象只在摄入盐太多的时候才会出现，少量摄入是不会出问题的，所以只要控制摄入量即可。

其实，妈妈在生产时和产后出了大量的汗，体内盐分流失较多，是需要获得补充的。另外盐可以提供钠和碘，这都是人体必需的营养素，对宝宝的成长也很有意义，不能缺少。

月子里一般每天食盐摄入量控制在5克以下，烹调时酱油和盐都少放，保证妈妈吃清淡的食物，不吃太多味道厚重的、咸的食物即可。如果妈妈实在不喜欢吃太淡的食物，可以在钠盐里加一些钾盐，钾盐的口感厚重一些，可以在确保少摄入盐分的同时增加咸味。

红糖水不要喝太久

红糖有补铁补血、暖宫的作用，对妈妈产后身体恢复很有好处，是产后常规的补养食物。但红糖虽好，也不能无节制地食用。

首先，红糖不能太早食用，如果在恶露排尽之前饮用，很可能增加恶露量，使恶露排出时间延长，对身体的恢复没有益处反有害处。

其次，红糖最好不要饮用太长时间，红糖毕竟含糖分太高，如果持续喝太长时间特别容易发胖，对产后塑形很不利。

一般来说，红糖水可在产后2周开始喝，喝7~10天即可。

月子期间不宜节食或吃过饱

坐月子期间，妈妈不能吃得过饱，尤其是在睡前，以免加重消化负担，致使身体大量能量和血液都调集到消化系统供消化之用，降低其他器官的恢复速度。另外，吃得过饱，是产后肥胖的主要原因，以后再减下来就很困难了。坐月子的妈妈要主动控制自己的食量，不要因为食欲好就吃太多，更不能暴饮暴食，最好是少量多餐。

月子里也不适合节食。在这个时期节食，很容易出现营养不良的状况，造成贫血等严重后果。事实上，月子里只要控制体重不再增长即可，一般可以通过调整饮食结构、改变饮食习惯等做到，比如少吃高糖食物，先吃蔬菜和肉食，后吃面食等主食以控制主食的摄入；另外还可少量多餐、不吃过饱等。千万不要用吃减肥药这种极端的方式控制食量，这对自己和宝宝都是有害无利的。

产后补养不要过头

产后补养过头弊大于利，过剩的营养反而会给妈妈造成身体负担，甚至引发高血压、糖尿病等病症。为避免补养过头，孕妈妈要掌握好自己的饮食结构，每天搭配蔬菜、水果等，降低肉类等高热量食物的摄入比例。

另外，有些人喜欢在产后给妈妈吃一些高营养价值食品或补品，像人参、鱼翅、燕窝、鹿茸等，其实也未必需要这样补，甚至有的妈妈的体质较虚弱，一时半会还受不了大补，也就是中医说的虚不受补，没有利，反有害。月子里一般只要正常吃饭菜就足够了，如果需要特别补养，最好听从医嘱。

新妈妈不应禁止喝水

口渴是身体缺水的自然生理提示，感觉口渴就应该适量饮水。不过新妈妈在坐月子期间饮水要遵循“少量多次慢喝”的原则。

少量多次慢饮水

产后第1周新妈妈应该每次少喝点水，避免一次喝大量的水，尤其是产后第1周不要大量喝水，以免给肠胃造成过量的负担。等到身体慢慢恢复正常，新妈妈可以每天喝6~10杯水，每杯200毫升，并注意保持“少量多次慢饮水”的原则。

通过饮食来改善

温白开水不需要经过消化就能直接被身体吸收利用，是最适合产后新妈妈喝的水。另外，用食物来改善口渴也是很好的方法，如喝小米粥，小米的营养价值很高，传统上认为有清热解渴、健胃除湿、和胃安眠等功效，内热者及脾胃虚弱者更适合食用，可以改善失眠、胃热、反胃作呕等症状，并对产后口渴有良效。

新妈妈也可以吃苹果，因为苹果有生津止渴的功效，适量食用可以改善产后口渴症状。不过，产后脾胃虚弱，不宜生吃苹果，最好蒸熟或煮熟了吃，也可榨汁后将其烧开饮用。

茶、咖啡和巧克力产后要少食用

茶水中含有鞣酸，会与食物中的铁结合，影响肠道对铁的吸收，而产后的妈妈本身失血较多，需要补铁，茶水恰好起了反作用。此外，产后的妈妈需要多休息，茶水中的咖啡因则会刺激大脑兴奋，让妈妈无法保证充分的睡眠，也不利于身体恢复。

咖啡中的咖啡因含量更高，不但会影响妈妈睡眠，还会通过乳汁进入宝宝体内，容易让宝宝发生肠痉挛，经常没来由地啼哭。

巧克力中含有的可可碱会通过乳汁蓄积在宝宝体内，逐渐损伤宝宝的神经系统和心脏，并使肌肉松弛，排尿量增加，让宝宝出现消化不良、睡觉不稳、爱哭闹的毛病。

剖宫产后饮食注意事项

剖宫产的妈妈产后饮食还要比自然生产的妈妈多注意一些。

1 **剖宫产后6小时内禁食**：因为剖宫产后腹腔内有大量的气体，如果马上吃东西会加重腹胀情形，也不利于肠道恢复蠕动，所以饮食应该是绝对要避免的。也不能喝水，如果嘴唇干裂，可以用棉签蘸水涂抹在嘴唇上滋润一下。

2 **剖宫产6小时后不宜吃发酵、产气食物**：如牛奶、豆浆等，这些食物进入肠道后，会慢慢发酵产气，加重腹胀。这时候比较好的食物是萝卜汤，萝卜汤可以促进肠胃蠕动，帮助排气。

母乳喂养 给新生儿最安全的食粮

阴虚火旺的哺乳妈妈如何选择饮食

阴虚火旺体质的妈妈体形多瘦长，月子期间怕热，常感到眼睛干涩，口干咽燥，口腔溃疡，总想喝水，皮肤干燥，出汗多，经常大便干结，容易烦躁和失眠。阴虚体质妈妈宜食寒凉滋润的食物，不宜多食热性食物，如少食羊肉、韭菜、辣椒、葵花籽等性温燥烈的食物。

多吃绿豆	绿豆味甘性寒凉，能解暑热，除烦热，还有解毒的功效。可以熬汤、煮粥或做成绿豆糕食用。
多吃荸荠	荸荠味甘性微寒，有清热解渴化痰作用，适用于热病的心烦口渴、咽喉肿痛、口舌生疮、大便干、尿黄的新妈妈。可以生食也可炒菜，还可以捣汁冷服，对咽喉肿痛尤佳。
多吃黄花菜	黄花菜味甘，性凉、平，有清热解毒功效。可用于牙龈肿痛、肝火、头痛头晕、鼻出血等。可以炒熟或煎汤食用。
多吃莲藕	藕味甘，性平寒，有清热生津、除暑热、凉血止血作用，另外，还有润肺止咳作用。用鲜藕生食或捣汁。
多吃百合	百合味甘、微苦，性微寒，能清热又能润燥，对肺阴不足引起的干咳、少痰或低热、咽喉肿痛均有效。用鲜百合捣汁加水饮之，也可用冰糖一起煮食。

阳气虚弱的哺乳妈妈如何选择食物

新妈妈常因产后伤气以致阳气弱，主要表现为：腰膝酸软，畏寒肢冷，下肢冷痛，头晕耳鸣，尿意频数，夜间尤甚等症状，应该多吃温补壮阳的食物。阳虚便秘的新妈妈需忌食收涩止泻、加重便秘的食物，如石榴、芡实、糯米、河虾等。

肉类	宜选羊肉、羊乳、狗肉、鳖、鱼、鲜虾、猪肝、鸡肉、鲫鱼、鳝鱼等。
糖类	宜吃蔗糖、蜂蜜、白糖等。
水果类	宜选用核桃、桂圆、红枣、荔枝、甘蔗、红橘、樱桃、杨梅等。
蔬菜类	宜选葱、韭菜、茼蒿、大蒜、蒜苗、洋葱、大豆、黑木耳、黑豆、芝麻、油菜、白萝卜、大葱、南瓜等。

尽早开奶，保证乳汁分泌

一般宝宝出生10~15分钟后就会自发地吸吮乳头。宝宝会凭借先天的本能找到乳头并开始吸吮，这时宝宝吸吮的就是妈妈的初乳，几天后，初乳会渐渐变稀，最后成普通的乳汁。产后第一天，新妈妈身体虚弱、伤口疼痛，可选用侧卧位喂奶。

尽早开奶的好处

分娩后半小时就可以让宝宝吸吮乳头，最晚也不要超过6小时，虽然此时乳汁较少，但仍然含有大量珍贵的营养物质，对宝宝的健康很有益。而且这样可以尽早建立催乳和排乳反射，促进乳汁分娩，有利于子宫收缩。

哺乳时间以5~10分钟为宜。产后第一天可以每1~3小时哺乳一次，哺乳的时间和频率与宝宝的需求以及新妈妈感到奶涨的情况有关。

产后母乳分泌量

新妈妈的泌乳量是逐渐增加的，宝宝的食量也是逐渐增加的，只要饮食得当，大多数新妈妈分泌的乳汁都可以同步满足宝宝的需求。

产后日数与泌乳量

日数	平均分泌量
1~2天	30毫升~50毫升
3~4天	100毫升~200毫升
5~7天	250毫升~500毫升
2周	600毫升~700毫升
2周以后	800毫升~900毫升

在宝宝出生后30分钟至1小时内，你要给宝宝喂第1次初乳，接下来的24小时内，应尽可能地多次（保证8~12次）给宝宝喂母乳，宝宝一次吃不了多少，关键是多喂，这是促进母乳喂养顺利进行的关键。

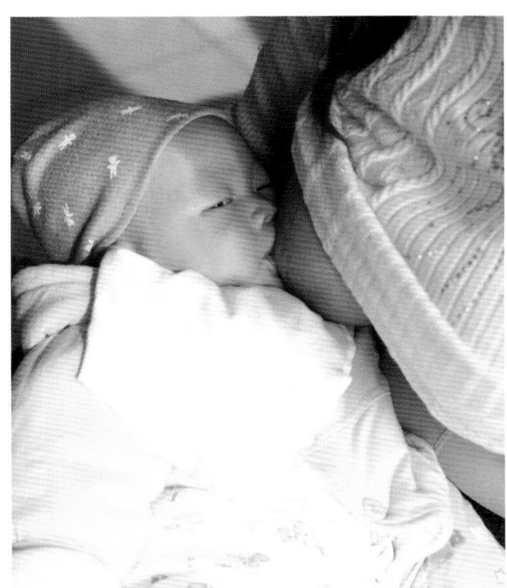

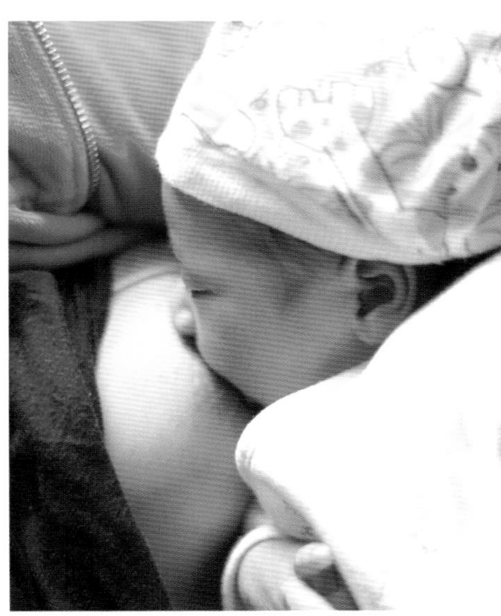

宝宝出生后半小时就可以让他吸奶了，尽早开奶有利于乳汁分泌。

适量食用催乳食物

适合哺乳妈妈的饮食首先应该是营养均衡、多样化的，然后要注重补充水分和蛋白质，这两样营养素是乳汁分泌的重要物质基础。水分每天应摄取2700毫升~3200毫升（主要是食物中的水，其次是饮用水），蛋白质每天需要90克~100克。

催乳食物推荐

鸡蛋	每天2个左右，分多次食用，不仅有利于乳汁分泌，还益于妈妈产后身体调理。
营养汤	鸡汤、猪蹄汤、鲫鱼汤、排骨汤等均有促进食欲及乳汁分泌功效，可轮换食用。
红糖	性温，补铁补血，促进乳汁分泌，产后10天左右开始食用。
黄花菜	有止血、下乳的功效。
莴笋	莴笋性味苦寒，有通乳功效，用莴笋烧猪蹄，效果尤佳。
豌豆	豌豆熟食或用豌豆苗捣烂榨汁服用，皆可通乳。

乳汁过多怎么办

母乳过多，宝宝还经常会被奶呛得咳嗽或喷奶，他可能会因此不愿意吃奶，给妈妈和宝宝带来烦恼。

宝宝含乳头不正确导致乳汁过多

在母乳喂养早期，当新妈妈开始"下奶"时，乳房会分泌大量乳汁。这是由于新妈妈的身体为了以防万一，要下足够的奶来喂双胞胎甚至是三胞胎。不过，一旦宝宝开始充分而有效地吃奶了，下奶量就会开始调整到正好和宝宝需要的奶量吻合。

通常几个星期之后，随着母乳喂养形成规律，母乳过多的现象就会自行调节好了。但对有些妈妈来说，这种问题在奶下来以后仍然存在，这往往是由于宝宝含乳头的方法不正确。

如果宝宝乳头含得不好，他无法有效地吃奶，就需要吃更多次，吃奶次数太过频繁，即使乳房内会积聚乳汁，可能在一段时间内还是会使新妈妈一直都下很多奶。

在调整母乳量时，不要把奶挤出太多或在两次喂奶之间挤奶。因为，对乳房刺激得越多，流出的乳汁也越多，这样新妈妈就会下更多的奶来满足需求。

让宝宝正确含住乳头的方法

1 每次喂奶前，用手或吸奶器挤出一些奶，让乳汁流的速度慢下来。

2 当宝宝开始吸吮并刺激新妈妈的泌乳反射时，要轻轻地让他停止吸吮，用毛巾接住最初喷出来的奶。等乳汁流得慢一些后，再让宝宝继续吸吮。

3 变换一下喂奶姿势。如果平时用的是摇篮式抱法，那现在不妨试试让宝宝坐起来，面向着妈妈吃奶，新姿势可改善宝宝含住乳头的方式。

不宜过早喝催奶汤

妈妈在产后都会或多或少地喝催奶汤，这有利于提高奶水的质量。但是催奶不宜过早，因为妈妈的身体在孕期时积存了较多的毒素和垃圾，这些毒素和垃圾在产后会随着恶露和汗水等一起排出体外，而催奶汤一般都比较有营养，也比较多脂肪，如果过早食用，会影响毒素和垃圾的排出，不利于身体恢复。另外，产后2~3天妈妈的乳腺管还没有完全畅通，过早喝催乳汤，容易涨奶引起乳房疼痛，严重的还会导致乳腺炎。

一般来讲，催乳汤在产后5~7天开始饮用比较好，并且要尽量让催乳汤清淡些，不要太肥腻，如果油脂较多，可以先将浮油撇去。

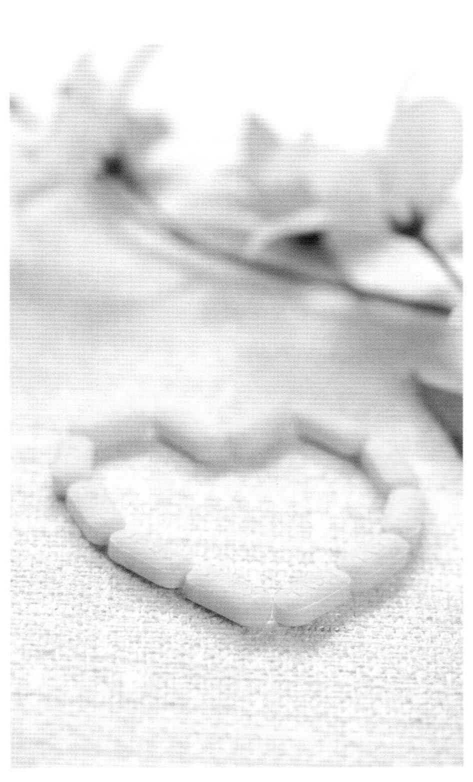

哺乳期生病能否用药

哺乳的妈妈生病时如果随便服用药物，药物会随乳汁进入宝宝体内，就有可能引起宝宝发生药物不良反应，所以，新妈妈用药要谨慎。

新妈妈生病用药原则

1 在同类型药物中，尽量选用对母婴危害较少的药物，如卡那霉素和庆大霉素能引起宝宝听神经损害，可改用青霉素类和其他毒性较少的抗生素。

2 不是非用不可的药物尽量不用，如果是必须使用的药物，应在临床医师指导下用药，并密切观察乳儿的反应。如果妈妈必须用药，但该药对宝宝的安全性又未能证实，应暂停哺乳或改用人工喂养。

3 尽量减少联合用药、辅助用药。

4 在哺乳后立即用药，并适当延迟下次哺乳时间，有利于宝宝吸吮乳汁时避开血药浓度的高峰期。

5 避免服用禁用药物，如必须用，应停止哺乳。

6 抗生素类药、磺胺类药、抗甲状腺制剂和碘剂、降血压类药、抗疟疾类药、解热止痛类药、避孕类药、抗结核类药、镇静安眠类药等，都是哺乳期间不宜服用的药。

哺乳妈妈用药要谨慎，以防药物通过乳汁影响宝宝。

月子食谱推荐

莲藕枸杞粥

材料：鲜藕200克，大米100克，枸杞子10克，白糖少许。

做法：❶ 将莲藕洗净，切片；大米淘洗干净。

❷ 莲藕与大米一同放入锅中，加入适量清水，大火煮开后转小火煮粥。

❸ 待粥将熟时，放入枸杞子煮软，再加入少许白糖调味即可。

营养小贴士：莲藕可清热解烦、解渴生津、健脾开胃、益血补心，并有一定的通乳功效。

核桃白菜粥

材料：大米200克，核桃100克，白菜50克，白糖适量。

做法：❶ 大米淘净；核桃去壳取肉备用，白菜洗净切碎。

❷ 锅中加入适量水，放入大米、核桃肉，大火煮沸后，转小火煮。

❸ 煮至米粒熟软，加入白菜煮熟，最后加白糖调味即可。

藕汁饮

材料：鲜藕100克，白糖适量。

做法：❶ 将藕清洗干净，切成小块，放入榨汁机榨取藕汁，倒出。

❷ 将白糖加入藕汁中，搅拌均匀即可。

营养小贴士：莲藕有止血清血、润肺养神的功效，能帮助减轻疲劳感。

西蓝花乳酪汤

材料：西蓝花150克，土豆1个，鲜乳酪20克，盐适量。

做法：❶ 将西蓝花去茎，掰成小朵，洗净，剁碎；土豆洗净削皮，切小丁。

❷ 在汤锅中添加适量的清水，放入西蓝花碎块和土豆丁，煮约30分钟，至蔬菜变得软烂。

❸ 把鲜乳酪放入汤中，搅拌均匀，加盐调味即可。

营养小贴士：西蓝花易有农药残留，烹调前应用淡盐水泡几分钟。

猪肚小米粥

材料：小米150克，猪肚100克，冬笋、干香菇、干木耳、香菜各少许，姜、大葱、盐各适量。

做法：❶ 香菇、木耳均泡发，和冬笋一起洗净切成丝；香菜洗净切成末。

❷ 将猪肚处理干净，切成肚条，放入锅中，加入适量清水，用大火烧开。

❸ 待汤汁呈乳白色时，加盐、姜、冬笋、香菇、木耳，再烧开时，撒上香菜末即可。

营养小贴士：猪肚有补虚损、健脾胃的功效，适合产后体虚的妈妈食用。

莲藕炖排骨

材料：莲藕200克，排骨300克，红枣6颗，姜2片，清汤100克，盐适量。

做法：❶ 将莲藕洗净，削去皮，切成大块；排骨剁成小块；红枣洗净。

❷ 锅置火上，加入适量清水，烧开，放入排骨，用中火将血水煮净，捞出来沥干水分备用。

❸ 将莲藕、排骨、红枣、生姜一起放进砂锅，注入清汤，小火炖2小时，最后加入盐调味即可。

营养小贴士：这道汤有补血养颜的功效，产后适量食用有助于预防贫血。

田七红枣炖鸡

材料：小母鸡肉200克（去皮），田七5克，红枣4颗，姜1片，盐少许。

做法：❶ 鸡肉切成大块，放入沸水中汆烫一下，捞出洗净，沥干水分；红枣用水泡软，洗净去核；田七切成薄片，稍微冲洗一下。

❷ 把鸡肉、红枣、田七、姜一起放入砂锅中，注入适量开水，大火炖2小时左右。

❸ 加入盐调味即可。

营养小贴士：田七有良好的止血、造血功能，红枣补气养血，有助于产后补血。

参枣当归炖鸡

材料：小母鸡肉500克，红枣、黄芪、党参各25克，当归10克，枸杞子少许，葱2根，姜4片，盐、香油各适量。

做法：❶ 鸡肉洗净切块；红枣洗净沥干水备用。

❷ 把所有原料同时放入碗中，用保鲜膜封口，放到蒸锅内蒸熟即可。

营养小贴士：这道汤可补血生血，十分适合产后血虚体弱的妈妈食用。

南瓜赤小豆粥

材料：大米、南瓜各100克，山楂、赤小豆均适量，冰糖少许。

做法：❶ 大米淘洗干净；山楂洗净；赤小豆用清水浸泡1夜，淘洗干净；南瓜洗净，除去外皮，切成3厘米见方的薄片。

❷ 将大米、山楂、赤小豆放入锅内，加水，置大火上烧沸煮粥，待粥将熟时放入南瓜片煮沸。

❸ 加冰糖用小火煮20分钟即可。

营养小贴士：山楂有刺激子宫收缩的作用，南瓜、赤小豆富含膳食纤维，可润肠通便。

香油炒猪腰

材料：猪腰200克，老姜半小块，香油15克，盐适量。

做法：❶ 猪腰洗净切片；老姜去皮切丝。

❷ 香油放入锅中加热，放入姜丝炒香，再倒入猪腰炒7分钟。

❸ 加入盐调味即可。

营养小贴士：猪腰有补肾气、消积滞等功效，但胆固醇含量高，血脂高的妈妈不宜多吃。

杜仲猪腰汤

材料：猪腰1对，杜仲10克，姜3片，葱段、盐各适量。

做法：❶ 猪腰洗净，剔除筋膜后切成腰花，用开水汆烫后洗去浮沫。

❷ 杜仲洗净，放入砂锅中，加入适量清水后用大火煮开，转小火煮成浓汁，约1碗。

❸ 砂锅中加入适量清水，加葱段、姜片、腰花与杜仲药汁同煮10分钟，加盐即可。

营养小贴士：选购猪腰时，宜挑选肉质脆嫩、颜色浅的。

冬瓜猪蹄煲

材料：猪蹄1只，冬瓜200克，盐适量，老姜少许。

做法：❶ 将猪蹄洗净，斩块；冬瓜洗净，连皮切块。

❷ 煲内烧水至滚后，放入猪蹄块，去表面血渍，倒出用清水洗净。

❸ 将汆烫后的猪蹄放入砂锅中，加适量清水，用大火煲滚后，放入冬瓜块、老姜。

❹ 转小火煲2小时后调入盐即可。

营养小贴士：猪蹄含胶原蛋白丰富，有一定的美容和通乳功效。

豆芽海带鲫鱼汤

材料：鲫鱼1条，黄豆芽200克，干海带25克，姜末、葱末各适量，高汤少许，料酒10克，酱油、盐、醋各适量。

做法：❶ 鲫鱼去鳃、鳞、内脏，洗净，在鱼身两侧斜切2刀，控干水；黄豆芽洗净，拣去豆皮，沥干水；海带用温水泡发，洗净，切片。

❷ 锅置火上，加入适量清水，烧开后将鲫鱼放入焯一下，捞出备用。

❸ 起锅热油，爆香姜末、葱末，加入高汤、酱油、料酒、醋，待汤开时，放入鲫鱼、黄豆芽、海带丝，再次煮开后用小火炖30分钟，加盐调味即可。

营养小贴士：这道汤有补虚益气，除湿利水的功效；适量食用豆芽有助于通便。

鲫鱼奶汤

材料：鲫鱼1条，牛奶100毫升，胡萝卜20克，葱白10克，姜3片，盐适量。

做法：❶ 将鲫鱼去鳞、去内脏，洗净备用；胡萝卜洗净，切成丝备用；葱、姜均洗净，葱切段、姜切丝备用。

❷ 锅内加油烧热，将鲫鱼放进去两面煎黄。

❸ 加入牛奶、葱段、姜丝和适量清水，先用大火烧开，再用小火煮20分钟左右，加入盐，调匀即可。

营养小贴士：产后适量喝鲫鱼汤，可起到补虚通乳的作用。

猪肝菠菜汤

材料：菠菜200克，猪肝100克，姜丝、葱末、盐、香油各适量。

做法：❶ 猪肝切片，入沸水氽烫，捞出冲净血沫待用；菠菜用开水烫一下捞出，切段。

❷ 锅中放入适量清水，烧开后放入猪肝片、姜丝，煮开后转小火。

❸ 放入菠菜段煮片刻，加盐调味，淋少许香油，撒上葱末即可。

营养小贴士：这道汤有不错的补血功效，可辅助预防缺铁性贫血。

菠菜鸭血汤

材料：菠菜150克，鸭血200克，枸杞子少许，葱花、姜末各5克，盐适量。

做法：❶ 菠菜洗净后放入沸水中焯1~2分钟，捞出来控干水分备用；鸭血洗净，切成薄片备用。

❷ 锅内加少许油烧热，放入葱花、姜末炒香，倒入鸭血片翻炒几下，加入适量水，下入枸杞子烧开。

❸ 加入菠菜、盐，稍煮一会儿即可。

营养小贴士：好的鸭血呈暗红色，如呈咖啡色，可能是假鸭血，慎买。

小米鸡蛋红糖粥

材料：小米100克，鸡蛋1个，红糖10克。

做法：❶ 将小米淘洗干净，放入锅内；鸡蛋磕入碗中，搅打至起泡，备用。

❷ 大火烧开小米后，将蛋液打入锅中，搅拌均匀，转小火煮至粥稠。

❸ 食用时，加入适量红糖搅匀即可。

营养小贴士：这道粥有补脾胃、益气血的功效，是产后补养的佳品。

山药红枣小米粥

材料：小米100克，山药50克，红枣6颗，糖或盐适量。

做法：❶ 小米洗净泡水；红枣用水冲洗；山药去皮切丁。

❷ 锅内放入小米、红枣及水，用大火煮开。

❸ 改小火，加入山药丁煮至黏稠，依口味加入糖或者盐调味即可。

营养小贴士：这道粥有健脾养胃、补气血的功效，产后体虚的妈妈可适当食用。

材料：猪蹄1只，粳米100克，姜末、葱末、盐、酱油、香油各适量。

做法：❶ 粳米淘洗干净。

❷ 将猪蹄洗净，把皮、肉和骨头分开，放入锅里，加入姜末、葱末，再加水煮沸，再用小火炖至猪蹄烂熟，去除骨头。

❸ 将粳米放入猪蹄汤中，用小火煲成粥，待粥熟时加入少量盐、酱油、香油调味即可。

鸡肉粥

材料：大米100克，鸡胸肉50克，鸡汤400毫升，盐少许。

做法：❶ 将鸡胸肉洗净，入汤水锅中汆烫，取出切丁，放入锅中，加适量清水，煮熟。

❷ 大米淘洗干净，和熟鸡肉丁以及鸡汤一同放入锅中，加适量水，大火煮开后，转小火煮成粥。

❸ 最后加少许盐调味即可。

营养小贴士：煮粥前可把大米提前浸泡半小时，粥的口感会更爽滑。

玉米南瓜炖排骨

材料：猪排500克，玉米1根，老南瓜200克，姜片3片，盐、酱油、料酒、白糖各适量。

做法：❶ 南瓜去瓤去皮，切成小块；玉米棒子先切成段，再剁成两块。

❷ 猪排用水洗净，入沸水锅汆烫去血沫，捞出沥水。

❸ 锅内放油烧热，放入白糖至冒泡黏稠，放入汆烫好的排骨，翻炒至外皮均匀上色，然后加入2～3倍的热水，加入姜片、料酒盖上盖，小火炖煮。

❹ 约50分钟后，放入玉米和南瓜，继续炖煮15分钟，排骨酥烂，玉米香熟，调入盐、酱油，收浓汤汁即可。

营养小贴士：容易便秘的妈妈可适量吃些玉米、南瓜，摄入丰富的膳食纤维，润肠通便。

鲈鱼面片

材料：鲈鱼100克，西红柿30克，鸡蛋面片适量，绿柿子椒1个，姜、葱、盐各适量。

做法：❶ 西红柿、柿子椒均洗净，切块；鲈鱼肉洗净切片。

❷ 平底锅中加入油，烧至八成热，下入葱、姜后，放入鲈鱼炒熟。

❸ 锅中加水烧开，下入面片，大火煮开，点入少许凉水，再煮开，捞出面片过一遍冷水，盛入碗中。

❹ 另起锅加少量油，下入西红柿炒至软烂，加入鸡蛋面片、柿子椒翻炒后加入鲈鱼肉，炒几下后再加盐调味即可。

营养小贴士：鲈鱼有一定的通乳功效，产后乳少的妈妈可适当食用。

莲子桂圆猪脑汤

材料：猪脑200克，莲子50克，桂圆肉30克，陈皮5克，盐适量。

做法：❶ 莲子、桂圆肉和陈皮分别用清水洗净，莲子去心；猪脑浸于清水中，撕去表面薄膜，用牙签挑去红筋，用清水洗净，放入沸水锅中稍焯一下。

❷ 将猪脑、莲子、桂圆肉和陈皮一同放入炖盅内，隔水炖4小时左右，加入盐调味即可。

营养小贴士：猪脑对产后气血虚、神经衰弱有辅助疗效，但胆固醇高，血脂高的妈妈不宜食用。

鱼片鸡蛋葱花汤

材料：鱼肉100克，葱20克，鸡蛋2个，高汤300毫升，盐、香油各适量。

做法：❶ 鱼肉洗净切片；葱洗净切花；鸡蛋打散备用。

❷ 锅中倒入高汤煮开，放入鱼片，再倒入蛋液调匀，煮滚，加盐调味，再撒上葱花，淋上香油即可。

营养小贴士：这道汤清淡少油，且富含优质蛋白质，十分适合月子里的妈妈食用。

鸡蛋羹面

材料：面条200克，鸡蛋2个，盐、香油各少许。

做法：❶ 把盐放进碗里，加入少量的水化开搅匀；把鸡蛋打入碗中，用筷子打到起泡，放到锅里隔水蒸3～5分钟，取出，淋入香油，用筷子把鸡蛋羹拌开。

❷ 锅中倒入适量清水，烧开，下入面条，煮熟后捞出，把鸡蛋羹倒在面条上即可。

营养小贴士：煮面时只要水锅内冒小气泡就可下面，水开后再加些凉水，煮出来的面更柔韧。

酒酿鱼汤

材料：黄花鱼1条，酒酿500毫升，老姜15克，香油适量。

做法：❶ 鱼去鳞、鳃、内脏，洗净；老姜刷洗干净，连皮一起切成薄片。

❷ 将香油倒入锅内，用大火烧热，放入老姜，转小火，煎至姜片两面皱缩，呈褐色，但不焦黑。

❸ 加入鱼及酒酿转大火煮开，加盖转小火再煮5分钟即可。

营养小贴士：适量食用酒酿有助于下奶，还可增进食欲。为避免摄入过量酒精，不宜多吃。

海带瘦肉粥

材料：大米100克，猪瘦肉50克，干海带15克，葱花适量，盐少许。

做法：❶ 将干海带用温水泡发，择洗干净，切丝；猪瘦肉洗净，切细丝。

❷ 大米淘洗干净，放入锅中，加适量清水，浸泡5～10分钟后，用小火煮粥，待粥沸后，放入海带丝、猪瘦肉丝，煮至粥熟。

❸ 加入少许盐及葱花调味即可。

营养小贴士：海带中含丰富的钙和碘，并有利尿、消肿的作用，有助于消除产后水肿。

红枣莲子木瓜汤

材料：木瓜1个，红枣6颗，莲子15颗，蜂蜜、冰糖各适量。

做法：❶ 将红枣、莲子分别洗净；木瓜剖开去籽，洗净，切片。

❷ 将红枣、莲子和木瓜放入锅中，加入适量清水和冰糖，煮熟。

❸ 加入蜂蜜调味即可。

营养小贴士：这道甜汤有清心润肺，健脾胃的功效。

鸡蛋豆腐

材料：鸡蛋3个，嫩豆腐150克，葱末、盐各少许。

做法：❶ 将鸡蛋放入碗内，搅打均匀，加入盐、葱末及豆腐，再搅拌均匀。

❷ 锅置于火上，倒入适量油，烧热，加入调好的鸡蛋，炒至鸡蛋凝固即可。

营养小贴士：鸡蛋富含优质蛋白等多种营养，每日食用1~2个足矣。

三丝煨菜花

材料：菜花200克，青椒、胡萝卜各50克，干黑木耳20克，盐、醋、白糖各适量。

做法：❶ 菜花洗净，掰成小块，放入沸水中焯一下，捞出过凉，控干水分；黑木耳用水泡发，洗净，切成丝；胡萝卜刮洗干净，切成细丝；青椒洗净后，去蒂去籽，切成细丝。

❷ 将青椒、胡萝卜放在碗内，撒上盐，腌渍5分钟，挤出汁液，待用。

❸ 将菜花和木耳放入砂锅内，倒入适量清水，加入白糖，烧开熬浓，倒入醋，小火煨至菜花软烂，再将青椒和胡萝卜丝倒入拌好即可。

营养小贴士：菜花中容易长小虫，烹调前建议放入盐水中浸泡几分钟，把小虫泡出来。

桃仁鸡丁

材料：鸡腿肉100克，核桃仁25克，黄瓜20克，葱末、姜末、盐、彩椒丝各少许，水淀粉10克，酱油、盐各适量。

做法：❶ 鸡肉洗净，切成1厘米见方的丁；黄瓜洗净，切丁备用。

❷ 锅中加油烧热，放入鸡丁滑熟，捞出控油；将核桃仁去衣，放入油锅中炸熟，捞出备用。

❸ 锅中留少许底油烧热，放入葱末、姜末爆香，倒入鸡丁、黄瓜丁、酱油、盐炒匀，下入核桃仁炒片刻。

❹ 用水淀粉勾芡，撒上彩椒丝即可。

营养小贴士：这道炒菜荤素搭配十分合理，色彩也好看，会令妈妈胃口大开。

炒白萝卜丝

材料：白萝卜500克，香葱20克，姜末少许，白糖、盐各适量。

做法：❶ 白萝卜洗净，去皮，切成细丝；香葱洗净，切成末。

❷ 锅中倒入适量油，烧至六成热，放入葱末、姜末炒出香味，放入白萝卜丝翻炒至变软变透明，加入适量清水，转中火将萝卜丝炖软。

❸ 待锅中汤汁略收干，加入盐、白糖调味，翻炒均匀即可。

营养小贴士：白萝卜有促消化、润肠道的作用，产后消化不良，易便秘的妈妈可常吃。

玉米红糖粥

材料：玉米粒80克，糯米100克，红糖30克。

做法：❶ 将玉米和糯米分别清洗干净，再用清水浸泡2小时。

❷ 将玉米和糯米放入锅中，加入适量清水，用大火煮沸，转小火煮至玉米和糯米熟烂。

❸ 加入红糖再煮5分钟即可。

营养小贴士：产后每天红糖不宜吃太多，否则易影响消化吸收。

木瓜粥

材料：粳米100克，木瓜200克，白糖适量。

做法：❶ 将木瓜洗净，用冷水浸泡后，上笼蒸熟，趁热切成小块。

❷ 粳米淘洗干净，用冷水浸泡半小时，沥干待用。

❸ 锅中加入约1000毫升冷水，放入粳米，先用大火煮沸后，再改用小火煮半小时，放入木瓜块，用白糖调好味，续煮至粳米软烂，即可盛起食用。

营养小贴士：木瓜中的凝乳酶有通乳作用，月子里可适当吃一些。

蘑菇炖豆腐

材料：嫩豆腐500克，鲜蘑菇50克，熟竹笋片25克，高汤100克，酱油10克，香油5克，盐少许。

做法：❶ 将嫩豆腐切成2厘米见方的小块，用沸水焯后，捞出待用；把鲜蘑菇削去黑污的根部，洗净，放入沸水中焯1分钟，捞出，用清水漂凉，切成片。

❷ 在砂锅中放入豆腐、笋片、鲜蘑菇片、盐和高汤，用中火烧沸后，转小火炖约10分钟，加入酱油，淋上香油即可。

营养小贴士：豆腐中含有丰富的大豆蛋白，且不含胆固醇，可每天食用。

平菇烧菜心

材料：平菇200克，青菜心300克，高汤100克，香油5克，盐、白糖、料酒、鸡精各适量。

做法：❶ 青菜心洗净，菜心头部削尖，再从菜心尖部用刀劈十字刀口，深度为菜心的1/5；平菇洗净，撕成小片。

❷ 锅中倒入适量油，烧热，放入平菇炒片刻，加高汤、料酒烧开。

❸ 加入青菜心，炒至汤汁快收干时，加入盐、鸡精、白糖调味，淋上香油炒匀即可。

营养小贴士：这道菜富含多种维生素和膳食纤维，口感清淡脆嫩，可提升食欲。

黄豆烧猪肝

材料：黄豆、猪肝各50克，葱末、姜末各少许，料酒、高汤、水淀粉、盐、酱油各适量。

做法：❶ 黄豆泡发洗净；猪肝洗净切小丁，用水淀粉、盐、酱油勾芡。

❷ 锅中倒油烧热，煸香葱末、姜末，放入猪肝，大火快速翻炒2～3分钟，加入酱油、盐、料酒，继续煸炒至猪肝熟。

❸ 另起锅，加入高汤，放入黄豆煮熟，加入猪肝丁、盐、料酒、葱末和姜末，煮至黄豆烂、猪肝入味即可。

营养小贴士：猪肝勾芡后应尽早下锅，以免营养流失。

盐水鸭肝

材料：鲜鸭肝500克，葱段、姜片、盐、料酒、花椒各适量。

做法：❶ 将鲜鸭肝用清水洗净，放入锅中略焯，撇去浮沫，捞出冲净。

❷ 锅中放入清水、葱段、姜片、盐、料酒和花椒，调匀后放入鸭肝，用大火煮至断生即离火，自然冷却后切成片即可。

营养小贴士：动物肝脏中铁质丰富，是最常用的补血食物，是新妈妈理想的补血佳品之一。

豆腐豌豆粥

材料：粳米150克，豆腐100克，豌豆、胡萝卜各适量，盐少许。

做法：❶ 将粳米淘洗干净，用清水浸泡1小时；豆腐切小块；豌豆洗净；胡萝卜洗净，切丁。

❷ 锅置火上，加入适量清水，烧开，放入粳米大火煮沸后，转小火煮15分钟。

❸ 加入豌豆、胡萝卜丁、豆腐块，待再沸后，转小火煮至粥稠，最后加盐调味即可。

营养小贴士：建议用开水煮粥，这样不会煳锅，还省时间。

鸡蛋香菜豆腐汤

材料：豆腐200克，鸡蛋2个，香菜50克，高汤100克，姜丝、葱花、香油各少许，料酒、盐各适量。

做法：❶ 豆腐切条，入沸水中略烫，捞出控水；鸡蛋打入碗中，加入盐，用筷子搅散；香菜洗净，切成3厘米长的段。

❷ 锅中倒入适量的油，烧热，倒入鸡蛋液，慢慢转动炒锅，使蛋液形成薄蛋皮，定型后翻过来略煎另一面，取出切成蛋皮丝。

❸ 另起锅倒油，烧至五成热，放入葱花、姜丝爆香，烹入料酒，加入高汤、豆腐、蛋皮丝、盐，至汤沸后撇去浮沫，小火煮3分钟，淋上香油，起锅后撒香菜段即可。

当归生姜炖羊肉

材料：羊肉150克，淮山、桂圆各5克，当归6克，生姜2片，料酒、盐各适量。

做法：❶ 先将羊肉洗净切成小块，入沸水锅中汆烫去掉血沫。

❷ 生姜切片，与洗净的当归、淮山、桂圆和羊肉一起放进炖盅内，加入适量清水、料酒，隔水炖2小时，最后加入盐调味即可。

营养小贴士：这道菜有温中补血的功效，有助于治疗产后血虚、体寒、腰痛等。

木瓜羊肉鲜汤

材料：木瓜150克，羊肉200克，生姜10克，高汤、盐各适量，料酒少许。

做法：❶ 木瓜去皮去籽切片；羊肉切薄片后用料酒腌一下；生姜切丝。

❷ 锅置火上，放油烧热，放入姜丝炝香锅，加入高汤，用中火烧开，放入木瓜、羊肉，滚至八成熟。

❸ 加入盐，用中火煮透入味即可。

营养小贴士：有过敏体质的妈妈应慎吃木瓜。同时，木瓜不宜多吃，其中的番木瓜碱有毒。

香蕉葡萄糯米粥

材料：糯米100克，香蕉30克，葡萄干20克，熟花生、冰糖各适量。

做法：❶ 糯米洗净后用水浸泡1小时；香蕉剥皮，切成小丁；葡萄干洗净；熟花生去皮后再用刀剁碎。

❷ 锅置火上，放入清水和糯米，大火煮开后，转小火熬煮1小时左右。

❸ 将葡萄干、冰糖放入粥中，熬煮20分钟后加入香蕉丁、花生碎煮片刻即可。

营养小贴士：这道粥果香浓郁，十分开胃。注意，糯米难消化，不宜多吃。

薏米冬瓜瘦肉汤

材料：薏米150克，冬瓜100克，瘦猪肉50克，葱花、盐、鸡精、香油各少许。

做法：❶ 冬瓜（带皮）洗净，切块；瘦肉洗净，切成片。

❷ 将薏米、瘦猪肉放入锅中，加入适量清水，大火煮开后，转小火煮2小时。

❸ 放入冬瓜煮20分钟，加入盐、鸡精和香油调味，最后撒上葱花即可。

营养小贴士：冬瓜、薏米都有不错的除湿利水功效，有助于消除产后水肿。

牛肉糙米粥

材料：糙米150克，牛肉50克，胡萝卜100克，盐少许。

做法：❶ 糙米洗净，浸泡1小时；将胡萝卜洗净去皮，切成碎末。

❷ 牛肉洗净后用清水泡20分钟，再剁成肉末。

❸ 糙米放入砂锅，加适量清水大火煮开转小火熬制。

❹ 粥浓稠时，放入胡萝卜、牛肉大火煮开，小火熬15分钟，最后加盐调味即可。

营养小贴士：糙米比普通大米还难煮软，建议事先浸泡2小时再煮粥。

银耳木瓜粥

材料：糙米200克，青木瓜150克，银耳50克，枸杞子10克，盐适量。

做法：❶ 糙米洗净；银耳以水浸泡至软，去蒂，以手摘成小朵；木瓜去皮及籽，切丁。

❷ 糙米放入锅内，加水煮沸后改小火，煮约10分钟后加入银耳及枸杞子，再煮约5分钟。

❸ 加入木瓜，继续以小火煮约15分钟，后加入盐调味，加盖焖约10分钟即可。

营养小贴士：木瓜不宜存放太久，以免长斑点或变黑。

百合莲藕汤

材料：百合、莲藕各100克，梨30克，白糖少许。

做法：❶ 将鲜百合洗净，撕成小片状；莲藕洗净去节，切成小块，煮约10分钟；梨切成小块。

❷ 将梨与莲藕放入清水中煲2小时。

❸ 加入鲜百合片，煮约10分钟，最后放入白糖调味即可。

营养小贴士：这道汤有清心润肺、宁神除烦的功效。

排骨西红柿豆腐汤

材料：排骨300克，西红柿30克，豆腐100克，盐适量。

做法：❶ 将排骨洗净，放入热水中汆烫去血沫，捞出备用。

❷ 把西红柿洗净，放入热水汆烫，捞起后剥去外皮，切成块状；豆腐切成块状。

❸ 锅中加入适量清水，大火煮开后，放入排骨、豆腐、西红柿，再次煮开后转小火煮约40分钟，最后加入盐调味即可。

营养小贴士：这道汤酸鲜开胃，营养丰富又不油腻，可常喝。

老黄瓜排骨汤

材料： 排骨300克，老黄瓜50克，姜片、料酒、盐各适量。

做法： ❶ 排骨洗净，用沸水烫过，趁热冲洗掉血水。

❷ 老黄瓜洗净切块备用。

❸ 煲锅内加入清水、姜片、料酒和排骨，先大火煮开，然后转小火煲1小时。

❹ 加入老黄瓜块，再褒至黄瓜熟软，放盐调味即可。

营养小贴士：汤熟后可滴几滴醋，有助于排骨中的钙、磷等溶解出来。

清蒸鲤鱼

材料： 鲤鱼1条，姜4片，葱段、生抽、盐、料酒各适量。

做法： ❶ 鲤鱼收拾干净，用料酒、盐抹满鱼身腌渍15分钟以上。

❷ 在鱼碗中加汤或水，放上姜片、葱段，放入沸水蒸锅中蒸15分钟。

❸ 取出后将鱼碗中的汤倒入炒锅中烧沸，调入生抽。

❹ 起锅淋在鱼上即可。

营养小贴士：鲤鱼有一定的通乳功效，常吃还有助于子宫收缩。

土豆条烧带鱼

材料： 带鱼500克，土豆100克，葱花、蒜片各适量，水淀粉、盐、花椒粉各少许。

做法： ❶ 带鱼切段洗净，用盐腌渍15分钟；土豆去皮，洗净，切条。

❷ 锅置火上，倒入适量油，待油温热时，分别放入带鱼段和土豆条煎熟。

❸ 另起锅放油烧热，加葱花、花椒粉、蒜片炒香，加盐、清水烧沸。

❹ 用水淀粉勾薄芡，放入煎好的土豆条和带鱼段翻炒均匀，大火收干汤汁即可。

营养小贴士：带鱼有养肝补血的作用，但患有疮、疥的妈妈不宜食用。

鸽肉山药汤

材料：鸽子1只，山药200克，盐适量。

做法：❶ 鸽子宰杀，去掉内脏，洗净切块。

❷ 山药去皮洗净，切块。

❸ 锅中放入适量水，煮沸，放入鸽肉，煮沸后撇去浮沫，转小火炖1小时。

❹ 加入山药继续炖30分钟，加盐调味即可。

营养小贴士：这道汤有补肝肾、益气血、健脾胃的功效。

沙参玉竹煲老鸭

材料：老鸭1只，沙参、玉竹各20克，生姜、葱白、料酒、盐各适量。

做法：❶ 鸭子去毛和内脏，洗净；把沙参、玉竹用纱布包好，放鸭腹内。

❷ 将鸭子置于砂锅中，加入清水、料酒、生姜、葱白。

❸ 用大火烧开，去除浮沫，再改用小火焖煮1～2小时，加盐调味即可。

营养小贴士：这道汤有很好的滋阴功效，常喝可起到润燥补虚的功效。

核桃炖乌鸡

材料：乌鸡1只，核桃200克，葱段、姜片各适量，盐少许。

做法：❶ 将宰杀好的乌鸡洗净，切块；核桃去壳取出核桃仁。

❷ 砂锅洗净，放入乌鸡块、核桃仁，加入清水（以没过鸡、核桃仁为宜），加入葱段、姜片，大火煮开后用小火炖2小时。

❸ 加入盐调味即可。

营养小贴士：这道汤有健脾胃、补气血及滋阴益气的功效。

山药青笋炒鸡肝

材料：山药80克，青笋50克，鸡肝100克，盐、水淀粉、高汤各适量。

做法：❶ 将山药、青笋去皮，洗净，切成条；鸡肝用清水洗净，切成片。

❷ 将山药、青笋、鸡肝等原料分别用沸水氽烫一下后捞出。

❸ 锅内放油烧热，放入山药、青笋、鸡肝，翻炒数下，加入适量高汤，盐、略炒，最后用水淀粉勾芡即可。

营养小贴士：山药可增强免疫功能，鸡肝富含铁质可补血，青笋富含维生素。

鲜鸡汤

材料：母鸡肉400克，猪排骨200克，小葱10克，生姜5克，盐适量。

做法：❶ 将猪排、鸡肉分别冲洗干净，再分别斩成小块；生姜洗净拍破；葱洗净切段。

❷ 将猪排、鸡肉放入锅中，加水适量，用大火煮沸，打去浮沫，加入生姜、葱，用小火炖至鸡肉烂熟。

❸ 将生姜、葱捞出不用，加盐调味即可。

营养小贴士：这道汤味道鲜美，有健脾开胃，益气补血的功效。

山药蛋黄粥

材料：大米、山药各100克，熟鸡蛋3个。

做法：❶ 将山药去皮，洗净切块，放到搅拌机里打碎，加入适量凉开水调匀；熟蛋黄捣烂备用。

❷ 大米放入锅中，加适量水，大火煮开后转小火煮至粥稠。

❸ 将山药浆倒入锅中，小火煮沸2~3分钟后，加入蛋黄，搅匀后稍煮即可。

营养小贴士：这道粥有养神安心、益气补血、滋阴润燥的功效。

山药炖兔肉

材料：山药200克，兔肉300克，葱、姜各10克，盐、料酒、清汤各适量。

做法：❶ 山药去皮、洗净，切小块；姜、葱均洗净，姜切片，葱切段；兔肉洗净，切小块。

❷ 锅置火上，放油烧热，放入兔肉块，用大火炒至兔肉变色。

❸ 加入姜、葱炒香，加清汤、料酒，大火煮开后用小火煮至肉熟，再加入山药煮至变软后，加入盐调味即可。

营养小贴士：这道菜有补中益气，养阴生津的功效，产后倦怠乏力、大便溏泄的妈妈可适量食用。

陈皮当归羊肉煲

材料：鲜羊肉250克，当归、陈皮各3克，葱、姜少许，盐适量。

做法：❶ 将羊肉洗净切块，与陈皮、当归及葱和姜一同放入煲内焖煮至烂。

❷ 放入盐煲10分钟即可。

营养小贴士：这道菜肴有暖胃祛寒、益气补血、开胃健脾的功效，产后坐月子可适量食用。

凤爪枸杞煲猪脑

材料：猪脑1副，鸡爪150克，枸杞子少许，葱1根，生姜1块，高汤、盐各适量，料酒少许。

做法：❶ 鸡爪砍去尖；猪脑洗净血丝；枸杞子洗净；葱切段；生姜去皮、切片。

❷ 锅内加水，待水开时，分别投入鸡爪、猪脑，用中火焯净血水，盛出备用。

❸ 砂锅内加入鸡爪、猪脑、枸杞子、生姜、葱，注入高汤、料酒，用小火煲1小时后，调入盐，继续煲30分钟即可。

营养小贴士：处理猪脑的时候应去净上面的血丝，这样煲出的汤才清爽可口。

山药木耳汤

材料：山药50克，黑木耳15克，胡萝卜20克，白糖15克，清汤100克，香菜末5克，盐、香油各适量。

做法：❶ 将山药去皮，洗净切滚刀块；胡萝卜洗净切滚刀块；木耳泡开，去蒂洗净，撕成小朵备用。

❷ 锅中加入适量的清汤，下入山药、胡萝卜块烧开撇去浮沫。

❸ 改小火炖至将熟时加入木耳再炖至软烂，用调料调好味，盛在汤碗中撒上香菜末即可。

营养小贴士：别把山药上的黏液去掉，否则宝贵的粘多糖就损失得更多了。

黑豆莲藕炖鸡

材料：老母鸡1只，黑豆100克，莲藕250克，红枣4颗，姜3片，盐适量。

做法：❶ 将黑豆放入铁锅中干炒至豆衣裂开，再用清水洗净，晾干备用。

❷ 将老母鸡宰杀后去毛、内脏及肥油，洗净备用；莲藕、红枣、姜分别洗净，莲藕切块，红枣去核，姜切片。

❸ 将黑豆、莲藕、老母鸡、红枣和姜一同放入锅中，加入适量清水，大火煮沸后改中火炖约3小时，加盐调味即可。

营养小贴士：黑豆浸泡之后会褪色，属正常现象。若简单搓洗就掉色，有可能是假黑豆。

丝瓜泥鳅汤

材料：泥鳅200克，丝瓜50克，鲜香菇5朵，胡萝卜10克，生姜1块，盐适量，料酒少许。

做法：❶ 泥鳅宰杀后洗干净；丝瓜去皮削块；胡萝卜洗净切片；香菇洗净，去蒂切片；生姜洗净切片。

❷ 锅置火上，放油烧热，放入姜片爆香，放入泥鳅煎至金黄，烹入料酒。

❸ 加入适量开水，煮10分钟后，加入丝瓜、香菇、胡萝卜再滚片刻，加入盐调味即可。

营养小贴士：这道菜中的泥鳅肉质鲜美细嫩，含丰富的蛋白质，对治疗痔疮有一定功效。

益母草红枣汤

材料：益母草30克，红枣10颗，红糖20克。

做法：❶ 将益母草、红枣分别放于两个碗中，各加水浸泡半小时。

❷ 将泡过的益母草倒入砂锅中，大火煮沸，改小火煮半小时，用双层纱布过滤，约得200毫升药液，为头煎；药渣加500毫升水，煎法同前，得200毫升药液，为二煎。

❸ 合并两次药液，倒入煮锅中，加红枣煮沸，倒入盆中，加入红糖煮至溶化即可。

营养小贴士：产后适量科学食用益母草，有助于子宫复旧，还有助于消除色斑。

百合墨鱼汤

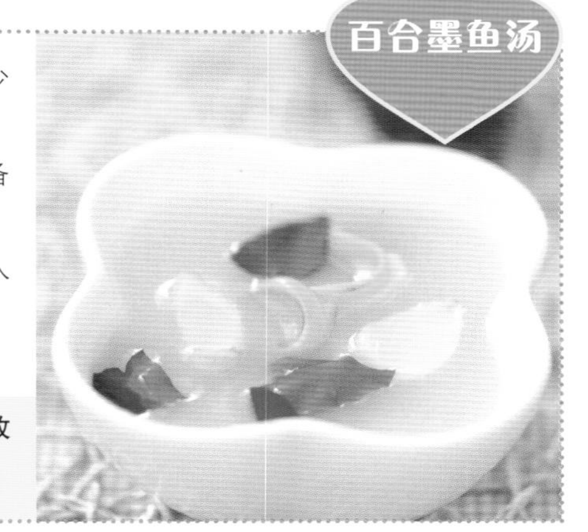

材料：墨鱼200克，百合50克，玫瑰花瓣少许，高汤100克，盐3克，香油适量。

做法：❶ 墨鱼洗净，入沸水锅中汆烫，捞出备用；百合洗净，待用。

❷ 锅内加入适量高汤，放入墨鱼、百合，加入盐，煮5分钟。

❸ 加入玫瑰花瓣，淋入香油即可。

营养小贴士：墨鱼富含蛋白质，但脂肪含量低；玫瑰、百合可帮助调节产后情绪。

木耳红枣瘦肉汤

材料：猪瘦肉300克，干黑木耳20克，红枣（去核）10颗，盐适量。

做法：❶ 黑木耳用清水浸发后去蒂洗净。

❷ 将洗净的红枣及洗净切好的瘦肉同黑木耳一起放入锅内，加清水适量，大火煮开后，改小火炖2小时。

❸ 加盐调味即可。

营养小贴士：这道汤有不错的补血功效，产后贫血、血虚的妈妈可常喝。

冬瓜海带薏米汤

材料：鲜冬瓜（连皮）250克，薏米50克，海带100克，盐适量。

做法：❶ 冬瓜洗净切成长条；薏米洗净；海带洗净切成细片状。

❷ 将冬瓜、薏米、海带一同放进砂锅内，加适量清水大火煮开，转小火煲30分钟。

❸ 加盐调味即可。

营养小贴士：这道汤中的冬瓜、薏米都有不错的利水功效；海带可辅助降压、降血脂。

鹌鹑百合汤

材料：鹌鹑1只，百合25克，生姜1块，葱、盐各适量。

做法：❶ 将鹌鹑宰杀后去毛、去脚爪、去内脏，洗净，放入开水中焯一下，捞出切块。

❷ 将百合掰瓣，洗净，备用。

❸ 将姜、葱均洗净，姜拍破，葱切段。

❹ 锅置于旺火上，倒入适量清水，放入鹌鹑，烧开，下百合、姜块、葱段，改用小火炖至鹌鹑熟时，加入盐焖数分钟即可。

营养小贴士：鹌鹑肉有清热利湿、益肝清肺的功效，百合有润肺止咳、养阴清热、清心安神等功效。

莲子百合炖银耳

材料：莲子40克，百合25克，银耳30克，冰糖10克。

做法：❶ 将银耳用清水浸透发开，拣洗干净，沥干水分备用。

❷ 莲子去心，用水浸透，洗净；百合洗净。

❸ 将莲子、百合、银耳、冰糖一起放入炖盅，加适量凉开水，盖上盅盖，隔水炖1.5小时即可。

营养小贴士：这道汤有滋阴润燥的功效，并能美容养颜，爱美的妈妈可常喝。

花生牛筋粥

材料：大米150克，牛蹄筋100克，花生米50克。

做法：❶ 将牛蹄筋洗净，切成小块。

❷ 大米淘洗干净，与花生米、牛蹄筋块一同放入砂锅，加清水适量煮成粥。

❸ 至牛蹄筋烂熟，米开汤稠为止。

营养小贴士：牛蹄筋富含胶原蛋白，常吃对皮肤有益，还有强筋壮骨的功效。

猪肚粥

材料：猪肚100克，大米150克，盐适量。

做法：❶ 将猪肚洗净，放入锅内，加水煮至七成熟，捞起切丝备用。

❷ 把大米、猪肚丝、猪肚汤（去油）适量，一同放入锅内，大火煮开后，转小火。

❸ 粥成加盐调味即可。

营养小贴士：猪肚煮好后可以放在蒸锅内蒸片刻，这样吃起来更嫩。

羊肺冬瓜汤

材料：羊肺250克，冬瓜300克，葱花、姜片、盐各适量。

做法：❶ 将羊肺洗净，切成条状；冬瓜去皮，洗净，切片。

❷ 锅置火上，放油烧热，放入羊肺炒熟。

❸ 将炒熟的羊肺和冬瓜片一同放入炖锅中，加入适量清水，放入姜片，小火炖熟，再加入盐调味，撒上葱花即可。

营养小贴士：这道汤有不错的利水功效，有助于妈妈排出体内积聚的水分。

枸杞生姜炖乌鸡

材料：乌鸡肉100克，枸杞子10克，生姜4片，料酒、盐各少许。

做法：❶ 枸杞子洗干净备用；乌鸡处理干净，切块，用冷水浸泡15分钟，去除血水。

❷ 将乌鸡、枸杞子、姜片一起放入炖盅，加适量水，放入料酒，隔水慢火炖3小时。

❸ 起锅加盐调味即可。

营养小贴士：应选择黑色深重、体形较大的乌鸡，这种乌鸡营养价值更高。

冰糖小米粥

材料：小米100克，冰糖适量。

做法：❶ 小米淘洗干净。

❷ 锅中放足量水，不可中途加水，烧开。

❸ 加入小米，搅一下锅，防止粘底，熬至米成花状时，加冰糖稍煮即可。

营养小贴士：产后吃小米粥宜适量，不可当作每日主食，以免缺乏其他营养。

羊骨粥

材料：羊骨1000克，粳米100克，葱白2根，生姜3片，盐少许。

做法：❶ 取羊骨，洗净捶碎，加适量水熬汤，大火煮沸后小火煲上1~2小时。

❷ 取汤代水，同淘洗干净的粳米煮粥。

❸ 待粥将成时，加入盐、生姜、葱白，稍煮沸即可。

营养小贴士：骨汤熬好后建议稍放凉，去掉油脂和骨渣，再用于煲粥。

红枣莲子粥

材料：糯米150克，薏米50克，赤小豆30克，红枣5颗，莲子、去皮山药、白扁豆、花生各适量，白糖少许。

做法：❶ 将薏米、赤小豆、白扁豆放入锅内加适量水煮烂。

❷ 将糯米、红枣、莲子、花生放入锅内同煮。

❸ 将去皮的生山药切成小块，加入上述粥里煮熟烂后，加白糖调味即可。

营养小贴士：这道甜汤有补血安神、健脾益气的功效，常喝可美容。

猪肝菠菜粥

材料：猪肝100克，菠菜50克，大米150克，盐适量。

做法：❶ 大米淘洗干净，加适量水以大火煮沸，煮沸后转小火至米粒熟软。

❷ 猪肝洗净，切成薄片；菠菜去根和茎，留叶，洗净，切成小段。

❸ 将猪肝片加入粥中煮熟，下菠菜煮熟，加盐调味即可。

营养小贴士：猪肝可以先用净水浸泡半小时，并洗净，除去其中的肝血和毒素。

山药薏米汤

材料：山药100克，薏米150克，芡实30克，红枣5颗，枸杞子、鲜百合、莲子各适量，冰糖少许。

做法：❶ 山药去皮，洗净，切成小块；薏米、芡实、红枣、莲子洗净；鲜百合洗净，用开水焯一下，盛出备用。

❷ 锅中加适量水，加入山药、薏米、芡实、红枣、莲子、枸杞子，大火烧开后，转小火煮2小时，加入百合煮片刻，加冰糖煮化即可。

营养小贴士：这道粥有健脾养胃、除湿利水、补肾强身的功效。

香菇乌鸡汤

材料：乌鸡1只，干香菇10朵，姜2片，盐少许。

做法：❶ 乌鸡洗净切小块；香菇用温水泡半天，洗净后切成条。

❷ 烧开水，把乌鸡放进锅里煮一下，去掉血沫。

❸ 入煲里加适量水，放入乌鸡、香菇、姜片，大火烧开后把漂在汤面的油撇去，再转小火煲2小时。

❹ 加盐调味即可。

营养小贴士：产后气血亏虚以致身体虚弱、畏寒嗜卧的妈妈可常喝乌鸡汤。

嫩滑牛肉粥

材料：大米150克，嫩牛肉50克，鸡蛋1个，葱1根，高汤200克，米酒、酱油各5克，盐适量。

做法：❶ 大米洗净，浸泡30分钟；牛肉切薄片，放入碗中加酱油腌10分钟。

❷ 葱洗净、切末；鸡蛋打散备用。

❸ 大米放入锅中加入高汤，大火煮滚改成小火熬成白粥。

❹ 放入牛肉片烫至6分熟，加入蛋液、米酒及盐调匀，撒上葱末即可。

营养小贴士：建议选用牛里脊肉，这是牛身上肉质最嫩的部分。

木瓜鱼尾汤

材料：木瓜1个，鲩鱼尾100克，生姜2片，盐少许。

做法：❶ 将木瓜削皮切块；鲩鱼尾清理干净。

❷ 锅置火上，放油烧热，放入鲩鱼尾略煎片刻。

❸ 加入木瓜块及生姜片少许，放入适量清水，共煮1小时左右，最后加入少许盐调味即可。

营养小贴士：木瓜与鱼肉搭配，可直接刺激母体乳腺的分泌，适合乳汁分泌少的妈妈食用。

苹果蔬菜粥

材料：大米150克，苹果、甜玉米粒、西红柿、圆白菜各30克，香菇1朵，盐适量。

做法：❶ 苹果、西红柿、圆白菜均洗净切小块；香菇洗净，去蒂切小丁。

❷ 将大米洗净，放入锅中，加适量水，煮至粥快成时，加入玉米粒、西红柿、苹果、香菇、圆白菜煮熟透。

❸ 粥熟后加盐调味即可。

营养小贴士：这道粥富含维生素和膳食纤维，常吃可润泽肌肤，并减轻便秘。

海带黄豆汤

材料：干海带30克，黄豆150克，盐少许。

做法：❶ 将海带泡发，洗净，切成条；黄豆洗净，浸泡2小时。

❷ 将海带、黄豆一同放入锅内，加清水，熬至黄豆烂熟。

❸ 加少许盐即可。

营养小贴士：海带不太容易炖烂，可先用高压锅压制5分钟再炖汤。

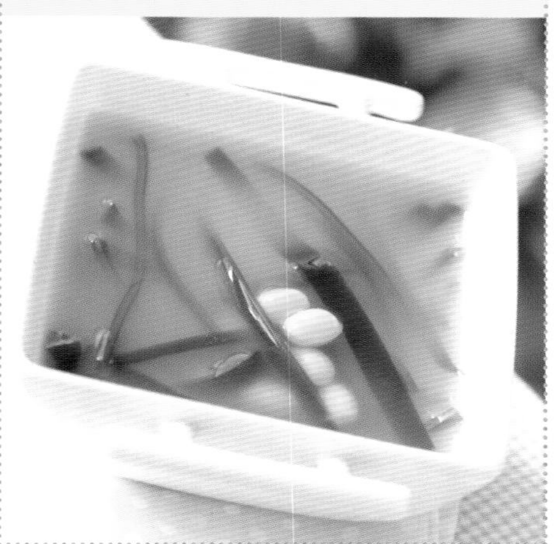

山楂炖牛肉

材料：牛肉200克，胡萝卜100克，山楂15克，红枣6颗，葱、姜、料酒、盐各适量。

做法：❶ 把山楂洗净、去核，红枣去核，胡萝卜洗净切块，牛肉洗净。

❷ 用沸水将牛肉焯一下，去掉血沫，捞出切成块。

❸ 将牛肉、料酒、葱、姜放入炖锅中，加适量水，用中火煮30分钟。

❹ 下入胡萝卜块、山楂，用小火炖50分钟，最后加盐调味即可。

营养小贴士：炖牛肉加点山楂可让肉熟烂得更快。此汤有补气血、祛淤阻的功效。

羊肉粥

材料： 羊肉100克，粳米150克，盐少许。

做法： ❶ 羊肉洗净切片，粳米淘洗干净。

❷ 将羊肉同粳米一同入锅，加水适量。

❸ 大火煮沸后，用小火熬粥，至羊肉熟烂，加盐调味即可。

营养小贴士：这道粥有益气补虚、补肾壮阳、温中祛寒的功效。

胡萝卜菠菜粥

材料： 大米150克，胡萝卜100克，菠菜50克，盐少许。

做法： ❶ 胡萝卜削皮，洗净，切成小丁；菠菜洗净，用热水汆烫熟，切成碎末，备用。

❷ 大米淘洗干净，加适量水煮开后转小火熬煮至软烂，加入胡萝卜丁。

❸ 熬煮至胡萝卜丁软烂时，放入菠菜碎末，稍煮片刻，加盐调味即可。

营养小贴士：这道粥清淡营养，且富含维生素和膳食纤维，尤其适合便秘、痔疮的妈妈食用。

百合山药粥

材料： 粳米150克，百合50克，山药100克，冰糖20克。

做法： ❶ 将山药洗净，刨去外表皮，切碎，剁成泥糊。

❷ 将百合掰瓣，洗净，放入砂锅，加清水浸泡片刻，下入淘净的粳米，大火煮沸。

❸ 调入山药泥糊，拌和均匀，改用小火煮1小时，加冰糖后，煮至粥稠即可。

营养小贴士：这道粥有润肺止咳、清心安神的作用，常喝可健脾胃、养容颜。

甘菊粳米粥

材料：甘菊花15克～30克，粳米60克，冰糖适量。

做法：❶ 将甘菊花洗净，粳米淘洗干净。

❷ 把甘菊花、粳米、冰糖一同放入锅中，煮至粥稠即可。

营养小贴士：平肝潜阳，适用于高血压、肝火气盛所造成的头晕，肾精不足型的眩晕等。

海鲜豆腐粥

材料：大米150克，嫩豆腐100克，虾仁适量，葱1根，姜2片，芹菜20克，高汤、料酒、盐各适量。

做法：❶ 将大米淘洗干净，加适量水熬煮成粥；虾仁洗净；芹菜洗净切末，备用。

❷ 嫩豆腐切成小丁；葱切成段，将葱段、姜片放入油锅中爆香，再加入虾仁，淋上料酒爆炒。

❸ 将高汤倒入锅中，再放入豆腐、粥一起熬煮至入味。

❹ 加盐调味，撒上芹菜末点缀即可。

营养小贴士：这道粥味道鲜美，并富含优质蛋白质与钙质，可为妈妈提供充足营养。

赤小豆核桃粥

材料：糙米100克，赤小豆150克，核桃仁10克，红糖适量。

做法：❶ 糙米、赤小豆均淘洗干净，分别浸泡2小时，再一同放入锅内，加适量水以大火煮开后，转小火煮约30分钟。

❷ 加入核桃仁以大火煮沸，转小火煮至核桃熟软、赤小豆开花。

❸ 加红糖续煮5分钟即可。

营养小贴士：糙米营养价值高于普通大米，可促进血液循环，调节抑郁情绪。

PART3

0~1岁宝宝怎么喂

什么样的喂养方式最适合宝宝？宝宝在不同的年龄段该吃什么，又该怎么吃？应该怎样为宝宝补充营养？什么样的食物可以提高宝宝的智商？营养怎样搭配最有利于宝宝大脑的发育？如何为宝宝制作营养丰富而又色香味俱全的食物？宝宝生病的时候又有什么应该注意的？

通过均衡合理的营养搭配和科学的喂养方式，将宝宝养育得既健壮又聪明。

各种断乳食材适龄表

阶段	准备期	初期	中期	后期	完成期
月龄	1~4个月	5~6个月	7~8个月	9~11个月	12个月后
果泥、果汁	×	✓	✓	✓	✓
菜泥、菜汁	×	✓	✓	✓	✓
蛋黄	×	×	✓	✓	✓
全蛋（包括蛋白）	×	×	×	△	✓
河鱼、河虾	×	×	✓	✓	✓
海鱼、海虾	×	×	×	✓	✓
禽肉（鸡、鸭肉等）	×	×	✓	✓	✓
畜肉（猪、牛肉等）	×	×	✓	✓	✓
其他海鲜（贝类、鱿鱼等）	×	×	×	×	△

注：上表中“✓”表示可以选用、“△”表示可根据宝宝的实际情况选用、“×”表示不能选用。

清淡的奶水比浓厚的奶水营养少吗

有些妈妈觉得自己的奶水清是缺乏营养的缘故，因而担心宝宝营养不良，其实这是一种错误的看法。

清淡的奶水并不一定比浓厚的奶水营养差，只是奶里的成分有所不同。奶水的“清淡”与“浓厚”与否，主要看奶水中的脂肪含量。

产后1~2周内分泌的初乳外观清淡，却含有丰富的蛋白质、较少的脂肪、丰富的微量元素锌及对宝宝的健康有重要保护作用的免疫物质，并且很适合宝宝的消化吸收能力，对宝宝来说是非常珍贵的。

宝宝刚开始吃奶时吸出来的“前奶”含有比较丰富的蛋白质、维生素和较少的脂肪，看起来比较清淡，但依然有很高的营养价值。脂肪含量比较高的“后奶”可以为宝宝提供足够的能量，外观上看起来也比较浓厚一些。

高脂肪的奶水不一定绝对对宝宝有利，有时会引起宝宝消化不良，使宝宝出现拒食、腹胀、呕吐、腹泻等症状。

奶水的营养是否足够主要通过宝宝的生长发育进行衡量。如果宝宝的身高体重增长和生长发育比较正常，平时精神很好，并且不经常生病，就说明妈妈奶水中的营养完全可以满足宝宝的需要，不需过分担心。

奶水少，攒攒会多一点吗

“攒奶”是一种错误的想法和做法。奶不能靠攒，越攒量就越少，根本起不到增加奶量的作用。

需求决定产量。坚持让宝宝吸吮乳房，并尽量多让宝宝吸吮自己的乳房，才可能使自己的大脑受到更多的刺激，使奶水的分泌量增加，最终变得能够满足宝宝的需要。

如果想增加得更快些，可以在给宝宝喂奶的同时用吸奶器吸另外一侧乳房，向大脑传递“需求量很大”的信息，促使身体增大泌乳量。

为了增加营养，妈妈需要多喝有营养的汤：猪蹄汤、酒酿炖蛋、鲫鱼汤、木瓜汁等汤水都具有通乳的作用，妈妈可以适当地喝一些。

新妈妈需要注意，在乳腺没有完全畅通前不要喝下奶的汤，否则会使过多的脂肪堵塞乳腺，形成奶结，给自己带来痛苦。

要让宝宝前奶后奶都吸到，这样营养更全面。

妈妈奶水非常多，没必要给宝宝添加辅食吗

母乳虽然是宝宝最好的食物，6个月后也会逐渐出现不能满足宝宝营养需要的问题，这时候，妈妈就应该给宝宝添加适当的辅食，并开始准备断奶。

刚出生时从妈妈身体里得到的铁，仅够维持宝宝5~6个月的需要。6个月后，宝宝就需要从外界补充铁质。母乳中的铁含量比较少，远远不能满足宝宝每日的需求，就必须为宝宝添加含铁量丰富的辅食，从辅食中获取和补充。

无论母乳还是牛奶，维生素、钙、锌、铜等其他营养素的含量也都比较低，不能满足6个月以上宝宝每天的营养需要，必须通过添加其他辅食来满足宝宝。

添加辅食还有助于锻炼宝宝的口腔肌肉，增强宝宝的咀嚼功能，对促进宝宝长牙有巨大的帮助。

宝宝只有在完全习惯吃各种辅助食品的基础上，才能摆脱对乳类食品的依赖，最终实现断奶。

所以，即使妈妈的奶水很足，也应该在6个月左右时逐渐为宝宝添加合适的辅食，增加营养，并逐步实现自然断奶。

宝宝6个月开始就应添加辅食了，这对宝宝的营养摄入和咀嚼功能都很有益处。

宝宝自己吃饭一团糟，还是喂着吃比较好吗

进食是人得以生存最基本的需求和本能，自己吃饭是培养宝宝形成独立自主的性格和能力的第一步，对宝宝日后的成长和性格养成具有非常重要的作用。

长时间喂饭，甚至让宝宝边跑边吃、边玩边喂是很不好的进食习惯，不但容易使宝宝形成懒惰、依赖的个性，还容易使宝宝食欲缺乏，因而造成营养不良，对宝宝的健康不利。

宝宝10个月后，开始对餐具表现出浓厚的兴趣，说明宝宝已经有了一定的独立意识和自主吃饭的能力，妈妈就可以着手训练宝宝使用餐具，为以后独立吃饭做准备。

当宝宝已经学会用杯子喝水，吃饭的时候喜欢手里抓着饭，看到勺子里的饭快掉下来的时候知道主动去舔勺子，就说明宝宝有了独立吃饭的意愿和能力，妈妈就可以放手让宝宝自己吃饭了。

如果怕宝宝吃不饱，妈妈可以在先喂宝宝吃足够量的饭后，再让宝宝自己吃。爱干净的妈妈可以在桌子上、地上铺上报纸，给宝宝戴上防水的围兜，就不用担心宝宝把饭菜弄得到处都是，把家里弄得脏乱不堪了。

1岁至1岁半是宝宝独立吃饭的“黄金诱导期”，这期间宝宝的手眼协调能力迅速发展，如果培养方法得当，会收到事半功倍的效果。

肉汤比肉营养更丰富，要让宝宝多喝汤少吃肉吗

鱼汤、肉汤、鸡汤营养虽然很丰富，却只含有少量的维生素、矿物质、脂肪以及蛋白质分解后产生的氨基酸，营养价值最多只有肉的10%~12%，大部分的营养成分还保留在肉里。

如果让宝宝只喝汤不吃肉，会造成宝宝营养摄入不足，久而久之，就会出现营养不良。

只喝汤不吃肉还会使宝宝养成不爱咀嚼的坏习惯，不但对宝宝的牙齿发育不利，时间长了还会造成消化不良。

所以，让宝宝多喝汤、少吃肉的喂养方式是不科学的，正确的做法是既让宝宝喝汤，又让宝宝吃肉。

让宝宝在喝汤的同时吃掉里边的肉，营养更全面。

用葡萄糖代替白糖喂宝宝更营养吗

葡萄糖是一种单糖，不需要分解就能直接被人体吸收，可以迅速增加人体能量，在很多时候是很好的能量补充剂。

但是，葡萄糖不适合喂宝宝，更不能代替白糖，长期喂宝宝。

葡萄糖的味道甜中微苦，并有一些药味，远不如白糖和冰糖好吃。吃的时间长了，宝宝就会感到厌烦，影响食欲。

平时宝宝食用糖类后，会先在胃内通过消化酶的作用将糖类分解成葡萄糖，再在小肠进行吸收。葡萄糖直接免去了转化的过程，直接由小肠吸收。如果长期以葡萄糖代替白糖，将会使宝宝的肠道正常分泌双糖酶和胃部分泌其他消化酶的机能发生退化，影响宝宝对其他食物的消化和吸收，使宝宝出现贫血、维生素缺乏、微量元素缺乏及抵抗力降低等病症。

经常用葡萄糖水喂宝宝，还会引起宝宝厌食、偏食、龋齿、肥胖等不良后果。

所以，妈妈千万不能直接用葡萄糖代替白糖喂养宝宝。

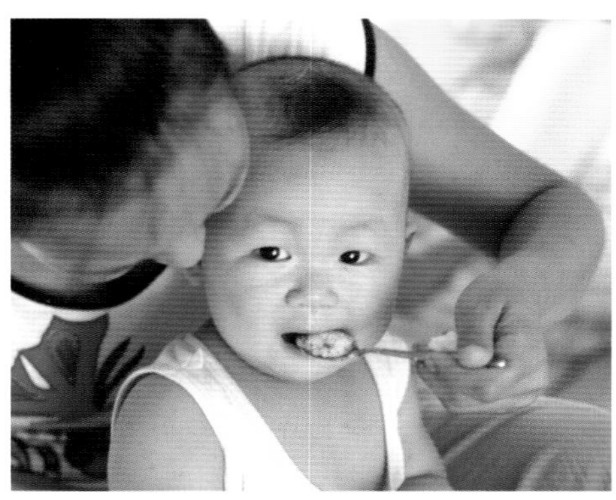

宝宝10个月以后，就可以逐渐训练使用餐具的能力了。

0~6个月的宝宝

新生儿一日饮食安排

刚出生的新生儿要及早开奶，母乳喂养是最适合宝宝的喂养方式，如果母乳不足则可选择混合喂养。

主要食物	母乳或配方奶		
辅助食物	温开水、维生素D		
餐次	按照宝宝的需求哺喂，或者每3小时喂1次，每次喂10~15分钟		
哺喂时间	上午：6时、9时、12时	下午：3时、6时、9时	夜间：0时、3时
备注	纯母乳喂养的宝宝一般不需要喂水。喝配方奶的宝宝则需要在白天的两餐之间喂一次水，喂水量在25毫升~30毫升。 维生素D在宝宝出生后就开始添加，应在医生的指导下，每天补充400~800国际单位。		

注：本书饮食安排中所涉及的喂奶次数和辅食餐数并不是强制性的，只要在正常范围内，按照宝宝的实际需要调整即可。

1~2个月宝宝一日饮食安排

满月起，宝宝会进入一个快速生长的时期，对各种营养的需求迅速增加，这个阶段总热量的25%~30%会用于生长发育，其他的才被用来进行各项生理活动。

主要食物	母乳或配方奶		
辅助食物	温开水、维生素D		
餐次	主要是按需喂养，母乳喂养母乳充足时，可每3小时喂1次，每天喂7次左右，每次喂10~15分钟（70毫升~150毫升）		
哺喂时间	上午：6时、9时、12时	下午：3时、6时、9时	夜间：0时
备注	纯母乳喂养时，如果宝宝睡觉不安静，有饥饿啼哭，在1月后5天内体重增加没有达到150克~200克，表示母乳不足，可在14时~18时加喂1次配方奶。 两次喂奶中间喂温开水45毫升。 维生素D在宝宝出生后就开始添加，应在医生的指导下，每天补充400~800国际单位。		

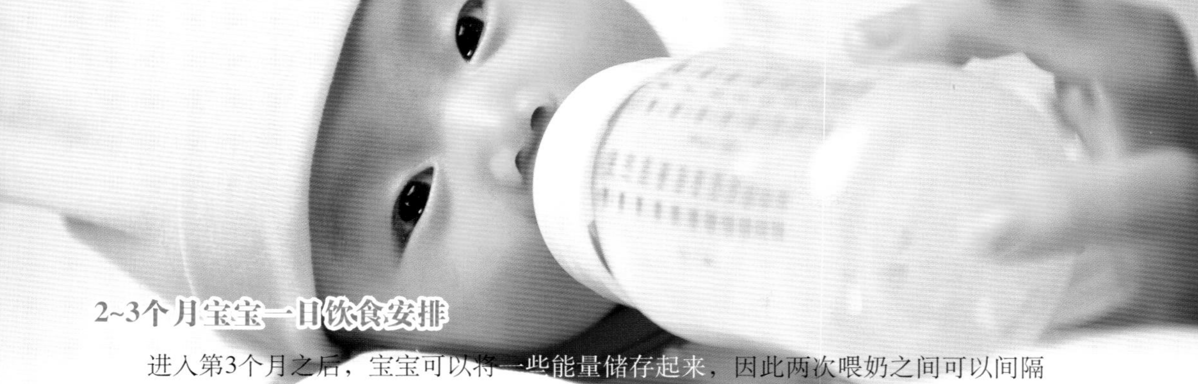

2~3个月宝宝一日饮食安排

进入第3个月之后，宝宝可以将一些能量储存起来，因此两次喂奶之间可以间隔得稍微长一点。这个阶段继续提倡母乳喂养，当母乳不足时可以使用配方奶。由于代谢活动增强，宝宝还需要摄入更多的水分。

由于帮助消化的淀粉酶分泌还不足，宝宝还不能喂米糊这样含淀粉太多的食品。宝宝吃咸食会增加肾脏负担，因此任何食物中都不要加盐。实际上母乳和牛奶中的电解质就是盐分，也不需要额外补充。

主要食物	母乳或配方奶		
辅助食物	温开水、维生素D		
餐次	喂奶时间间隔可稍延长，每3个半小时喂1次，每日6次，每次喂10~15分钟（70毫升~150毫升）		
哺喂时间	上午：6时、9时半	下午：1时、2时半、8时	夜间：11时
备注	白天在两次喂奶中间加喂温开水。 纯母乳喂养时，若母乳不足，应补加配方奶。 维生素D在宝宝出生后就开始添加，应在医生的指导下，每天补充400~800国际单位。		

3~4个月宝宝一日饮食安排

应该继续坚持母乳喂养，若母乳不足，方可考虑用配方奶或其他代乳品。现在还不必为宝宝添加任何辅食，继续以母乳或配方奶喂养即可。现阶段，宝宝的总奶量保持在1000毫升以内即可。如果超过了1000毫升，宝宝容易出现肥胖，还可能导致厌奶。

主要食物	母乳或配方奶		
辅助食物	温开水、维生素D		
餐次	每隔3个半小时喂奶1次，每日6次，每次喂10分钟左右（90毫升~180毫升）		
哺喂时间	上午：6时、9时半	下午：1时、2时半、8时	夜间：11时半
备注	对于吃配方奶的宝宝，白天在两次喂奶中间喂温开水，每次90毫升。 纯母乳喂养时，母乳不足应加喂配方奶，喂饱即可。 维生素D在宝宝出生后就开始添加，应在医生的指导下，每天补充400~800国际单位。		

4~5个月宝宝一日饮食安排

这个月的宝宝要继续坚持母乳喂养，若出现母乳不足的情况，可添加配方奶和其他乳制品。一般来说，正常的足月新生儿，出生后6个月内一般还不用特别补充钙剂或者铁剂，此时只要母乳或者配方奶喂养充足，宝宝吃得饱，还不用着急添加辅食。

主要食物	母乳或配方奶		
辅助食物	温开水、维生素D		
餐次	每4小时喂奶1次，每日5次，每次喂15~20分钟（110毫升~200毫升）		
哺喂时间	上午：6时、10时	下午：2时、6时	夜间：10时
备注	对于吃配方奶的宝宝，两次喂奶中间喂服温开水，每次95毫升左右。吃母乳的宝宝不用单独给他喂水。 若妈妈要上班，可上午、中午、晚上各喂1次，其他时间改喂牛奶或配方奶。 维生素D在宝宝出生后就开始添加，应在医生的指导下，每天补充400~800国际单位。 如宝宝开始服用钙剂，应遵照说明书或遵医嘱。		

对于吃配方奶的宝宝，两顿奶之间，可以适量地给宝宝喂些水。

5~6个月宝宝一日饮食安排

6个月宝宝的牙齿可能刚刚萌出，有的宝宝甚至已经长出了一两颗乳牙，这是锻炼宝宝咀嚼能力的时机，一定要及时地给一些泥糊状的食物让他训练。甚至有些宝宝可以给一些颗粒状的辅食了，如豆腐、熟土豆、煮熟的蔬菜碎块等。

当宝宝对大人们吃饭表现出强烈的兴趣，对乳汁以外的食物感兴趣，看到一些食物会伸手去抓或动嘴唇，并开始流口水时，这些都是宝宝想要吃辅食的主观表现。大人要及时地添加，以满足宝宝的营养需求。

这一时期宝宝如果已经适应了淀粉类辅食，妈妈可以试着逐渐安排喂些米汤、米粉、米粥、菜泥、果泥、鱼泥、蛋黄、肝泥等，补充铁和动物蛋白。

宝宝吃米粥和米糊主要是补充能量，一天不可多吃，一次即可。

此期可给予半流状食物。添加辅食应注意适量，由稀到浓，循序渐进。

主要食物	母乳或配方奶
辅助食物	温开水、米糊、米汤、煮烂的米粥、薯泥、果汁、菜汤、维生素D
餐次	每4小时喂奶1次，每日5次，每次喂15~20分钟（约120毫升~220毫升）
哺喂时间	上午：6时、10时　下午：2时、6时　夜间：10时
备注	从这个月起，宝宝白天睡眠比上月减少，晚上可一觉睡到天明，可加大白天喂奶量。 白天可在喂奶间隙交替喂温开水、果汁、菜汤，每次100毫升。 如果宝宝见父母吃饭时，小手伸出来，吧嗒嘴巴想吃东西，可以考虑给宝宝添加煮烂的米粥、薯泥，时间可在上午12时，下午6时。 维生素D在宝宝出生后就开始添加，应在医生的指导下，每天补充400~800国际单位。 如宝宝开始服用钙剂，应遵照说明书或遵医嘱。

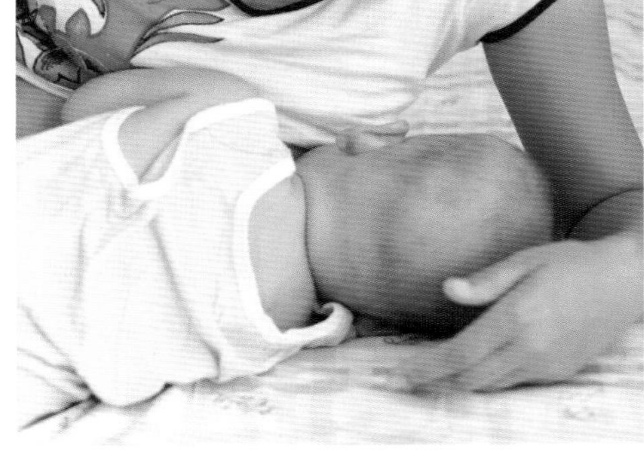

随着宝宝的长大，母乳的营养逐渐不能完全满足他的成长需要了。

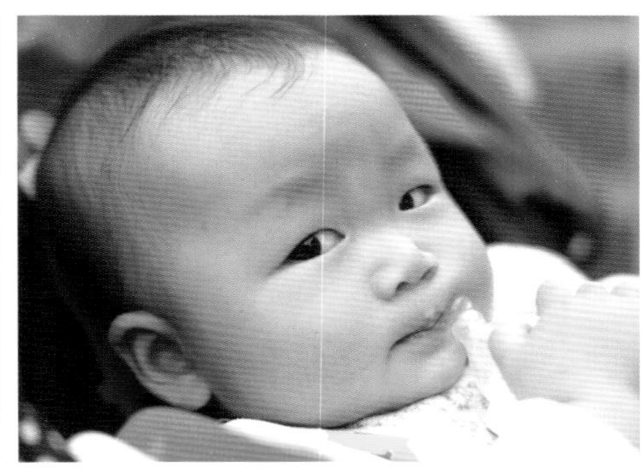

6个月左右的宝宝可能刚刚萌出乳牙，牙龈发痒，宝宝会逮什么咬什么。

第6个月开始给宝宝添加辅食

稠米粥

材料：大米（小米也可）50克。

做法：❶ 将大米淘洗干净，放入锅中，加10倍水，浸泡1小时左右。

❷ 待米粒吸水膨胀，用大火烧开，换小火熬烂成稠糊状即成。

喂食时间和喂食量：可在中午12点或下午4点左右喂1次，每日喂1~2次，每次1~2小勺，逐渐增加到每次4小勺。

禁忌和注意：宝宝适应米粥后，慢慢地可尝试在粥内加蛋黄泥、肝泥、鱼肉末等。

大米煮前用水泡一泡，煮时易烂，且汤更黏稠。

粥的稠度（加水多少）可根据宝宝的情况（月龄、消化能力的表现）由稀到稠。

营养小贴士：烂米粥属半流质食物，有浓厚的米香味，含有宝宝所需的淀粉、蛋白质、脂肪、维生素B_1、烟酸、维生素C及钙、铁等营养成分，可以为6个月的宝宝辅助补充营养、热量。

米粉

材料：米粉1匙。

做法：❶ 米粉放入已消毒的杯子中，倒入3~4匙温水（70℃~80℃）。

❷ 静置30秒，用匙或筷子搅拌，调成糊状。

喂食时间和喂食量：中午12点左右喂食1次。初次添加先喂1小勺，慢慢可增至3小勺。

禁忌和注意：给宝宝喂辅食的时候，器具和食品一定要注意消毒，保证新鲜卫生。

大米是谷类食品中最不容易引起过敏且最容易被消化吸收的食物，刚开始添加辅食，最先添加的应该是米粉、藕粉之类的食物。

最好不要在米粉中加糖，口味淡一点更符合宝宝的口味。

搅拌时匙或筷子应稍倾斜向外，朝一个方向搅拌，理想的米糊应该是：米糊流下时如炼奶状。一开始可以稀一点，不能浓得流不下来。

等宝宝的牙龈长出来，可以吃面条和粥时，就可以不吃米粉了。

营养小贴士：宝宝米粉是以大米为主要原料，加入钙、磷、铁等矿物质和维生素等加工制成的补充食品，可给宝宝提供营养。

土豆泥

材料：土豆1/4个。

做法：❶ 土豆洗净，去皮，切成片，上锅蒸烂（约5分钟）。

❷ 用勺将土豆片趁热研成泥状。

❸ 加入适量温开水或配方奶，边煮边搅拌，至黏稠即可。

喂食时间和喂食量：可在中午12点或下午4点左右喂1次，每日喂1次，每次喂2小勺。

禁忌和注意：买土豆时不要买颜色发青和发芽的土豆。

土豆要去皮，有芽眼的地方一定要挖去，以免中毒。

切好的土豆不能长时间浸泡，以免造成水溶性维生素的流失。

营养小贴士：土豆是高蛋白、低脂肪的营养食品，能为宝宝提供多种维生素和生长所必需的微量元素，可以增强体质。夏季宝宝没有食欲时，可以尝试喂一些土豆。

鲜梨汁

材料：鲜梨1个。

做法：❶ 鲜梨洗净，去皮，去核，切片。

❷ 取若干梨片，用汤匙捣碎取汁，加适量温开水调匀。

喂食时间和喂食量：可在任意两顿奶之间喂食1次，每次喂1~2小勺。

禁忌和注意：有夜尿的宝宝睡前不应喂服梨汁，因梨中水分多，有利尿功效。

梨汁性凉，若宝宝腹泻则不宜喂食，特别是秋季，天气渐渐转凉，更不宜过多食用。

营养小贴士：梨口感清脆、多汁，可消炎、降火、清肺、润燥、化痰等；且富含维生素，能促使血液将更多的钙质运送到骨骼，有利于宝宝骨骼生长。

西瓜汁

材料：西瓜瓤100克。

做法：❶ 将准备好的西瓜瓤放入碗内，挑出西瓜子。

❷ 用匙捣烂并挤压出汁直接喂给宝宝。

喂食时间和喂食量：可在任意两顿奶之间喂食1次即可，每次喂1~2小勺。

禁忌和注意：榨汁用的西瓜瓤一定要新鲜。

如在秋季喂给宝宝喝时，注意兑上一定量的温开水。

营养小贴士：西瓜富含维生素、氨基酸等营养物质，还可以清火解暑，特别适合宝宝在夏天喝。

油菜水

材料：油菜叶6片。

做法：❶ 油菜叶洗净，切碎后放入锅中。

❷ 加适量水煮沸，滤出菜水，待晾温后喂给宝宝即可。

喂食时间和喂食量：可在上午10点左右（也可在任意两次喂奶之间）喂食1次，每次给宝宝喂2~3小勺。

禁忌和注意：油菜叶洗净后，最好再用清水浸泡20分钟，以除去残余农药。

营养小贴士：油菜中含多种营养素，尤以维生素C最为丰富，且含钙量在绿叶蔬菜中为最高。在严寒的冬季饮用油菜水可增强宝宝体质，预防感冒。

西红柿水

材料： 西红柿1个。

做法： ❶ 将成熟的西红柿洗净，用开水烫软去皮。

❷ 用清洁的双层纱布包好西红柿，挤出西红柿汁，用一定量温开水冲调后喂给宝宝。

喂食时间和喂食量： 可在上午8点左右（也可在任意两次喂奶之间）喂食1次，每次给宝宝喂2~3小勺。

禁忌与注意： 西红柿性凉，有滑肠作用，若是宝宝有急性肠炎、菌痢，则最好不吃或少吃，以免加重腹泻症状。

制作时一定要选新鲜、成熟的西红柿。不熟的西红柿含有龙葵碱，宝宝抵抗力不强，容易中毒。一定不能喂没有熟透的西红柿。

营养小贴士：西红柿含有多种丰富的维生素，具有生津止渴、健胃消食的功效，且鲜美可口，是水果型蔬菜，对肠胃不好、食欲缺乏的宝宝来说是比较理想的食物，尤其适合夏季食用。

苹果水

材料： 新鲜苹果1个。

做法： ❶ 将苹果洗净，去皮，切开后去核，再切成小块。

❷ 将苹果放入锅中，按苹果肉与水约1:3的比例加入开水，煮5~6分钟。

❸ 滤出苹果水，待放温后用勺子或奶瓶喂给宝宝即可。

喂食时间和喂食量： 在上午10点左右（也可在任一顿奶前后1小时左右）喂食1次即可，每次喂1~2小勺。

禁忌与注意： 应挑选熟透、没有酸味的苹果，酸苹果一定不要选用。

没有用完的剩余苹果不可重复使用，下次再做时应用新鲜的。

若用苹果榨汁食用，则要现榨现吃，否则苹果的有效成分会在空气中很快氧化。

营养小贴士：苹果富含大量的维生素和微量元素，且煮熟的苹果水也比较容易消化，而宝宝胃肠功能偏弱，容易消化不良，所以苹果水特别适合断奶初期的宝宝。

白菜汁

材料：白菜叶2片。

做法：❶ 白菜叶洗净，撕成小片，放入锅中。

❷ 加适量水，煮开，放入白菜叶，煮5~6分钟，关火后闷10分钟。

❸ 滤渣取白菜水，待温后喂给宝宝。

喂食时间和喂食量：可在上午10点左右（也可在任意两次喂奶之间）喂食1次，每次给宝宝喂2~3小勺。

禁忌和注意：白菜性偏寒凉，胃寒腹痛、大便溏泄的宝宝不可频繁饮用白菜汁。

腐烂的白菜含有亚硝酸盐等毒素，对健康不利，甚至危及生命，一定不能选用。

煮白菜时，大量营养素会流到水中，若不是取汁饮用，烹调时最好不以开水浸烫后挤汁。

营养小贴士：白菜中富含的维生素C、维生素E能保护宝宝的皮肤。秋冬季节空气干燥，最适合给宝宝喂白菜汁。

莲藕水

材料：莲藕50克。

做法：❶ 莲藕洗净，切丁，放入锅中。

❷ 加适量水，煮开，以小火熬煮15分钟，至汤汁呈白色。

❸ 滤渣取汁，待温，喂给宝宝。

喂食时间和喂食量：可在上午8点左右（也可在任意两次喂奶之间）喂食1次，每次给宝宝喂2~3小勺。

禁忌和注意：外皮呈黄褐色、肉肥厚而白的莲藕质量最上乘。如果发黑，有异味，则不宜用来给宝宝食用。

煮藕忌用铁器，以免食物发黑。最好使用不锈钢锅。

营养小贴士：莲藕散发出一种独特清香，富含铁、钙等微量元素，植物蛋白质、维生素含量也很丰富，有明显的补益气血、增强免疫力的作用；还能增进食欲、开胃健中，特别适合营养不良、食欲缺乏的宝宝。

蔬菜糊

材料：绿色蔬菜（小白菜、菠菜）10克，牛奶2匙，玉米粉1/5~1/4小匙。

做法：❶ 将绿色蔬菜洗净，取嫩叶部分煮熟或蒸熟，取出磨碎，以洁净纱布过滤。

❷ 将研碎的菜放入锅中，加少许水，边煮边搅，直到水沸。

❸ 加入配方奶，玉米粉，加1倍水调好倒入锅中，继续边煮边搅，成泥状即可。

喂食时间和喂食量：14点左右喂食1次，每次喂1~2小勺，待适应后可逐渐增加食用量。

禁忌和注意：最初添加辅食最好不要以玉米粉代替米粉，因为玉米粉的膳食纤维较高。

菠菜不能天天给宝宝做食物，因为菠菜中大量的草酸会将宝宝体内的钙变成不能吸收的草酸钙。

营养小贴士：为宝宝补充维生素B_1、维生素B_2、维生素C、维生素P和钙、磷、铁等营养物质。绿色蔬菜对宝宝眼睛健康有益。

红薯粥

材料：大米30克，红薯10克。

做法：❶ 大米洗净；红薯洗净，去皮，切小丁。

❷ 大米和红薯一起倒入锅内，加适量水（一般加10倍水）煮沸，换小火。

❸ 再煮25~30分钟，至粥烂即可。

喂食时间和喂食量：可在中午12点或下午4点左右喂1次，每日喂1次，每次喂1~2小勺。

禁忌和注意：红薯应配合其他谷类食物同煮，单吃会导致营养摄入不均衡，将红薯和大米一起熬成粥是比较科学的。

食用红薯不宜过量，宝宝消化道并不完善，多吃容易引起腹胀、胃灼热、泛酸、胃疼等。

营养小贴士：红薯含有膳食纤维、胡萝卜素、多种维生素及矿物质，其所含蛋白质比大米和面粉多，营养价值很高，宝宝大便秘结吃几次红薯粥即可好转，尤其在干燥的秋冬季，红薯粥对宝宝身体很有好处。

青菜面糊

材料：儿童面适量，菜水1杯，青菜叶2片。

做法：❶ 儿童面掰碎(越碎越好)，青菜叶洗净切碎。

❷ 菜水放入锅内，大火煮开，下入碎面条，加入碎青菜叶。

❸ 中火将碎面条煮烂，沸腾后关火，盖锅盖闷5分钟即可。

喂食时间和喂食量：可在中午12点或下午4点左右喂1次，每日喂1次，每次喂给宝宝1~2小勺。

禁忌和注意：若想让面更进味，可以滴一小滴香油，不要多，以免破坏了食物的原味，影响宝宝对食物的真实感觉。

初次喂给宝宝面条千万要弄得细碎一些，要等到八九个月时，才能喂给稍完整的面条。

营养小贴士：面条不含胆固醇，煮之前只含很少的脂肪，煮过之后脂肪就完全消失了。宝宝吃一点面糊，能缓慢地、有规律地为身体提供葡萄糖，是一款提神健脑的断乳食物。

蛋黄泥

材料：鸡蛋1个。

做法：❶ 将鸡蛋洗净，放锅中煮熟，取出放入凉水中，略凉后剥壳取出蛋黄。

❷ 取1/4个蛋黄，加入少许温开水，用匙捣烂调成泥状即可。

喂食时间和喂食量：可在中午12点或下午4点左右喂1次。若初次喂给蛋黄，可先用小勺喂宝宝1/8个蛋黄泥，连续3天，如无大的异常，增加到1/4个，再连续喂3天，仍正常则可加至1/2个。

禁忌和注意：少数宝宝（约3%）会对蛋黄过敏，如起皮疹、腹泻、气喘等。若喂食过程多次出现这样的情况，要暂停喂蛋黄，但也不要因此就放弃，可等到7~8个月时再添加试试。

鸡蛋煮得过嫩，杀不死细菌；过于老，宝宝难以消化。煮鸡蛋应以冷水下锅，小火煮开等2分钟停火，再泡5分钟，这样煮出来的鸡蛋蛋黄比较适合宝宝食用。

营养小贴士：蛋黄泥易被消化、吸收。蛋黄中含有丰富的蛋白质、脂肪，还能提供多种维生素及矿物质，并且含有优质的亚油酸，是宝宝脑细胞增长不可缺少的营养物质。

香蕉泥

材料：香蕉1/5根。

做法：将香蕉剥去外皮，切成小块，用勺碾成泥，直接喂给宝宝即可。若宝宝接受情况不太顺利，可加少许温开水稀释。

喂食时间和喂食量：可在早餐（上午6~7点）、中餐（下午2点左右）或晚餐（下午4点左右）喂食，每天吃1次，一次2~3小勺即可。

禁忌与注意：香蕉一定要选熟透的。香蕉泥最好是现吃现做，一次不要做多，香蕉泥不宜久放。

营养小贴士：香蕉口感香甜，富含碳水化合物、淀粉、多种维生素、矿物质，尤其适合有肠胃问题的宝宝食用，能帮助消化，调理便秘。

豆腐糊

材料：北豆腐20克。

做法：❶ 豆腐洗净，放入锅内，加适量清水。

❷ 上火煮，边煮边用勺子把豆腐压成碎丁，煮15分钟即可。

❸ 待稍凉，滤去煮豆腐的水即可喂给宝宝。

喂食时间和喂食量：可在上午10点左右喂食1次，一天喂1次，1次可喂给2汤匙的量（6~7小勺）。

禁忌与注意：煮豆腐的时间不可太长，不然会把豆腐煮老，反而不利于宝宝消化。

北豆腐与南豆腐不同，北豆腐是用盐卤做凝固剂，不如南豆腐水分多，因此特别适合用来煮食。

营养小贴士：豆腐可以为宝宝提供大量的植物蛋白质，蛋白质是豆腐最主要的营养成分，每100克豆腐里面蛋白质约占34%。

7~8个月的宝宝

7个月宝宝一日饮食安排

现阶段还是要坚持母乳或配方奶为主，但哺喂顺序可以改变一下：以往是先喂奶再喂辅食，现在可以试着先喂辅食再喂奶，也可为没条件喂母乳的宝宝做断乳的准备。

从第7个月起，宝宝需要的营养物质和微量元素更多，添加辅食越来越重要，单纯的母乳可能无法满足宝宝目前的能量需求，应当及时地让宝宝尝试更多的辅食种类。要注意的是，每加一种新的食品，都要注意观察消化情况，出现腹泻要立即停止添加。

比较适宜的搭配是：以谷物类为主食，配上蛋黄、鱼肉、肉泥、碎菜或胡萝卜泥。经常变换一下菜式，搭配些碎水果，如苹果、梨、香蕉、水蜜桃、草莓等，慢慢适应，逐步进入断乳阶段。

顺利的话，现在已经可以考虑让宝宝尝试稍硬的半固体食物，如较酥脆的饼干等，以促进牙齿的萌出和颌骨的发育。

主要食物	母乳或配方奶、粥、糊状类食物、蒸蛋
辅助食物	温开水、果汁、菜汁、维生素D
餐次	喂奶每日4次，每次喂15~20分钟，喂半流质辅食1次
哺喂时间	上午：6时喂奶；10时可交替喂粥、菜泥、蒸蛋 下午：2时喂奶；两餐奶之间可选择一些辅食哺喂；18时喂奶 夜间：10时喂奶
备注	温开水、果汁、菜汁等在两次喂奶间交替供给，每次110毫升。 粥每天只能加1次。 维生素D在宝宝出生后就开始添加，应在医生的指导下，每天补充400~800国际单位。 如宝宝开始服用钙剂，应遵照说明书或遵医嘱。

8个月宝宝一日饮食安排

宝宝长到8个月时，已有了咀嚼能力，舌头也有了搅拌食物的功能，但这个月还是应以母乳为主。喂奶次数要减少，总奶量可以减少到每天500毫升左右，进一步增加辅食的量，以代替减少的奶，尤其是要增加半固体食物的量。

辅食方面，应该让宝宝尝试更多种类的食品。由于此阶段大多数宝宝都在学习爬行，体力消耗也较多，所以应该供给更多的碳水化合物、脂肪和蛋白质类食品。同时为避免因叶酸缺乏而引起的营养不良性贫血，辅食的种类可以在前几个月的基础上增加面包、面片、芋头等品种。

总的来说，这个月辅食添加的基本原则是：次数基本不变（1天3次），时间不动。辅食种类要多起来，并注意合理搭配，以保证充足而均衡的营养。

主要食物	母乳或配方奶、肝泥、肉泥、核桃仁粥、芝麻粥、牛肉汤、鸡汤等
辅助食物	果汁、菜汁、面包片、饼干、维生素D
餐次	喂奶每日4次，每次喂15分钟左右，喂半流质辅食2次
哺喂时间	上午：6时喂奶；10时可交替喂肝泥、肉泥 下午：2时喂奶；6时喂奶；7时~8时可交替喂食核桃仁粥、芝麻粥、牛肉汤、鸡汤 夜间：10时喂奶
备注	果汁、菜汁等可在每餐之间供给120毫升。 已出牙的宝宝可给小面包片、饼干等。 煮粥时不要大杂烩，应一样一样地制作，以保留不同食物的味道。 维生素D在宝宝出生后就开始添加，应在医生的指导下，每天补充400~800国际单位。 如宝宝开始服用钙剂，应遵照说明书或遵医嘱。

现在可以适当增加半固体辅食的量了。

要尽量让宝宝尝试更多种类的食物。

宝宝食谱推荐

蒸蛋黄羹

材料：鸡蛋1个。

做法：❶ 将鸡蛋打开一个小口，慢慢把蛋清倒出，再打破鸡蛋，取出蛋黄，搅打均匀。

❷ 加入1倍凉白开水，再次打匀，上锅用大火蒸5~7分钟，至凝固就差不多了。

喂食时间和喂食量：可在上午10点左右喂食1次，一开始可只喂给半个，逐渐加到吃1个，吃不完1个蒸鸡蛋时也不要勉强。

禁忌与注意：用凉白开水蒸鸡蛋，可以使蒸出来的蛋羹更滑嫩，且蒸熟后没有气孔。

注意不要加盐或香油，以免破坏宝宝的味觉。

宝宝发烧时不要吃鸡蛋羹，以免加重病情。

营养小贴士：鸡蛋黄中含丰富的铁、钙、磷、卵磷脂、胆固醇等，有助于防止宝宝出现缺铁性贫血，并能增强记忆力。

蛋花豆腐羹

材料：鸡蛋1个，嫩豆腐20克，骨头汤（不调味）150克，小葱少许。

做法：❶ 将鸡蛋打入碗中，只取蛋黄打散备用；小葱洗净，切成极细的末。

❷ 将骨头汤倒入干净的锅中煮开。

❸ 将豆腐捣碎，加入汤中，用小火煮3分钟左右。

❹ 将蛋液倒入锅中打出蛋花，撒上葱末即可。

喂食时间和喂食量：可在中午12点或下午4点左右喂1次，每日喂1次，每次喂1~2小勺。

禁忌和注意：鸡蛋一定要洗干净后再打入碗中，以防蛋壳上的细菌污染蛋液，对宝宝的健康不利。

营养小贴士：可以为宝宝补充维生素A、维生素E、钙、铁，具有非常高的营养价值。

豆腐青菜蛋黄羹

材料：豆腐50克，油菜叶10克，熟鸡蛋黄1个。

做法：❶ 将豆腐洗净，用开水煮一下，取出研碎。

❷ 油菜叶洗净，用开水烫一下，切碎，放入碎豆腐中。

❸ 将豆腐和油菜拌匀，将蛋黄研碎撒在上面，入蒸锅蒸10分钟即可。

喂食时间和喂食量：可在上午10点左右喂食1次，一天喂1次，一次可喂给2汤匙的量（6~7小勺）。

禁忌与注意：最好不要将豆腐与菠菜搭配，以免食物中的钙质和铁质流失。

营养小贴士：这是一道形色美观，柔软可口的辅食，可为宝宝提供丰富的蛋白质、脂肪、碳水化合物、维生素及矿物质，且易于消化，兼具提高血色素的功效。豆腐和鸡蛋搭配可以提高豆腐蛋白质的利用率，和油菜搭配可以使营养更全面。

鱼泥

材料：净鱼肉（鳕鱼、小黄鱼等均可）50克。

做法：❶ 将收拾干净的鱼肉研碎。

❷ 用干净的纱布包住碎鱼肉，挤去水分。

❸ 将鱼肉放入锅内，加适量清水，将鱼肉煮软即可。

喂食时间和喂食量：可在中午12点或下午4点左右喂1次，每日喂1次。一开始接触鱼肉可少给一点，半小勺或1小勺，待适应后可每次喂给2小勺。

禁忌和注意：要用新鲜的鱼做原料，且一定要将鱼刺除净。

由于宝宝吞咽功能还不够完善，起初做鱼泥可先将鱼皮去掉。

营养小贴士：鱼泥软烂，味鲜，富含蛋白质、不饱和脂肪酸及多种微量元素，宝宝常食能促进发育，增强体质。

胡萝卜西红柿汤

材料：胡萝卜1小根，西红柿半个。

做法：❶ 胡萝卜洗净去皮，煮熟后研磨成泥。

❷ 西红柿洗净，在开水中烫一下后，剥去皮，用搅拌器搅打成汁。

❸ 锅中放水，烧沸，放入胡萝卜泥和西红柿汁，煮开后改小火煮至熟透。

喂食时间和喂食量：可在上午10点左右喂食1次，1次喂半小杯（约100毫升）即可，每天最多1次。

禁忌与注意：要注意的是虽然汤品宝宝很容易接受，也比较好消化吸收，但切不可长久以汤为辅食的主要品种，否则不仅使得宝宝无法很好地锻炼咀嚼能力，而且还会造成营养不良。现阶段宝宝可以接受一些固体辅食了，汤可以隔两三天喝一次，以调节饮食。

营养小贴士：西红柿中维生素A和维生素C含量丰富，有助于促进钙、铁吸收。

苹果香蕉泥

材料：苹果1/4个，香蕉小半根。

做法：❶ 苹果洗净，去皮，切成小块，装在微波碗中，淋适量清水。

❷ 将苹果放入微波炉中，加热40秒，至苹果变软，取出。

❸ 香蕉剥去外皮，捣碎，加到苹果上，即可拿给宝宝吃。

喂食时间和喂食量：可在上午10点左右喂食1次，1天喂1次，1次可喂给2~3汤匙的量（6~9小勺）。

禁忌与注意：香蕉可以直接食用，但是不可空腹直接食用，给宝宝吃香蕉最好在喂奶后，或是在一顿辅食之后作为点心来喂。

营养小贴士：苹果和香蕉均可以刺激肠道蠕动，苹果香蕉餐可有效治疗宝宝便秘。

栗子粥

材料：大米50克，栗子3个。

做法：❶ 大米洗净，栗子剥去外皮和内皮后切碎。

❷ 大米和碎栗子一同放入锅中，煮沸，换小火熬煮至米烂栗子熟即可。

喂食时间和喂食量：可在上午10点左右喂食1次，1天喂1次，1次可喂给1小碗（约100毫升）。

禁忌与注意：栗子一定要剥净内外皮，煮烂，喂时可用匙背压碎比较大的栗子颗粒。

煮栗子前在外壳上切一个十字形的刀口，煮后有助于轻松地剥去栗子皮。

营养小贴士：栗子具有健脾、养胃、补肾、活血的作用，对于宝宝反胃、食欲缺乏、泄泻等有比较好的食疗功效，是一种对宝宝的身体健康很有益处的食物。

菠菜鱼粥

材料：大米50克，菠菜叶10克，净鱼肉20克（青鱼、鲫鱼、草鱼等淡水鱼均可）。

做法：❶ 将大米淘洗干净；菠菜洗净切碎，入开水煮2分钟左右，捞出研成泥。

❷ 净鱼肉上锅蒸熟，剔去鱼皮和鱼刺，压成泥。

❸ 大米加水煮开，换小火熬煮半小时，加入菠菜泥和鱼泥，边煮边搅拌，煮5分钟即可。

喂食时间和喂食量：可在上午10点左右喂食1次，一天喂1次，1次可喂给2汤匙的量（6~7小勺）。

禁忌与注意：制作时必须把鱼刺和鱼骨挑干净，最好去掉鱼皮。

菠菜先焯水，再进行下一步操作，可最大程度保留营养。

营养小贴士：这一款辅食含丰富的动物蛋白及人体必需氨基酸，还能为宝宝提供钙、铁、磷等矿物质，可预防缺铁性贫血、佝偻病等疾病。

猪肝土豆泥

材料：猪肝30克，土豆半个。

做法：❶ 取新鲜猪肝洗净，去筋、膜，剁成末，加少许清水调成泥，上锅蒸熟，约10分钟。

❷ 土豆洗净，去皮，切小块，煮至熟软，捞出捣碎成泥。

❸ 熟肝泥和土豆泥一起入锅，加适量温开水，边煮边搅拌，煮5分钟即可。

喂食时间和喂食量：可在上午10点左右喂食1次，1天喂1次，1次可喂给2汤匙的量（6~7小勺）。

禁忌和注意：宝宝可以吃的猪肝一定要是新鲜的，给婴儿阶段的宝宝烹调食物时则最好不放调味品。

动物肝胆固醇含量高，一次不要贪多。

营养小贴士：猪肝可帮助宝宝补充蛋白质、维生素A、钙和铁等矿物质，土豆可为宝宝提供热量及各种所需的营养素，猪肝搭配土豆对宝宝健康很有益。

肉末青菜粥

材料：大米50克，绿叶蔬菜20克（油菜、菠菜、小白菜均可），猪瘦肉20克。

做法：❶ 大米淘洗干净；取新鲜绿叶蔬菜洗净，入开水中煮软，捞出切碎。

❷ 瘦肉洗干净，剁成细泥。

❸ 锅内加适量清水（约4杯），放入大米，煮开，换小火熬煮半小时。

❹ 放入碎青菜和肉末，边煮边搅拌，约煮5分钟即可。

喂食时间和喂食量：可在上午10点左右喂食1次，1天喂1次，1次可喂给2汤匙的量（6~7小勺）。

禁忌与注意：如果取稍厚些的瘦肉块，用边缘稍微锋利些的勺子顺着肉的一个方向刮，也可以刮出较细的肉泥，比剁起来方便些。

猪肉很容易变质，最好每次都使用新鲜的。

营养小贴士：能为宝宝提供足量的碳水化合物，满足生长发育和活动需要的同时，还可补充维生素和铁质。

苹果红薯泥

材料：红薯、苹果各50克。

做法：❶ 红薯洗净，去皮，切碎，入锅煮软，捞出。

❷ 苹果洗净，去皮，去核，切碎，入锅煮软，捞出。

❸ 将碎红薯与碎苹果混合，搅拌均匀即可喂给宝宝。

喂食时间和喂食量：可在晚饭时间喂食1次，1天喂1次，1次可喂给1汤匙的量（约4小勺）。

禁忌与注意：制作时要把红薯、苹果切得碎一些，可以煮得久一点，尽量煮烂。

不要给宝宝吃太多，红薯吃多容易胀气，且这两种食物都有些甜，宝宝吃多不好。

营养小贴士：具有清热、解暑、开胃、止泻的功效，对于消化不良、便秘、慢性腹泻、贫血和维生素比较缺乏的宝宝很好。

清蒸肉泥

材料：猪瘦肉50克，水淀粉适量。

做法：❶ 猪瘦肉洗净，剁成细泥，用水淀粉抓匀，静置1~2分钟。

❷ 将瘦肉泥放入蒸锅，蒸熟，约25分钟。

喂食时间和喂食量：可在晚饭时间喂食1次，1天喂1次，1次可喂给1汤匙的量（约4小勺）。

禁忌与注意：尽量选择新鲜的瘦肉，如果肉味膻腥，宝宝可能不肯吃，可放极少量的料酒调整，但一定不能多，尽量保持食物的原味，以免日后宝宝口味变重，长大挑食。

营养小贴士：清蒸肉泥可保留丰富的蛋白质、脂肪以及铁、磷、钾、钠等矿物质，还含有全面的B族维生素，为宝宝生长发育补充各种必要的营养，且能预防宝宝缺铁性贫血。

西红柿豆腐菠菜面

材料：西红柿半个，菠菜叶10克，豆腐20克，儿童面15根。

做法：❶ 西红柿洗净，用开水烫去皮，捣碎。

❷ 豆腐用开水焯一下，捣成泥。

❸ 菠菜叶洗净，入开水焯2分钟，切碎。

❹ 锅内放水烧开，倒入豆腐、西红柿和菠菜，煮开。

❺ 下入折成几段的面条，煮至熟烂即可。

喂食时间和喂食量：可在晚饭时间喂食1次，1天喂1次，量可根据宝宝的需求量来调整。

禁忌与注意：由于菠菜与豆腐在一起时，菠菜中的草酸会很快与豆腐中的钙质结合，使得豆腐中的钙质流失，因此菠菜焯水时最好透彻一些，稍微多烫一下，以除去草酸。

营养小贴士：这款面口味鲜美，操作简单，含有丰富的蛋白质、维生素、钙和铁，非常适合作为宝宝辅食中的主食。

鱼肉馄饨

材料：净鱼肉50克，馄饨皮（薄一点的，不要厚）10张，香油少许。

做法：❶ 净鱼肉洗净，剁碎，拌入极少许香油，搅匀。

❷ 将鱼肉包入馄饨皮中。

❸ 将包好的馄饨放入开水中，煮熟即可。

喂食时间和喂食量：可在晚饭时间喂食1次，1次可以喂给宝宝4~6个，每周2~3次即可。

禁忌与注意：鱼的侧面皮下各有一条白筋，这是鱼腥味的来源地，由于宝宝的食物不好调味，因此在处理鱼肉时可以将这两条白筋抽干净，这样可以最大限度地去除鱼腥味。

营养小贴士：肉味鲜美，营养丰富，含有丰富的不饱和脂肪酸，对促进宝宝血液循环有利。可以为处于成长时期的宝宝提供必要的能量和营养素，尤其适合身体瘦弱、食欲缺乏的宝宝。

鸡肉蔬菜儿童面

材料：儿童面10根，鸡胸肉10克，胡萝卜5克，菠菜5克，水淀粉适量。

做法：❶ 鸡胸肉洗净，剁碎，用水淀粉抓匀。

❷ 胡萝卜、菠菜洗净，切碎，与鸡胸肉一起入沸水锅煮熟。

❸ 加入折成小段的儿童面，煮至面熟即可。

喂食时间和喂食量：可在晚饭时间喂食1次，1天喂1次，1次可以给宝宝吃1小碗（约100毫升）左右。

禁忌与注意：若宝宝正处于感冒期间，或有感冒症状时，不要给宝宝吃鸡肉类的辅食。鸡肉性温热，而感冒时常伴有发烧、头痛、乏力、消化能力减弱等症状，不利于感冒恢复。感冒时应多吃清淡、易消化的食物。

营养小贴士：菠菜的营养价值很高，铁含量也较高，鸡肉蛋白质含量丰富，与胡萝卜搭配营养价值更好。

香菇鲜虾小包子

材料：熟鸡蛋黄1个，香菇1朵，净虾肉、猪瘦肉各10克，自发面粉适量。

做法：❶ 香菇洗净，去蒂，剁碎；虾肉、猪瘦肉均洗净，剁碎；鸡蛋黄压碎。

❷ 将所有材料拌匀，调成馅。

❸ 和好自发面粉，静置30分钟，做成小包子皮。

❹ 将馅包入包子皮，上锅大火蒸15分钟即可。

喂食时间和喂食量：可在晚饭时间喂食1次，量可按照宝宝的需求调整，刚刚一口大的包子，可以1次喂2个左右，不要太多。

禁忌与注意：如果发现宝宝有过敏体质的特点，如经常身上痒、长疙瘩，经常揉眼睛、流鼻涕、打喷嚏，特别是有家族过敏史的宝宝，包子里面不能放虾肉，吃其他海鲜类食物时也要留意。

营养小贴士：小包子四季皆可食，味鲜口感佳，含丰富的蛋白质和多种维生素以及矿物质，对宝宝生长发育很有益。

蛋黄面包

材料：面包1片，鸡蛋1个，植物油少许。

做法：❶ 鸡蛋磕破一个小孔，倒出蛋清，取蛋黄，加适量清水打散起泡。

❷ 煎锅中放入少许植物油，加热后放入面包，蛋黄液灌在面包两面，煎成金黄色。

❸ 取出面包，用吸油纸吸去多余的油，切成条形给宝宝捏着吃即可。

喂食时间和喂食量：可在晚饭时间或午饭时间喂食1次，1天喂1次，1次给宝宝做1片面包，能吃几片给几片即可。

禁忌与注意：现阶段制作辅食时若需要用到食物油，可以添加少许给宝宝尝试。一开始不要多，1~2滴即可，以后可增加一点，但一定不要将食物做成油腻腻的那种，不易消化。宝宝的食物油以植物油为佳，少用动物油。

营养小贴士：鸡蛋可提供丰富的优质蛋白及蛋氨酸，面包可提供必需氨基酸，鸡蛋与面包混合食用可提高食物的营养价值。

烤面包

材料：面包适量。

做法：❶ 将面包切成1厘米厚的薄片。

❷ 将切好的面包片放入烤箱，烘烤至呈金黄色。

喂食时间和喂食量：可在晚饭时间或午饭时间喂食1次，1次1~2片，1天1次即可。

禁忌与注意：也可用馒头代替面包。

可用烤箱烤，也可用平底锅烙烤，但要注意烙烤时温度不宜过高，不然容易烤煳了，且烤不焦脆。

营养小贴士：面包含有丰富的碳水化合物，易消化，耐嚼，促进唾液分泌，可充分锻炼宝宝的咀嚼能力和消化能力，是磨牙时期的良好代乳食物。

鸡肝粥

材料： 熟鸡肝20克，大米50克。

做法： ❶ 将鸡肝洗净，剔去膜，去筋，剁成泥状备用。

❷ 将大米加适量清水煮开，改成小火，加盖煮至米烂。

❸ 拌入肝泥，煮熟透即可。

喂食时间和喂食量： 可在晚饭时间或午饭时间喂食1次。

禁忌和注意： 用动物肝做宝宝辅食时，一定要把肝上的膜和筋去掉，否则宝宝会因为不容易咀嚼而拒绝吃。

营养小贴士：可以为宝宝补充蛋白质、钙、磷、铁、锌、维生素A、维生素B_1、维生素B_2和烟酸等多种营养素，尤其可以为宝宝补铁，帮助宝宝预防缺铁性贫血。

肉末胡萝卜汤

材料： 瘦猪肉50克，胡萝卜100克，葱、姜各少许。

做法： ❶ 将瘦猪肉洗净，剁成极细的末；葱、姜均洗净，分别剁成细末。

❷ 将葱末、姜末加入猪肉中拌匀，上笼蒸熟。

❸ 将胡萝卜洗净，切成大块，放入锅中煮烂，捞出挤成泥，再放回原汤中煮沸。

❹ 将熟肉末加入胡萝卜汤中拌匀即可。

喂食时间和喂食量： 可在晚饭时间或午饭时间喂食1次，1次喂食100毫升左右即可。

禁忌和注意： 1周岁前的宝宝可以不必食用盐，1岁以后每天摄入的食盐量应该不超过1克。在1岁前，可能的话，最好用食物天然的味道来增加滋味，总之，一定要少给宝宝加盐。

营养小贴士：可以为宝宝补充蛋白质、维生素A、维生素D、维生素E等多种营养素，满足宝宝生长发育的需要。

苹果南瓜泥

材料： 南瓜、苹果各50克。

做法： ❶ 将南瓜、苹果分别洗干净，削去皮，去瓤、去核，切成小块，放到锅里煮软。

❷ 将煮好的南瓜和苹果混合到一起，用小勺捣成泥（也可以放到搅拌机里打成泥）。

喂食时间和喂食量： 可在午饭或晚饭时间喂食1次，1天喂1次，1次可喂给1汤匙的量（约4小勺）。

禁忌和注意： 南瓜和苹果一定要煮得很烂，否则不容易捣成泥。

营养小贴士：口味香甜，营养丰富，可以为宝宝补充碳水化合物、蛋白质、维生素、钙、铁等营养，还能帮宝宝调节体内的酸碱平衡，是一款既美味又健康的小点心。

虾仁小馄饨

材料： 虾仁、猪后腿肉各25克，鸡蛋1个，馄饨皮10张，高汤、香油各适量。

做法： ❶ 将猪腿肉、虾仁分别绞碎，和在一起拌匀，加入鸡蛋黄，再拌匀。

❷ 将馅料挑入馄饨皮中，包成一个个小馄饨。

❸ 锅中加高汤烧开，下入馄饨煮熟，加少许香油调味即可。

喂食时间和喂食量： 可在上午10点左右喂食1次，1天喂1次，1次可喂4~6个。

禁忌和注意： 一定要挑选少筋的猪肉，以免宝宝因为嚼不烂而无法下咽。

营养小贴士：含有丰富的卵磷脂、铁、蛋白质等营养成分，可以促进宝宝的智力发育。

营养鸡肝面

材料： 卤鸡肝、小白菜各25克，鸡蛋1个，西红柿10克，儿童面条50克，高汤1大碗。

做法： ① 将鸡肝洗净，切成碎末备用；西红柿、小白菜分别洗净，切小丁备用；鸡蛋打入碗中，用筷子搅散。

② 锅中加高汤煮开，下入面条、西红柿丁煮开。

③ 面条快熟时，下入小白菜，用大火稍煮。

④ 淋入鸡蛋液，再次煮至开锅即可。

喂食时间和喂食量： 可在上午10点左右喂食1次，1天喂1次，1次可喂给2汤匙的量。

禁忌和注意： 面条最好折短一些再煮，以免使宝宝不容易下咽，引起呕吐。

营养小贴士：色彩缤纷，味道鲜香，还可以提供丰富的蛋白质、铁、维生素等营养，很适合宝宝食用。

什锦鸡蛋面

材料： 新鲜鸡蛋1个，儿童面条50克，西红柿半个（30克左右），干黄花菜5克，嫩菜叶20克（油菜、小白菜皆可），花生油少许。

做法： ① 将黄花菜泡软，择洗干净，切成1寸来长的小段；西红柿洗净，用开水烫一下，剥去皮，去掉籽，切成碎末备用；鸡蛋洗净，去蛋清取蛋黄打到碗里，用筷子搅散；菜叶洗净，剁成碎末。

② 锅中加油烧至八成热，下入黄花菜，翻炒几下。

③ 加入西红柿末煸炒几下，加入适量清水煮开。

④ 下入面条煮软，撒入菜末，淋上蛋液，煮至蛋熟即可。

喂食时间和喂食量： 可在上午10点左右喂食1次，1天喂1次，1次可喂给6~7小勺。

禁忌和注意： 黄花菜要多浸泡一会儿，并多淘洗几次，才能去掉残留在黄花菜上的二氧化硫等有害物质。

营养小贴士：可以为宝宝补充蛋白质、钙、磷、铁和多种维生素；特别是含有丰富的卵磷脂，可以促进宝宝的大脑发育。

红枣栗子粥

材料：大米50克，板栗、红枣各5颗。

做法：❶ 提前将大米淘洗干净，用冷水泡1个小时左右，然后将大米连水倒入锅里，先用大火煮开，再用小火熬成比较稠的粥。
❷ 将红枣洗净，用开水烫一下，去皮去核。
❸ 将板栗去掉外皮，切成小块，放入锅中，加适量水煮熟。
❹ 板栗和红枣肉一起加入米粥中，上火煮熟透即可。

喂食时间和喂食量：可在上午10点左右喂食1次，1天喂1次，1次可喂给2汤匙的量。

禁忌和注意：红枣和板栗的内皮一定要去掉，否则很容易使宝宝被噎到。

营养小贴士：口感糯滑，味道香甜，还含有丰富的微量元素，有益于宝宝的大脑发育。

荷叶粥

材料：鲜荷叶1张，大米50克。

做法：❶ 提前将大米淘洗干净，用冷水泡1个小时左右，然后将大米连水倒入锅里，先用大火煮开，再用小火熬成比较稠的粥。
❷ 将荷叶洗净，在煮粥的时候将荷叶盖在粥上，待荷叶受热软化后自动陷入粥中，将火关小，和大米一起煮熟即可。

喂食时间和喂食量：可在上午10点左右喂食1次，1天喂1次，1次可喂给2汤匙的量（6~7小勺）。

禁忌和注意：事先将大米用冷水泡一会儿，可以节省煮粥的时间，并使口感更加香滑可口。

营养小贴士：颜色碧绿，有一股荷叶的清香，不但能吸引宝宝多吃，还可以为宝宝提供丰富的B族维生素。荷叶有清热降火的作用，很适合在夏天给宝宝吃，可以帮宝宝解暑。

鱼肉胡萝卜羹

材料：鳕鱼肉50克，胡萝卜1/3根，洋葱1/3个，高汤适量。

做法：❶ 将鳕鱼肉洗净切碎，或用搅拌机打成泥；胡萝卜、洋葱分别洗净，切成碎末。

❷ 锅中加高汤烧开，将鱼肉和蔬菜一起放进去煮。

❸ 煮至蔬菜熟烂时即可。

喂食时间和喂食量：可在上午10点左右喂食1次，1天喂1次，1次可喂给2汤匙的量（6~7小勺）。

禁忌和注意：如果用冷冻鳕鱼做的话，最好用冷水浸泡解冻后，再进行下一步操作。

此羹不要和柿子、葡萄、石榴、山楂、青果等含鞣酸比较多的水果同吃。

营养小贴士：味道鲜美，营养丰富，还有保护宝宝的心血管系统、预防心血管疾病的功效，是宝宝的理想营养食物。

蝴蝶面

材料：儿童蝴蝶面适量，胡萝卜1小段，香菇1朵。

做法：❶ 胡萝卜洗净，切小丁；香菇洗净，去蒂，切小丁。

❷ 将胡萝卜与香菇入沸水锅煮熟软，捞出用匙压一压，混匀。

❸ 锅中放入清水煮沸，将蝴蝶面放入，煮15分钟至面软。

❹ 将胡萝卜与香菇调入面中即可。

喂食时间和喂食量：可在晚饭时间喂食1次，1天1次即可，量可按宝宝需求给予。

禁忌与注意：可待温后让宝宝手抓来吃。

煮的时候要注意火候，不要用大火，如果宝宝饮食一直正常，可以在面中加一点点橄榄油或植物油，味道会更香。

营养小贴士：儿童蝴蝶面一般是由全麦粉或者豆面粉、鸡蛋、盐和水混合制成，颜色较深，营养也较丰富；香菇中有极丰富的氨基酸。

手擀鸡蛋面

材料：面粉100克，鸡蛋1个，葱花适量，高汤2大匙，香油少许。

做法：❶ 将面粉放在一个大碗内，鸡蛋单取蛋黄，打入碗内，用蛋液将面粉和成面团。

❷ 将揉好的鸡蛋面团擀成薄薄的圆片，再用刀切成小面片。

❸ 锅中加入高汤烧开，下入面片煮软。

❹ 撒入葱花，滴入香油即可。

喂食时间和喂食量：可在上午10点左右喂食1次，1天喂1次，1次可喂1小碗，约100毫升的量。

禁忌和注意：揉面团时最好多揉一会儿，揉得越均匀，煮出来的面片越好吃。

营养小贴士：富含蛋白质、碳水化合物、维生素、钙、铁、磷、钾、镁等营养素，且容易消化，是很受宝宝欢迎的主食。

黄油饼干

材料：面粉200克，黄油20克，配方奶30克，发酵粉少许。

做法：❶ 将面粉放入盆中，加入发酵粉、配方奶，用温水和成面团。

❷ 将黄油加入面团中揉匀。

❸ 将面团擀成0.5厘米厚的片，切成一个个小长方形或用模具做成小圆形，用叉子扎些孔。

❹ 在表面刷上冲调好的配方奶，放入预热好的烤箱内，以250摄氏度炉温烘烤至焦黄即可。

喂食时间和喂食量：可在上午10点左右喂食1次，1天喂1次，1次可喂1~2片。

禁忌和注意：将烤好的饼干放凉后再给宝宝吃，口感就会很脆。

营养小贴士：口感香脆，容易消化，还可以为宝宝补充钙。

草莓麦片粥

材料：速溶麦片50克，草莓2~3颗，清水适量。

做法：❶ 锅内加入清水烧开，下入麦片，煮2~3分钟。

❷ 将草莓洗净后放入碗中，用勺子研碎。

❸ 加到麦片锅内，边煮边搅拌，煮1~2分钟即可。

喂食时间和喂食量：可在上午10点左右喂食1次，1天喂1次，1次可喂100毫升。

禁忌和注意：不要用洗涤灵等清洁剂浸泡草莓，以免使这些物质残留在草莓上，造成二次污染。

草莓中含有很多有机酸，在用草莓给宝宝作食物的时候最好不用铝质容器，以免溶出过多的铝，危害宝宝的健康。

营养小贴士：味道鲜美、营养丰富，还有助消化和预防便秘的作用。

鱼菜米糊

材料：米粉（或乳儿糕）20克，净鱼肉15克，嫩菜叶25克。

做法：❶ 将嫩菜叶洗净，投入沸水锅中焯熟，取出来剁碎，用滤网过滤出菜泥；将鱼肉洗净，剁成蓉。

❷ 将米粉加适量温开水调成糊，放入锅中，旺火煮沸，小火煮8分钟左右。

❸ 将菜泥、鱼肉加入锅中，煮至鱼肉熟透即可。

喂食时间和喂食量：可在上午10点左右喂食1次，1天喂1次，1次可喂2汤匙的量（6~7小勺）。

禁忌和注意：给婴儿做辅食要注意，凡是有鱼的食物一定要事先挑干净鱼刺。

营养小贴士：富含钙、蛋白质、碳水化合物、维生素等营养素，不但可以为宝宝补钙，还可以促进宝宝的大脑和身体发育。

9个月宝宝一日饮食安排

母乳充足的话应继续给宝宝喂母乳，但不能再以母乳为主。喂奶次数应减少至2~3次，每天哺乳400毫升~600毫升就足够了，一定要逐渐增加辅食。

可以增加一些含膳食纤维的食物，如茎秆类蔬菜，给宝宝做的蔬菜品种应多样。苹果、梨、水蜜桃等水果可以切成薄片，让宝宝拿着直接吃了。蔬菜和水果两类食物不可偏废，不要只吃口感好的水果而不吃蔬菜，蔬菜有促进食物中蛋白质吸收的独特优势。

这个月龄的宝宝要注意面粉类食物的添加，其中所含的营养成分主要为碳水化合物，为宝宝提供每天活动与生长所需的热量；另外还有一定含量的蛋白质，促进宝宝身体组织的生长。但是，体重超过10千克的宝宝要少给一点面粉类食物及点心，以免加重宝宝发胖的趋势。

这个月的哺喂原则与上个月大致相同：喂奶量继续减少，辅食逐渐增加，争取定时进餐。

主要食物	母乳或配方奶、稠粥、面条、菜泥、蒸蛋
辅助食物	温开水、点心、豆腐脑、水果片、维生素D
餐次	喂奶每日3次，每次喂15分钟左右，喂流质辅食2次
哺喂时间	上午：6时喂奶；10时可交替喂稠粥、菜泥 下午：2时喂奶；6时可交替喂食蒸蛋、面片 夜间：10时喂奶
备注	每餐之间喂服温开水，原来的果汁可由少量鲜香蕉代替，还可加喂豆腐脑、面条、点心，注意点心不要给糖和巧克力。 维生素D在宝宝出生后就开始添加，应在医生的指导下，每天补充400~800国际单位。 如宝宝开始服用钙剂，应遵照说明书或遵医嘱。

10个月宝宝一日饮食安排

现在大部分宝宝在夜晚可以逐渐完全停止喂母乳，白天让宝宝进食更丰富的食品。

有条件的话可继续坚持母乳喂养，若无法继续坚持母乳喂养，可逐步给宝宝断奶，此后改用奶粉替代。给宝宝断母奶并非一次性地断掉，而应通过增加哺喂辅食的次数和数量，减少喂奶的次数，在几个月的时间里渐渐断掉。

这个阶段可增加软饭、肉（以瘦肉为主），也可在粥或面条中加肉末、鱼、蛋、碎菜、土豆、胡萝卜等。量应该比上个月增加，给宝宝的米饭应软。

此期，宝宝一日三餐已初步形成规律，可以灵活地安排饮食，注重调节、搭配，但不要喂调味浓或油分重的食物。

主要食物	母乳或配方奶、稠粥、菜泥、蒸蛋、蛋糕、馒头、面包、菜肉粥、清蒸鱼肉、豆腐脑
辅助食物	温开水、水果、维生素D、钙片
餐次	喂奶每日2次，每次喂10分钟左右，喂辅食3次
哺喂时间	上午：6时喂奶；10时可交替喂稠粥、菜泥、蒸蛋；12点喂奶 下午：2时可交替喂点心、水果；3时喂奶；6时菜肉粥、清蒸鱼肉、豆腐脑 夜间：9时喂奶
备注	每餐之间喂服温开水，从这个月起，宝宝可直接喂食水果。 由于吃奶少，有的宝宝拒不吃辅食，要吃奶，这时要做好坚持断乳的心理准备，半夜里不要喂奶，一般哭闹几天就好了。 维生素D在宝宝出生后就开始添加，应在医生的指导下，每天补充400~800国际单位。 如宝宝开始服用钙剂，应遵照说明书或遵医嘱。

夜里可以不再给宝宝喂奶了。

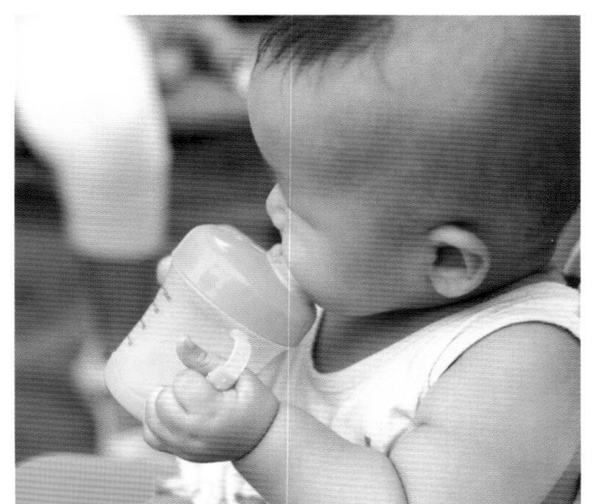

可让宝宝练习自己捧杯喝水。

宝宝食谱推荐

猪血粥

材料：大米100克，猪血（也可用鸡血代替）50克，香油少许。

做法：❶ 猪血洗净，切小块，用清水浸泡备用。

❷ 大米淘洗干净，用清水浸泡1小时，放入锅中，加适量清水，煮沸。

❸ 加入猪血，改用小火熬煮10分钟，待粥将成时，淋上香油即可。

喂食时间和喂食量：可在上午10点左右喂食1次，每次喂半碗即可，每天1次。

禁忌与注意：最好不要隔夜食用。

猪血买回后要注意保证完整，不要让凝块破碎，除去黏附着的杂质后放在开水里汆一下最好。

猪血不适合单独作为食物给宝宝吃，和大米一起煮粥非常合适，也可与蔬菜煮汤。

营养小贴士：动物血不仅能提供优质蛋白质，而且还含有利用率较高的血红素铁质，对宝宝的生长发育很有帮助。

黄瓜蒸蛋

材料：鸡蛋1个，黄瓜30克。

做法：❶ 鸡蛋去掉蛋清，取蛋黄打起泡成蛋黄液，加入适量水搅拌均匀成蛋汁。

❷ 黄瓜洗净，顺长剖开，去瓤，去皮，洗净切丁。

❸ 将黄瓜倒入蛋汁碗中，搅拌均匀。

❹ 入蒸锅用小火蒸10分钟，取出即可。

喂食时间和喂食量：可在上午10点左右喂食1次，每次可喂2~3大匙，按宝宝的食量决定，不要勉强，每天1次。

禁忌与注意：对于宝宝来说，黄瓜可能又苦又硬，原因在于外层的黄瓜皮，现在给宝宝做辅食时，可以先将这层外皮去除掉。

此外，若宝宝不能生食黄瓜，需要先将黄瓜放入沸水中速煮一下。

营养小贴士：脆嫩清香，味道鲜美，可清火平热，且富含宝宝必需的多数营养物质。

牛肉粥

材料：大米100克，牛肉30克，胡萝卜20克。

做法：❶ 大米淘洗干净，牛肉洗净后剁成末，一起入沸水锅中煮粥。

❷ 胡萝卜洗净，去皮，入锅蒸熟，取出碾碎成泥，再加入粥中，小火煮15分钟即可。

喂食时间和喂食量：可在上午10点左右喂食1次，每次喂半碗，每周2~3次即可。

禁忌与注意：牛肉纤维较粗，不易被宝宝嚼烂，选购时要尽量避开肌腱较多的腿肉、肋条，可选择里脊部位的肉。

给宝宝做牛肉，炖煮或熬汤、煮粥是最好的方式。

营养小贴士：味道鲜美，营养丰富，牛肉除了是优质的高蛋白食品，还富含铁质，是上好的补铁食品，有补中益气、滋养脾胃、强健筋骨的功效。

牛肉蔬菜燕麦粥

材料：牛肉（瘦）50克，西红柿30克，大米100克，燕麦片30克，油菜15克。

做法：❶ 大米淘洗干净，清水泡2小时；燕麦片加入半杯清水，混合均匀，静置3小时。

❷ 牛肉洗净，剁成极细的茸（或搅成肉泥）；油菜洗净，入沸水锅中烫一下，捞出切碎。

❸ 西红柿洗净，用开水烫一下，去皮，切碎备用。

❹ 锅内加适量水，放入大米、燕麦、牛肉，煮30分钟，加入油菜和西红柿边煮边搅拌，再煮5分钟左右即可。

喂食时间和喂食量：可在下午6点左右喂食1次，每次喂半碗即可，每天1次。

禁忌与注意：过敏体质的宝宝在添加的时候要谨慎，从少量开始，并密切观察有没有过敏反应。

烹饪燕麦片时，要避免长时间高温熬煮，以防止维生素被破坏，燕麦片煮的时间越长，营养损失就越大。

营养小贴士：燕麦含有大量的优质蛋白质，并富含宝宝生长发育所需的8种必需氨基酸，以及脂肪、铁、锌、维生素等营养物质；牛肉里含有大量的铁，能为宝宝补充足够的营养。

豆腐软饭

材料：大米100克，豆腐50克，青菜30克，清淡肉汤（鱼汤、鸡汤、排骨汤均可，将浮油撇出）适量。

做法：❶ 将大米淘洗干净，加适量清水上笼蒸成软饭待用。

❷ 青菜择洗干净，切碎；豆腐用清水冲一下，入沸水煮片刻，取出切丁。

❸ 米饭放入锅内，加入适量清淡肉汤，一起煮软，加豆腐丁、碎青菜稍煮即成。

喂食时间和喂食量：可在上午10点左右喂食1次，每次喂半碗即可，每天1次。

禁忌与注意：豆腐所含的大豆蛋白虽然丰富，但毕竟是植物蛋白，因此并不全面。单独食用豆腐的话，蛋白质的利用率较低，而和鸡蛋、鱼、肉等富含动物蛋白的食物搭配则可以大大提高利用率，增加营养价值。

豆腐不宜保存，应当天买当天吃，不要吃隔夜的豆腐。

营养小贴士：含有宝宝生长发育必需的多种营养素，可保护肝脏，促进机体代谢，增加免疫力，并且有解毒作用。

蔬果虾蓉饭

材料：软米饭100克，大虾2只，西红柿1个，香菇3个，胡萝卜1小段，西芹少许。

做法：❶ 大虾煮熟后去皮，去虾线，取虾仁剁成蓉；西红柿放入沸水中烫一下，去皮，切成小块。

❷ 香菇洗净，去蒂切成小碎块；胡萝卜洗净，切粒；西芹洗净，切成末。

❸ 除米饭外，所有食材放入锅内，加少许沸水煮熟，再加入虾蓉，煮熟，淋在饭上拌匀即可。

喂食时间和喂食量：可在上午10点左右喂食1次，每次喂半碗即可，每天1次。

禁忌与注意：虾的营养成分很丰富，却缺乏多种维生素，因此需要搭配蔬菜来补充所缺的营养。

容易过敏的宝宝，如食用后有鼻炎、反复发作性皮炎等疾病，应少吃或不吃这道辅食，其他含有虾类等海鲜的辅食也应格外留心。

营养小贴士：口味鲜美、营养丰富，含多种维生素和微量元素，能促进宝宝的生长发育，让宝宝身体更强壮。

香菇鸡肉软饭

材料：新鲜香菇2朵，鸡胸肉50克，大米100克。

做法：❶ 香菇洗净，去蒂，切小丁；鸡胸肉洗净，切小丁。

❷ 大米洗净，放在电饭锅内，加入香菇丁、鸡肉丁，加适量清水。

❸ 打开电饭锅开关，煮熟后继续闷15分钟即可。

喂食时间和喂食量：可在下午6点左右喂食1次，每次喂半碗即可，每天1次。

禁忌与注意：鸡肉也可以先略炒一下，入味后再放入电饭锅内。

市售的香菇有些看起来特别肥大，这是不正常的香菇，大多是在种植的时候使用了激素的原因，宝宝吃这样的食物对身体发育非常不利，妈妈看见这样的香菇千万不要购买。

营养小贴士：味道鲜美，营养丰富，具有高蛋白、低脂肪、多糖、多氨基酸和多维生素的营养特点，对宝宝身体发育非常有益。

黄花菜虾仁面

材料：儿童面1小把，黄花菜50克，虾仁20克，菠菜2根，植物油、高汤各适量。

做法：❶ 虾仁洗净，煮熟，剁碎。

❷ 菠菜洗净，入沸水中焯2~3分钟，捞出切碎；黄花菜洗净，入沸水中氽烫一下，切成1厘米长的小段。

❸ 锅内放植物油，热后下黄花菜翻炒片刻，加入高汤，放入虾仁和菠菜，煮开，下入儿童面，煮至汤稠面软即可。

喂食时间和喂食量：可在下午6点左右喂食1次，每次喂半碗即可，每天1次。

禁忌与注意：新鲜的黄花菜有毒性，不可给宝宝吃新鲜的黄花菜。

营养小贴士：汤汁鲜香，可以为宝宝提供丰富的蛋白质、钙、铁、锌等营养物质，对增强宝宝的智力也有良好的作用。

肉末青菜面

材料：儿童面1小把，瘦猪肉30克，虾仁20克，青菜10克，植物油少许。

做法：❶ 取瘦猪肉洗净，切成末；虾仁洗净，切碎；青菜洗净，切碎。

❷ 儿童面入沸水中煮熟，捞出过凉开水，沥干水分待用。

❸ 炒锅内加入植物油，油热后放入肉末翻炒片刻，加入适量清水，煮至肉熟。

❹ 加入儿童面、碎虾仁、碎青菜，煮沸后换小火继续煮2分钟即可。

喂食时间和喂食量：可在下午6点左右喂食1次，每次喂半碗即可，每天1次。

禁忌与注意：如果妈妈发现宝宝有虾肉过敏的现象，可以将食物中的虾仁用鱼肉或者鸡肉来代替。

营养小贴士：除含有蛋白质外，还含有丰富的钙、磷、铁等矿物质，对宝宝的健康大有裨益，是营养比较全面的一款主食。

黄花菜西红柿面

材料：鸡蛋1个，儿童面50克，西红柿20克，干黄花菜5克，植物油少许。

做法：❶ 黄花菜用温水泡软，择洗干净，切成1厘米长的小段；鸡蛋洗净，取蛋黄放到碗里，搅打至起泡。

❷ 西红柿用开水烫一下，去皮，切碎。

❸ 锅内加入植物油，烧热，下入黄花菜，稍微炒一下，加入西红柿，加适量清水，煮开。

❹ 下入儿童面，煮软，淋上蛋液，鸡蛋熟时熄火即可。

喂食时间和喂食量：可在下午6点左右喂食1次，每次喂半碗即可，每天1次。

禁忌与注意：如果宝宝喜欢用手抓食物吃，可以将儿童面换成儿童蝴蝶面，方便宝宝抓取来吃，提高宝宝自己吃饭的兴趣，也可以锻炼手部能力。

营养小贴士：黄花菜含有丰富的人体所必需的养分，含有特别丰富的卵磷脂，具有比较好的健脑功效；西红柿面是补充维生素的理想食物。

双蛋黄蒸豆腐

材料：鸡蛋、鸭蛋各1个，嫩豆腐100克。

做法：❶ 将鸡蛋和鸭蛋洗净，入沸水中煮熟，取出，剥去壳，取出蛋黄，用小勺研成泥。

❷ 嫩豆腐捣成泥，入蒸锅大火蒸5分钟左右。

❸ 将蛋黄撒在豆腐上，搅拌均匀即可。

喂食时间和喂食量：可在下午6点左右喂食1次，每次喂半碗即可，每天1次。

禁忌与注意：最好不要隔夜食用。

鸡蛋和鸭蛋在煮之前最好先把蛋壳洗干净，以免蛋壳上的细菌污染食物。

鸡蛋煮的时间太长时，蛋黄表面往往会形成一层灰绿色的物质，那是硫化亚铁。

营养小贴士：鸡蛋和鸭蛋的蛋黄中含丰富的卵黄磷蛋白以及矿物质和多种维生素，铁和钙尤其丰富，对促进宝宝大脑和神经系统的发育、强壮体质及骨骼发育都有很大的好处，与豆腐一起能对宝宝的健康成长起到很好的促进作用。

黄金豆腐

材料：胡萝卜60克，内酯豆腐100克。

做法：❶ 胡萝卜洗净，去皮，切成小块，加适量水，用果汁机搅打均匀。

❷ 将搅好的胡萝卜汁倒入锅内，以小火煮开，再熬煮5分钟后熄火。

❸ 将胡萝卜汁趁热淋在内酯豆腐上，搅拌均匀即可喂给宝宝。

喂食时间和喂食量：可在下午6点左右喂食1次，喂食量依照宝宝的喜好即可，不要勉强宝宝全部吃完。

禁忌与注意：由于豆腐不易保存，所以一次吃不完的不可再在下一次喂食，更不可隔夜食用。

内酯豆腐可以直接喂食给宝宝，购买时最好在有安全保障的大型超市或市场选择，但如果选择传统豆腐，一定要先用热水汆烫后再给宝宝吃。

营养小贴士：胡萝卜中的胡萝卜素含量非常高，可以强化免疫系统以及保护皮肤、气管与肺、消化道与眼睛的黏膜细胞，保护骨骼与牙齿。

鸡肉豆腐泥

材料：北豆腐50克，鸡胸肉25克，鸡蛋1个，水淀粉5克，香油少许。

做法：❶ 北豆腐洗净，入沸水中煮1分钟左右，捞出压成泥，滴入香油拌匀。

❷ 鸡蛋洗净，去掉蛋清不要，取蛋黄打到碗里，用筷子搅散至起泡。

❸ 鸡胸肉洗净，剁成末，加入鸡蛋液、水淀粉，调至均匀有黏性，摊在豆腐泥上。

❹ 将鸡肉豆腐泥放到蒸锅里，中火蒸12分钟，取出后搅拌均匀即可。

喂食时间和喂食量：可在下午6点左右喂食1次，每次喂半碗即可，每天1次。

禁忌与注意：最好现做现吃，一次不要做太多，不要隔夜食用。

营养小贴士：味道鲜美，入口松软，营养丰富，含有丰富的蛋白质，动物蛋白与植物蛋白互补，对宝宝的生长发育具有很好的促进作用。

冬瓜盅

材料：冬瓜50克，胡萝卜10克，蘑菇20克，冬笋嫩尖10克，清淡鸡汤适量，植物油5克。

做法：❶ 冬瓜洗净，去皮，切成1厘米见方的丁；胡萝卜、蘑菇、冬笋均洗净，切碎。

❷ 所有食材一起放到炖盅里，搅拌均匀，加入清淡鸡汤和植物油，隔水炖至冬瓜软烂即可。

喂食时间和喂食量：可在下午2点左右喂食1次，每次喂半碗即可，每天1次。

禁忌与注意：蘑菇的表面有黏液，经常有泥沙粘在上面，很不容易清洗，不妨在水里放少许盐，待溶解后，将蘑菇放进去泡一会儿再冲洗干净，泥沙会很容易被洗掉。

营养小贴士：冬瓜含钾和维生素C非常丰富，不含脂肪；蘑菇除了含有丰富的蛋白质、维生素和微量元素，还含有人体必需的8种氨基酸，是宝宝很好的营养食品。

三色豆腐虾泥

材料：胡萝卜1根，虾仁30克，油菜2棵，豆腐50克，植物油少许。

做法：❶ 胡萝卜洗净，去皮切碎；虾仁洗净，剁成虾泥。

❷ 油菜洗净，入沸水中焯过，切碎；豆腐冲洗后压成豆腐泥。

❸ 锅内放入植物油，烧热后下入胡萝卜，煸炒至半熟，放入虾泥和豆腐泥，至八成熟时加入碎菜，炒至菜烂即可。

喂食时间和喂食量：可在下午2点左右喂食1次，每次喂半碗即可，每天1次。

禁忌与注意：最好不要隔夜食用。

当宝宝渐渐适应放植物油的食物后，做胡萝卜类辅食时，可以将胡萝卜事先用少许植物油炒一下，这样的胡萝卜味道更好。若是煮着吃，最好也能与鱼虾类、豆制品等食材搭配。

营养小贴士：这道菜含有丰富的营养，能刺激胃液分泌和肠道蠕动，增加食物与消化液的接触面积，能促进消化和吸收，有利于宝宝代谢和排出废物。

虾末菜花

材料：花菜50克，虾仁10克。

做法：❶ 花菜洗净，掰成小朵，入沸水中煮软，捞出，切碎。

❷ 虾仁洗净，放入沸水中焯至熟透，捞出，剥皮，切碎。

❸ 将花菜与虾仁搅拌均匀，喂给宝宝即可。

喂食时间和喂食量：可在下午2点左右喂食1次，每次喂半碗即可，每周可做1~2次。

禁忌与注意：花菜不耐高温，不可煮得过久，以防养分丢失及影响口感。

花菜的保存温度为4℃~12℃，不可放冰箱冷冻，应趁新鲜食用。

营养小贴士：口感细嫩，味甘鲜美，食用后很容易消化吸收；且花菜较一般蔬菜营养丰富，可促进宝宝生长，维持牙齿及骨骼正常，提高记忆力。

瘦肉西红柿末

材料：西红柿50克，猪瘦肉25克，油菜10克，植物油少许。

做法：❶ 西红柿洗净，用开水烫一下，去皮，切碎；油菜叶洗净，入沸水里烫一下，捞出切碎。

❷ 猪瘦肉洗净，剁成碎末。

❸ 锅内加入植物油，烧热，下入肉末炒散，加入西红柿炒几下，加入油菜碎，大火翻炒均匀即可。

喂食时间和喂食量：可在下午6点左右喂食1次，每次喂半碗即可，每天1次。

禁忌与注意：西红柿性凉，具有滑肠作用，如果宝宝正处于患急性肠炎或其他腹泻疾病时期，最好不吃或少吃，否则会加重症状，增加治疗的困难。

营养小贴士：猪肉中富含铁、蛋白质等重要营养素；西红柿可以为宝宝提供丰富的维生素，尤其是维生素C，三种食材互相搭配，可带来更高更全面的营养价值。

磨牙小馒头

材料：面粉50克，牛奶100毫升。

做法：❶ 将面粉、发酵粉、牛奶和在一起揉匀，静置5分钟左右。

❷ 将发好的面团再次揉匀，切成等量的5份，揉成小馒头的生坯。

❸ 静置5分钟，待馒头发至原来的1倍大，入蒸锅大火蒸15分钟即可。

喂食时间和喂食量：可在上午10点左右（也可在每顿辅食前后）喂食1次，每次可给1个馒头，每天2~3次即可。

禁忌与注意：给宝宝吃的面粉应该闻起来有一股小麦的清香，如果闻到霉味，说明面粉已经过期，或者磨成面粉时已发霉，千万不要使用这样的面粉为宝宝制作辅食。经常可以看到市售的面粉颜色雪白或灰白，这是因为添加了大量增白剂的原因，也是不适合作为宝宝食材的。

营养小贴士：主要营养物质是碳水化合物，此外还含有一定量的其他各种营养素，有养心益肾、健脾厚肠、除热止渴的功效。

香蕉牛奶布丁

材料：香蕉1根，果冻粉2克，配方奶150毫升。

做法：❶ 香蕉去皮，切成小丁备用。

❷ 果冻粉加入配方奶中拌匀，入锅以小火加热，至果冻粉完全溶解过滤，倒入模型中。

❸ 待布丁液半凝固时，将香蕉丁放入，完全冷却后，即可给宝宝食用。

喂食时间和喂食量：可在下午2点（或任意两次喂食之间）喂食1次，喂给的量根据宝宝的需求调整即可。

禁忌与注意：模型不可太大，要保证宝宝能吃得下，最好为宝宝一口大小的三分之一，最大也不要超过二分之一。

营养小贴士：奶粉中含有丰富的钙质，此时期的宝宝仍然很需要，在辅食中添加一些配方奶粉，不只可增添美味，还能增加营养价值。香蕉配上柔软滑顺的布丁，容易入口，更可作为宝宝饭后的小点心。

虾皮碎菜包

材料：虾皮5克，小白菜50克，鸡蛋1个，自发面粉适量，植物油、香油各少许。

做法：❶ 用温水把虾皮洗净泡软，切成极碎的末；小白菜洗净略烫一下，也切得极碎。

❷ 将自发面粉加入适量温开水和成面团，放入盆中，盖上盖饧一会儿。

❸ 将鸡蛋洗干净，取蛋黄放入碗中搅散，倒入烧热的油锅中炒成蛋花。

❹ 在打散炒熟的鸡蛋中加入虾皮、白菜末和香油，调成馅料。

❺ 用饧好的面团制成包子皮，包成提褶小包子，上笼蒸熟即可。

喂食时间和喂食量：可在下午6点左右喂食1次，每次喂1~2个即可，每天1次。

禁忌和注意：小白菜经汆烫后可去除部分草酸和植酸，更有利于钙在肠道吸收。

营养小贴士：含有丰富的钙、磷，且容易消化吸收，很适合10个月及以上的宝宝吃。

红薯鳕鱼饭

材料：红薯30克，鳕鱼肉50克，米饭100克，绿色蔬菜（菠菜、小油菜都可以）少许。

做法：❶ 红薯去皮洗净，切成小块，放入锅中煮熟。

❷ 将鳕鱼肉用热水烫过，剁成末备用；将绿叶蔬菜投入沸水中焯一下，切成小段。

❸ 将米饭倒入小锅中，加入适量清水，再将红薯、鳕鱼肉及绿色蔬菜放入锅中，一起煮熟即可。

喂食时间和喂食量：可在下午6点左右喂食1次，每次喂半碗即可，每天1次。

禁忌和注意：绿叶蔬菜一定要焯水，以免其中所含的草酸和食物中的钙结合生成不溶于水的草酸钙，妨碍宝宝吸收。

营养小贴士：含有丰富的优质蛋白质、脂肪及维生素A、铁、钙、磷、锌等营养素，是健脑益智的良品。

白萝卜粥

材料：白萝卜200克，大米50克。

做法：❶ 将白萝卜洗净，切成碎末放入锅中，加入适量清水煮30分钟左右。

❷ 将大米洗净，投入煮萝卜的锅中，煮成稠粥。

喂食时间和喂食量：可在下午6点左右喂食1次，每次喂半碗即可，每天1次。

禁忌和注意：如果宝宝不喜欢吃萝卜，可先捞出萝卜后再加米煮粥。

营养小贴士：具有开胸顺气、健胃消食的作用，对消化不良引起的积食、腹胀有很好的疗效。

西红柿虾蓉饭

材料：大虾2只，西红柿100克，鲜香菇3朵，胡萝卜30克，西芹少许，米饭100克。

做法：❶ 将大虾收拾干净，煮熟后去皮，取虾仁剁成虾蓉。

❷ 将西红柿放入开水中烫一下，剥去皮，切成小块；香菇洗净，去蒂，切成小碎块；胡萝卜切粒；西芹切成末备用。

❸ 把所有蔬菜放入锅中，加少量水煮熟，再加入虾蓉，一起煮熟。

❹ 把汤料淋在米饭上，拌匀即可。

喂食时间和喂食量：可在下午6点左右喂食1次，每次喂半碗即可，每天1次。

禁忌和注意：此时宝宝还不能吃成人的饭菜，最好用专门为宝宝做的软米饭来做。

营养小贴士：含多种维生素和微量元素，能为宝宝补充各种营养，促进宝宝的生长发育。

蒸肉丸子

材料：瘦肉馅50克，豌豆10颗，淀粉少许。

做法：❶ 将豌豆洗净，放入锅中煮烂。

❷ 在肉馅中加入煮烂的豌豆仁及淀粉拌匀，甩打至有弹性，搓成一个个红枣大小的丸子。

❸ 放入盘中，上笼用中火蒸1小时左右，至肉馅熟软即可。

喂食时间和喂食量：可在下午6点左右喂食1次，每次3~5个即可，每天1次。

禁忌和注意：豌豆一定要去皮，否则容易使宝宝呛到。

营养小贴士：可以为宝宝提供蛋白质、脂肪、维生素A、维生素E等多种营养素，促进宝宝的生长发育。

苹果玉米粥

材料：苹果1小块（50克左右），熟鸡蛋黄1个，玉米面25克。

做法：❶ 将苹果洗净，削去皮，切成碎丁；将蛋黄捣成泥备用。

❷ 锅置火上加水烧开，将玉米面用凉水调匀，倒入锅中，大火煮开，并不断搅动。

❸ 放入切碎的苹果丁和蛋黄，改用小火煮5~10分钟即可。

喂食时间和喂食量：可在下午6点左右喂食1次，每次喂半碗即可，每天1次。

禁忌和注意：煮的过程中要不断搅动，以防煳底。

营养小贴士：可以为宝宝提供丰富的B族维生素、铁和维生素C等营养物质，促进宝宝的生长发育。

鱼肉饺子

材料：鲜鱼肉50克，嫩菠菜叶20克，肥猪肉7克，面粉50克，熟花生油20克，鸡汤、香油各适量。

做法：❶ 将鱼肉去皮、去刺，和肥肉一起剁成茸，加入鸡汤搅拌成糊状。

❷ 将菠菜叶洗净切碎，加到拌好的鱼肉中，加入花生油和香油，拌匀成馅。

❸ 将面粉用温水和匀，揉成面团，揪成小面剂，擀成皮，加馅包成一个个小饺子。

❹ 锅中加水烧开，下入饺子，煮熟即可。

喂食时间和喂食量：可在下午6点左右喂食1次，每次2~4个即可，每天1次。

禁忌和注意：一定要挑干净鱼刺。

宝宝吃的饺子个头要小，皮要薄，馅一定要剁烂。

包饺子的面团应该和得软一点。最好是先和面，面团和好后最好放入盆中盖上盖饧一会儿，这样饺子比较不容易破。

煮饺子的时候，最好边下锅边用勺在锅内慢慢推转，水饺浮起后，可加入一碗冷水，水开了，再加冷水。如此反复加两三道冷水，待水再开后，捞出即可。

营养小贴士：味道鲜美，营养丰富，很适合宝宝吃。

清蒸鳕鱼

材料：新鲜鳕鱼肉100克，火腿末20克，葱姜水少许，料酒、蒸鱼豉油各5克。

做法：❶ 将鳕鱼洗净，去掉皮放入盆中，加入料酒、葱姜水，腌20分钟左右。

❷ 取出鳕鱼，加入火腿末，入蒸笼大火蒸7分钟左右。

❸ 淋上少许蒸鱼豉油，再蒸2分钟左右即可。

喂食时间和喂食量：可在下午6点左右喂食1次，每次1~2勺即可，每天1次。

禁忌和注意：一定要挑干净鱼刺。

如果用在超市买的冷冻鳕鱼做的话，蒸之前要稍微浸泡一下。

营养小贴士：含有较丰富的锌和蛋白质，并且味道鲜美，口感软嫩，很适合宝宝吃。

袖珍寿司卷

材料：大米100克，嫩青豆、南瓜、北极贝各10克，大张海苔1片。

做法：❶ 将大米淘洗干净，用冷水泡半个小时左右；将嫩青豆洗净捣碎备用；将南瓜去皮切丁；北极贝切丁备用。

❷ 将所有的材料放入锅中，加入适量水，一起焖熟。

❸ 用海苔把焖好的米饭卷紧，切成一个个小小的寿司卷。

❹ 摆入盘中，放入锅中蒸2~3分钟左右即可（可以切一点胡萝卜丝，摆成花状做装饰，以激起宝宝的食欲）。

喂食时间和喂食量：可在下午6点左右喂食1次，每次喂2~4个即可，每天1次。

禁忌和注意：寿司卷一定要做得小一点，以能让宝宝一口吃一个为度。

蒸的时间不用太长，只要达到使海苔容易咽下，而且保证性状不变即可。

营养小贴士：可以为宝宝补充碘和维生素，使宝宝的营养更均衡。

洋葱虾泥

材料： 虾仁30克，鸡蛋1个，洋葱20克，植物油适量。

做法： ❶ 将虾仁挑去泥肠洗净，沥干水，剁成碎末备用；将鸡蛋打入碗中，只取蛋黄，加入虾仁中调匀；洋葱洗净剁碎，拌入虾泥中。

❷ 将拌好的洋葱虾泥上笼蒸5分钟左右。

❸ 取出凉至温度合适即可。

喂食时间和喂食量： 可在下午6点左右喂食1次，每次喂半碗即可，每天1次。

禁忌和注意： 洋葱的味道可能令宝宝感到不适而拒绝进食，妈妈可以巧妙地用其他好闻的味道来掩盖，比如搭配西红柿、苹果或滴少许香油等。

营养小贴士：富含锌、大蒜素、硫化合物等抗氧化物质，可以帮宝宝增强免疫力和消化功能，还是极佳的健脑食品。

香甜红薯球

材料： 红心红薯1/3个（100克左右），红豆沙少许。

做法： ❶ 将红薯洗净，削去皮煮熟，用小勺捣成泥。

❷ 取出1/4份红薯泥，用手捏成团后压扁，在中间放上豆沙，像包包子一样合起来，搓成圆球。

❸ 按上述办法把所有红薯泥装上豆沙，搓成一个个小红薯球。

❹ 锅中加植物油烧热，将火关到最小，将做好的红薯球放进油锅炸成金黄色。

❺ 捞出来控干油，凉凉即可。

喂食时间和喂食量： 可在下午6点左右喂食1次，每次喂2~4个即可，每天1次。

禁忌和注意： 红薯一定要煮透，否则里面的“气化酶”不能被破坏，容易使宝宝腹胀。

长黑斑和发了芽的红薯能使人中毒，不要给宝宝吃。

营养小贴士：含有丰富的碳水化合物、蛋白质、脂肪、胡萝卜素、纤维素、亚油酸、维生素A、B族维生素、维生素C、维生素E、钾、铁、铜、硒、钙等营养素，是一道营养非常全面的小点心。

鸡肉软米饭

材料：软米饭75克，鸡肉20克，高汤15克。

做法：❶ 将鸡肉洗净，剁成极细的末，放入锅内，加入高汤煮熟，边煮边用筷子搅拌，使其均匀混合。

❷ 将软米饭放入锅中，和煮好的鸡肉一起拌匀。

❸ 可以切一片花形胡萝卜作为装饰，刺激宝宝的食欲。

喂食时间和喂食量：可在下午6点左右喂食1次，每次喂半碗即可，每天1次。

禁忌和注意：鸡胸肉含有较多的B族维生素，鸡腿肉含有较多的铁质，鸡翅膀肉中则含有丰富的骨胶原蛋白，妈妈可以根据宝宝的营养需求，选择不同部位的肉为宝宝烹调。

营养小贴士：营养丰富，可以为宝宝补充能量、优质蛋白质和必需的脂肪酸。

南瓜黄桃派

材料：南瓜250克，干炸粉2包，黄桃2只，青菜（菠菜、油菜都可）、淀粉各适量。

做法：❶ 将南瓜去皮、去瓤洗净，煮熟后捣成泥，加入干炸粉拌匀。

❷ 将黄桃去皮切成小丁，煮熟，加入少量淀粉拌成糊。

❸ 锅中加油烧热，用小勺舀起南瓜泥放入锅中炸黄。

❹ 装入盘中，浇上黄桃糊，再配上烫熟的菜叶子即可。

喂食时间和喂食量：可在下午6点左右喂食1次，每次喂1个即可，每天1次。

禁忌和注意：南瓜一定要去皮。

油炸南瓜要注意放油的量，千万不要炸得太油腻。

营养小贴士：含有碳水化合物、维生素、钙、磷、铁等营养素，很适合宝宝吃。

二米粥

材料：小米、大米各30克。

做法：❶ 将大米淘洗干净，用冷水浸泡1小时后，连水倒入锅内。

❷ 将小米洗净，倒入锅中和大米混合，用小火煮成极烂的粥。

喂食时间和喂食量：可在上午10点左右喂食1次，每次喂半碗即可，每天1次。

禁忌和注意：米淘洗次数不要太多，以免造成B族维生素的大量流失。

还可在粥内入加菜泥、鱼泥或蛋黄泥，以增加营养价值。

营养小贴士：有健脾、和胃、益肾的作用，可帮宝宝防治消化不良。

骨汤面

材料：胫骨或脊骨200克，儿童面50克，青菜30克，米醋少许。

做法：❶ 将骨头洗净砸碎，放入冷水锅中用中火煮沸，滴入几滴米醋，继续煮30分钟左右，弃骨取清汤备用。

❷ 将青菜洗净，切碎末备用。

❸ 将骨头汤倒入锅中烧开，下入儿童面煮软。

❹ 将切碎的青菜加入汤中煮至面熟即可。

喂食时间和喂食量：可在下午6点左右喂食1次，每次喂半碗即可，每天1次。

禁忌和注意：如果宝宝开始吃辅食的时间比较晚，可以将面条折短些再下锅，方便宝宝吞咽。

营养小贴士：富含钙、蛋白质、脂肪、碳水化合物、铁、磷和多种维生素，可以帮宝宝补钙。

山药莲子粥

材料：山药50克，莲子20克，大米100克。

做法：① 将大米淘洗干净，用冷水泡1小时左右；山药和莲子分别打成粉备用。

② 将大米连水倒入锅中，先用大火煮开，再用小火熬成粥。

③ 加入山药粉和莲子粉，再煮2~3分钟即可。

喂食时间和喂食量：可在下午6点左右喂食1次，每次喂半碗即可，每天1次。

禁忌和注意：如果用新鲜山药做，一定要切得尽量碎。

给1岁以上的宝宝做时可以不用打粉，只要尽量切碎就可以了。

营养小贴士：可温胃健脾，最适合脾阳不足的宝宝。

葡萄干蛋糕

材料：无籽葡萄干20克，鸡蛋1个，面粉200克，葡萄糖、植物油各少许。

做法：① 将葡萄干洗净用清水泡开，沥干水备用。

② 将鸡蛋去掉蛋清，只取蛋黄，打入容器中，加入葡萄糖，用打蛋器或多根筷子顺一个方向用力搅拌，至发泡。

③ 缓缓加入面粉（边加边搅拌），拌成面糊。

④ 在不锈钢容器的底部涂少许植物油，倒入准备好的面糊，在表面放上葡萄干。

⑤ 待蒸锅内水开后，上笼用急火蒸40分钟即可。

喂食时间和喂食量：可在上午10点左右喂食1次，1天喂1次，1次可喂给半个小蛋糕。

禁忌和注意：鸡蛋越新鲜，发泡力越强。

用来装鸡蛋的容器里不能有水和油，手上同样也不能有水和油。

营养小贴士：含有丰富的葡萄糖、果糖和维生素C等营养素，是很吸引宝宝食欲的小点心。

11个月宝宝一日饮食安排

这个月宝宝吃的东西已经接近大人，可以吃软一点的米饭。全天饮食应各类具备，营养搭配，至少有两餐以辅食为主，不要偏食。每周加一种新的肉类食物；让宝宝用手取食切成小块的水果、面包等，水果要去皮、去核。

到了这个月，辅食的量应比上个月略有增加，这个阶段的哺喂要逐步向幼儿方式过渡，餐数适当减少，每餐量增加。

宝宝开始表现出对特定食品的好恶，但即使宝宝喜欢某种食物，也不可让其一连几顿地吃，每次喂餐前的半小时给宝宝喝一点温开水，有助于增加食欲。

主要食物	母乳或配方奶、稠粥、菜肉粥、菜泥、鸡蛋、豆浆、豆腐脑、面包、面条、面片
辅助食物	温开水、骨头汤、肉汤、新鲜水果、维生素D
餐次	喂奶每日2次，每次喂10分钟左右，喂辅食3次
哺喂时间	上午：6时喂奶；10时喂稠粥或菜肉粥1小碗，菜泥3汤匙，鸡蛋半个；12时喂奶 下午：2时交替喂点心、水果；3时喂奶；6时可交替喂面条、鸡蛋面片 夜间：9时喂奶
备注	上午8时可喂食新鲜小块水果，饮料可用温开水、鲜榨果汁、菜水等在两餐之间交替供给。 维生素D在宝宝出生后就开始添加，应在医生的指导下，每天补充400~800国际单位。 如宝宝开始服用钙剂，应遵照说明书或遵医嘱。

12个月宝宝一日饮食安排

从这个月开始，很多宝宝可以完全断掉夜奶，白天只吃3~4顿奶或者完全不用吃母乳了，开始添加配方粉。每天应不低于500毫升~600毫升。有条件的话，也可以继续在白天喂给宝宝若干次母乳。

如果因为没母乳了或因为疾病、工作等原因不能继续给宝宝喂母乳了，决定给宝宝断奶，断奶时间在早春或晚秋最好。盛夏不宜给宝宝断奶，因为夏季断奶易导致宝宝无法适应饮食的变化，容易引起腹泻。

已经或即将断母乳的宝宝，食品结构基本是一日三餐加两顿点心、水果，其提供总热量2/3以上的能量，代替母乳成为宝宝的主要食物。

这个月宝宝能吃的饭菜种类已经很多，基本上能吃和大人一样形态的食物。食物选择面很广，除主食外，还可以吃各种瘦肉、蛋、鱼、豆制品、蔬菜和水果。

主要食物	配方奶、豆浆、米粉、面包、粥、菜泥、面条、肉汤、肉末、蛋黄泥、鱼肉、豆腐、软饭
辅助食物	温开水、水果、维生素D
餐次	每次喂10分钟左右，喂辅食3次
哺喂时间	上午：6时喂奶；8时喂软饭、面包、粥、菜泥；10点喂奶；12点喂面条、肉汤、馒头 下午：2时喂点心、水果；3时喂奶；6时喂稠粥加菜泥、蛋黄泥、鱼肉、豆腐 夜间：9时喂配方奶
备注	白天可加喂温开水、果汁、水果。 维生素D在宝宝出生后就开始添加，应在医生的指导下，每天补充400~800国际单位。 如宝宝开始服用钙剂，应遵照说明书或遵医嘱。

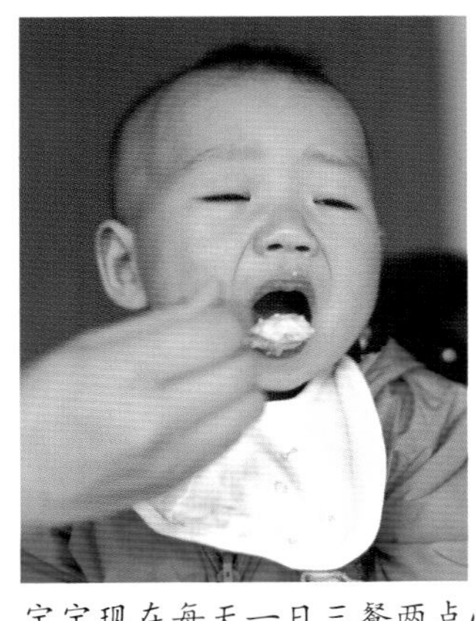

宝宝现在每天一日三餐两点心，再喂3~4顿奶即可。

宝宝食谱推荐

小白菜鱼丸汤

材料：小白菜2棵，鱼丸4个，高汤50毫升。

做法：❶ 小白菜洗净，切碎；鱼丸洗净，切碎。

❷ 高汤入锅煮沸，放入切碎的鱼丸，再煮沸，下入碎小白菜，煮5分钟即可。

喂食时间和喂食量：可在上午10点左右（也可在下午2点、6点左右或根据实际情况调整）喂食，1天1次，1次喝半碗到1碗即可。

禁忌与注意：小白菜熬煮的时间不宜久，以防营养流失。

小白菜洗过后要使用完，否则积水容易造成茎叶细胞死亡溃烂，营养成分大损。

营养小贴士：口感柔嫩，味道清香，含有丰富的钙、磷、铁等矿物质及维生素，能为宝宝身体发育提供需要的营养，有助于增强机体免疫能力，强壮身体。

新鲜水果汇

材料：新鲜黄桃果肉、苹果果肉、火龙果果肉各20克，香蕉半根，牛奶10毫升。

做法：❶ 将各种水果果肉分别切成丁，块头可比以前稍大一点。

❷ 将水果丁装盘，淋上牛奶即可喂给宝宝。

喂食时间和喂食量：可在上午10点左右（或任一餐前后）喂食，1天1次，宝宝能吃多少便吃多少即可。

禁忌与注意：这道水果辅食可以放在餐前食用，这样一来可以更好地发挥火龙果胶体对胃壁的保护作用。

妈妈应该根据季节的不同和当天的具体情况变化水果的种类。

营养小贴士：营养丰富，功用独特，富含大量人体所需的维生素以及微量元素，含有一般植物少有的植物性白蛋白，有解毒的功效，对宝宝的健康有绝佳的功效。

香酥鱼松

材料：净鱼肉（以刺少肉多的鱼类为佳）100克，植物油少许。

做法：❶ 鱼肉洗净，放蒸锅内蒸熟，剔除刺和骨，去皮。

❷ 炒锅放植物油，小火烧热，倒入鱼肉翻炒。

❸ 待鱼肉香酥即可。

喂食时间和喂食量：可在上午10点左右（也可在下午14点、18点左右或根据实际情况调整）喂食，1天1次，宝宝能吃多少便吃多少即可。

禁忌与注意：市场上有鱼松售卖，这样的鱼松多是作为调味品使用的，由海鱼加工制成，口味鲜美，食用方便。但要注意，不要将这样的鱼松作为单纯的零食给宝宝吃，因为里面钠、氟等含量较高，不适合给宝宝多食。

营养小贴士：不管是淡水鱼还是海鱼，营养价值都很高，鱼肉几乎不含脂肪，蛋白质、矿物质含量非常丰富，且肉质细嫩，比禽肉与畜肉都较易吸收。

营养炖菜

材料：黄瓜50克，柿子椒30克，茄子、西红柿各10克，植物油少许。

做法：❶ 黄瓜洗净，去头、去瓤，切丁；柿子椒洗净，去蒂、去籽，切丁；茄子洗净，切丁。

❷ 西红柿入沸水锅中烫一下，去皮切丁。

❸ 炒锅放植物油，加热后放入黄瓜、柿子椒、茄子、西红柿炒片刻，加盖小火炖30分钟左右，至菜烂即可。

喂食时间和喂食量：可在上午10点左右（也可在14点、18点左右或根据实际情况调整）喂食，1天1次，宝宝能吃多少便吃多少即可。

禁忌与注意：若是正值秋末，不妨将这道辅食中的茄子去掉或是换成其他蔬菜，因为这个季节的茄子多已老掉，含较多的茄碱，对人体有害，不宜给宝宝食用。

营养小贴士：茄子富含蛋白质、碳水化合物及维生素等多种营养成分，黄瓜的营养价值也比较高，含有抗坏血酸及多种对人体有益的矿物质。

银鱼蒸蛋

材料：鸡蛋1个，银鱼50克，胡萝卜25克。

做法：❶ 胡萝卜洗净，去皮，切成极小的丁，入沸水中煮软，捞出。

❷ 银鱼洗净，捞出沥干水，去除皮、骨，剁成碎末；鸡蛋洗净，取蛋黄，搅打至起泡。

❸ 鸡蛋液中加入银鱼末，拌匀，入锅小火蒸10分钟，加入胡萝卜丁，拌匀即可。

喂食时间和喂食量：可在上午10点左右（也可在14点、18点左右或根据实际情况调整）喂食，1次半碗到1碗，1周2~3次即可。

禁忌与注意：银鱼以鱼身干爽、色泽自然透明者为上，不要单纯地看鱼身的颜色白不白，太白的银鱼也可能是商家用荧光剂或漂白剂炮制出来的。

银鱼制作时一定要挑干净刺。

营养小贴士：银鱼肉质柔嫩、味道鲜美、营养丰富；鸡蛋口感嫩滑、蛋香浓郁，含有丰富的蛋白质、脂肪、钙、铁、钾等营养物质。银鱼蒸蛋非常美味且有营养，适合宝宝食用。

碎菜牛肉

材料：嫩牛肉30克，西红柿、嫩菠菜叶各20克，胡萝卜15克，黄油10克，高汤适量。

做法：❶ 牛肉洗净，切碎，入沸水中煮熟；西红柿入水中烫一下，去皮，去籽，切碎备用。

❷ 菠菜叶洗净，入开水锅里焯2~3分钟，捞出沥干水分，切碎；胡萝卜洗净，去皮，切成1厘米见方的丁，煮软备用。

❸ 锅内放入黄油烧热，依次下入胡萝卜、西红柿、牛肉、菠菜，翻炒均匀，倒入高汤，煮至肉烂即可。

喂食时间和喂食量：可在下午2点左右（也可在上午10点、下午6点左右或根据实际情况调整）喂食，1次半碗，1周1~2次即可。

禁忌与注意：煮蔬菜和牛肉的时候不要用太大的火，要用小火并不停地搅拌，不然容易煳。

营养小贴士：富含优质蛋白质及多种维生素和矿物质，可给宝宝提供比较全面的营养。

香菇火腿蒸鳕鱼

材料： 鳕鱼肉100克，火腿10克，干香菇2朵。

做法： ❶ 香菇用温水泡1小时，淘洗干净，去除泥沙，去菌柄，切成细丝；火腿切成细丝。

❷ 将鳕鱼肉洗净，铺上香菇丝和火腿丝，入锅大火蒸10分钟，取出，去掉鱼刺即可。

喂食时间和喂食量： 可在下午2点左右（也可在上午10点、下午6点左右或根据实际情况调整）喂食，1次半碗，1周1~2次即可。

禁忌与注意： 也可使用新鲜香菇，鲜香菇不需浸泡，只要洗净后去除菌柄即可。

若想节省时间，蒸的过程可用微波炉来代替，高火转4分钟即可。

火腿是加工食品，最好是选择大厂家大品牌的产品，保证质量。

营养小贴士：鳕鱼肉质厚实，刺少，味道鲜美；香菇清脆芳香、肉质肥嫩、鲜美可口，可为宝宝提供接近人体每日所需量的最佳营养比例，尤其适合食欲缺乏的宝宝。

香甜豆泥

材料： 赤小豆50克，植物油少许。

做法： ❶ 赤小豆洗净，浸泡2小时，盛出放入锅内，加适量清水，大火烧开，换小火煮烂成豆沙，盛出备用。

❷ 炒锅内放入植物油，烧热后倒入豆沙，小火翻炒片刻即可。

喂食时间和喂食量： 可在下午2点左右（也可在上午10点、下午6点左右或根据实际情况调整）喂食，1天1次，宝宝能吃多少便吃多少即可。

禁忌与注意： 翻炒豆沙时一定要擦着锅底炒，火要小，不然很容易炒煳，影响口感。

营养小贴士：赤小豆富含淀粉，具有高蛋白、低脂肪的特点，并含较多的膳食纤维，给宝宝补充营养的同时，还可通便，保持健康。

桃仁稠粥

材料： 大米50克，熟核桃仁10克，白糖少许。

做法： ❶ 大米淘洗干净，用清水泡半小时；熟核桃仁放到搅拌机里打成粉，去皮。

❷ 大米连水入锅，大火煮开，换小火熬成稠粥。

❸ 粥里放入核桃，小火继续煮，边煮边搅拌，5分钟后加入少许白糖调味即可。

喂食时间和喂食量： 可在下午2点左右（也可在上午10点、下午6点左右或根据实际情况调整）喂食，1次半碗到1碗，1周1~2次即可。

禁忌与注意： 熟核桃仁也可用生核桃仁自己炒制，方法是：把核桃仁放入热锅，中小火干炒至闻到核桃香味即可。也可以放到微波炉里中小火转2~4分钟。核桃中含有的油脂比较多，一次千万不要放多，宝宝吃太多对脾胃不利。

营养小贴士：富含蛋白质、脂肪、钙、磷、锌等多种营养素，其中核桃仁所含的不饱和脂肪酸对宝宝的大脑发育极为有益。

罗宋牛肉粥

材料： 大米100克，牛肉50克，西红柿30克，柿子椒20克，燕麦15克，芹菜10克，白糖各少许。

做法： ❶ 大米洗净，用清水浸泡半小时左右；燕麦用清水浸泡半小时。

❷ 牛肉洗净，切碎，入沸水中烫一下，捞起备用；西红柿用开水烫一烫，去皮；柿子椒洗净，去蒂，切丁。

❸ 将牛肉、西红柿、柿子椒放入锅中，加适量清水，放白糖，大火煮30分钟。

❹ 将炖好的牛肉剁成泥，取蔬菜、肉泥及2杯牛肉蔬菜汤放入锅内，加入大米、燕麦混匀，煮烂成粥即可。

喂食时间和喂食量： 可在上午10点左右（也可在下午2点、6点左右或根据实际情况调整）喂食，1天1次，1次吃半碗到1碗即可。

禁忌与注意： 给宝宝吃的牛肉建议选新鲜的，比储存过一阵子的要合适；买牛肉时要注意分辨新嫩牛肉与老旧牛肉的区别：有光泽，色浅红，颜色均匀稍暗，质坚而细，富有弹性，不粘手的肉是新鲜的。

营养小贴士：味道鲜美，营养丰富，具有高能量、高蛋白质、低脂肪的特点，有补中益气、滋养脾胃、强健筋骨的作用，除提供能量外，更可强壮宝宝骨骼，促进宝宝健康成长。

虾仁蛋菜刀切面

材料：面粉适量，鸡蛋1个，鲜虾仁10克，菠菜2颗，香油少许，高汤适量。

做法：❶ 鸡蛋分离蛋清与蛋黄；面粉用清水和成稍硬的面团，擀成条状，然后切成薄片。

❷ 鲜虾仁洗净，切成小丁；菠菜洗净，用开水烫熟，捞出切末。

❸ 高汤放入锅内，放入虾仁丁，开后下入刀切面，煮烂；鸡蛋黄打散，淋入锅内，加菠菜末，放少许香油即可。

喂食时间和喂食量：可在上午10点左右（也可在下午2点、6点左右或根据实际情况调整）喂食，1天1次，1次吃半碗到1碗即可。

禁忌与注意：菠菜是一种季节性很强的食物，从秋末到春末，近半年的时间均有菠菜上市，可以在冬天多给宝宝吃些菠菜，但是夏天以及早秋的菠菜品质不佳，且非当季食物，最好少给宝宝吃。

营养小贴士：柔滑软嫩，味美色鲜，含有大量的蛋白质、碳水化合物、胡萝卜素和铁质，还能提供充足的钾，是一份营养价值很高的辅食。

肉松软米饭

材料：大米100克，鸡胸肉20克，胡萝卜1片，白糖少许。

做法：❶ 大米淘洗干净，加水150毫升，入锅焖熟成软米饭。

❷ 鸡胸肉洗净，剁成细末，加极少许的白糖拌匀，入锅蒸熟。

❸ 炒锅烧热，倒入蒸熟的鸡肉，炒干，盛出用搅拌机打成鸡肉松。

❹ 将鸡肉松盖在软米饭上，加少许清水，小火蒸3~5分钟，盛出以胡萝卜片装饰即可。

喂食时间和喂食量：可在下午14点左右（也可在上午10点、下午6点左右或根据实际情况调整）喂食，1天1次，1次吃半碗到1碗即可。

禁忌与注意：在制作时，鸡肉一定要蒸烂。最好去掉鸡皮，鸡皮中含有不少皮下脂肪，多吃无益。此外，还要保证米饭熟透。

营养小贴士：鸡肉鲜香，米饭软烂，能锻炼咀嚼能力，又能补充营养，对促进宝宝生长发育很有益。

鲜肉馄饨

材料：猪瘦肉50克，馄饨皮10张，高汤适量，香油、紫菜各少许。

做法：❶ 紫菜用温水泡发，洗净，切碎备用。

❷ 猪瘦肉洗净，剁成极细的肉茸，加入紫菜末、香油拌匀成馅，包入馄饨皮中。

❸ 锅内加入高汤，煮开，下入馄饨煮熟，撒入准备好的碎紫菜，煮1分钟左右即可。

喂食时间和喂食量：可在上午10时左右（也可在下午2点、6点左右或根据实际情况调整）喂食，1天1次。根据宝宝的需要，能吃多少给多少即可，不必勉强。

禁忌与注意：馄饨皮不要太厚，尽量薄一些。

馄饨馅除了鲜肉外，还有很多选择，都非常有营养且各具特色，可以替换着做给宝宝吃，如鸡肉、白菜、芹菜、香菇、虾等，做成馅前要弄碎。

营养小贴士：汤鲜味香，口感软滑柔嫩，对促进宝宝的食欲相当有效，可常用作宝宝的主食。

鸡肉白菜饺

材料：饺子皮100克，鸡胸肉、圆白菜、芹菜各10克，鸡蛋1个，高汤适量，植物油少许。

做法：❶ 鸡胸肉、圆白菜、芹菜均洗净，切成末；鸡蛋洗净，取蛋黄打在碗里，搅打至起泡。

❷ 炒锅放植物油，烧热，倒入鸡蛋液，炒熟，搅碎成末。

❸ 将鸡胸肉、圆白菜、鸡蛋末拌匀成馅，包成饺子，下锅煮熟。

❹ 高汤放入锅内，撒入芹菜末，稍煮片刻，放入煮熟的小饺子，煮沸即可。

喂食时间和喂食量：可在上午10点左右（也可在下午2点、6点左右或根据实际情况调整）喂食，1天1次，1次吃半碗到1碗即可。

禁忌与注意：白菜切时宜顺丝，这样容易熟一些，一些纤维多的肉类也是如此。白菜腐烂后是一定不能给宝宝吃的。

营养小贴士：不喜欢吃米饭和粥的宝宝可常吃这道辅食，以补充能量。

三色软米饭

材料：圆白菜30克，香菇20克，红皮花生10克，植物油5克，水淀粉适量。

做法：❶ 香菇洗净，用温水浸软，捞出沥干水，切成细粒，留下浸香菇的水待用。

❷ 圆白菜洗净后切成碎末；花生洗净，切成碎丁。

❸ 锅内放入植物油，烧热，加入圆白菜、花生、香菇炒匀，倒入适量香菇水。

❹ 小火焖至汤汁浓稠，用稀薄的水淀粉勾芡，稍加热，盖到软米饭上即可。

喂食时间和喂食量：可在下午2点左右（也可在上午10点、下午6点左右或根据实际情况调整）喂食，1天1次，1次吃半碗到1碗即可。

禁忌与注意：香菇制作前需要泡发，不要用热水泡。香菇洗净后再泡，泡香菇的水可以用来烹调，能够提味。

营养小贴士：营养丰富，美味可口，香气四溢，有助于提高宝宝的进餐兴趣。

胡萝卜丝肉饼

材料：胡萝卜30克，猪瘦肉50克，鸡蛋1个，芹菜10克，植物油少许。

做法：❶ 胡萝卜洗净，去皮，切丝；猪瘦肉洗净，切碎；芹菜洗净，切丝。

❷ 鸡蛋分离蛋清与蛋黄，将蛋黄打入碗中，搅散至起泡，放入胡萝卜、猪瘦肉、芹菜，搅拌均匀。

❸ 将搅拌好的材料做成约厚1厘米的圆饼。

❹ 锅内放入植物油，油热后摊入圆饼，小火煎至两面金黄，饼熟即可。

喂食时间和喂食量：可在下午2点左右（也可在白天任一餐前后）喂食。将饼做到宝宝能拿的大小，由宝宝自己吃，能吃多少就吃多少，不可勉强。

禁忌与注意：若不好掌握火候，或是希望饼能更清淡一些，可以将圆饼用蒸锅蒸熟，蒸20~30分钟即可。

营养小贴士：葫萝卜丝肉饼不仅对宝宝的眼睛很有好处，而且还具有促进宝宝食欲、增进小肠吸收功能的作用。

香煎土豆片

材料：土豆50克，酸奶10毫升，植物油少许。

做法：❶ 土豆洗净，去皮；切成厚5毫米左右的片。

❷ 煎锅内放入植物油，加入土豆片煎至双面焦黄起泡，淋上酸奶即可。

喂食时间和喂食量：可在下午2点左右（也可在白天任一餐前后）喂食，1天1次，按照宝宝的具体食量，一片一片地给，能吃多少便给多少即可。

禁忌与注意：给宝宝吃的土豆一定要削皮，因为土豆皮中含有配糖生物碱，是有毒物质，吃得略多便会使宝宝中毒。切好的土豆片用清水泡一下可去掉多余的淀粉，但不要久泡，以免维生素流失。

营养小贴士：提供均衡营养，可以作为磨牙食物，给出牙的宝宝磨牙用。

蔬菜鸡蛋卷

材料：软米饭50克，鸡蛋1个，胡萝卜30克，植物油少许。

做法：❶ 鸡蛋洗净，取蛋黄打入碗中，搅散至起泡；胡萝卜洗净，切碎。

❷ 煎锅烧热，摊入鸡蛋液，煎成金黄色薄饼状，盛出。

❸ 炒锅放入植物油，烧热后放入碎胡萝卜，炒软，加入软米饭50克，炒匀。

❹ 将炒好的米饭平摊在鸡蛋皮上，卷起来，切成小卷，给宝宝拿着食用即可。

喂食时间和喂食量：可在下午14点左右（也可在白天任一餐前后）喂食，1天1次，1天做1个卷，宝宝吃多少可由他自己决定。1周可做1~2次。

禁忌与注意：由于是卷成卷筒状给宝宝直接拿着吃的，所以卷的筒口一定不要大。不要将米饭堆在鸡蛋上再卷，这样只会卷成一个很大的卷，宝宝一口吃不下，而且也不一定能拿得住。摊平后卷成几卷，这样不容易散，也方便吃和拿。

营养小贴士：含有人体必需的很多营养物质，尤其是蛋白质、胡萝卜素，能促进宝宝发育。

骨汤烩酿豆腐

材料：油豆腐、虾仁、鸡肉各50克，小油菜30克，骨头汤适量，米醋少许。

做法：❶ 将鸡肉洗净，剁成茸；虾仁剁碎，与鸡蓉一起拌匀；小油菜洗净待用。

❷ 油豆腐切小口，挖去部分瓤，将拌好的馅料填入待用。

❸ 骨汤入锅烧开，下入准备好的油豆腐，小火炖20分钟左右。

❹ 加入小油菜，大火烧开，加米醋调匀即可。

喂食时间和喂食量：可在下午2点左右（也可在上午10点、下午6点左右或根据实际情况调整）喂食，1天1次，1次吃半碗到1碗即可。

禁忌和注意：这个汤可以补钙，在补钙的同时注意补充维生素D，或多到户外晒太阳，可以促进身体对钙的吸收。

营养小贴士：这道菜中的几种主要原料都是很好的补钙食品，小火慢炖后口味清淡不油腻，风味诱人。

西蓝花西红柿拌杏仁

材料：西蓝花3小朵，西红柿半个，杏仁10克。

做法：❶ 西蓝花洗净，入蒸锅内蒸熟软，研碎。

❷ 西红柿入开水中稍烫，去皮，捣碎。

❸ 杏仁微炒后，研磨成碎末。

❹ 西蓝花与西红柿搅拌均匀，拌入杏仁末，调匀即可。

喂食时间和喂食量：可在晚上6~7点喂食1次，1次2~3汤匙（6~9小勺），1周1~2次即可。

禁忌与注意：西蓝花不必煮得过烂，比豆腐稍硬一些即可，这样能让宝宝多嚼几次，提高咀嚼能力，也有利于营养的吸收。

营养小贴士：杏仁的营养价值十分均衡，不仅含有类似动物蛋白的营养成分，还含有植物所特有的膳食纤维等，能有效地抗癌。西蓝花色泽诱人，营养价值高，还含有丰富的叶酸。

荠菜熘鱼片

材料：嫩荠菜100克，净大黄鱼肉200克，水淀粉适量，植物油、高汤、料酒、香油各少许。

做法：❶ 将剔净鱼骨的大黄鱼肉切成较小的片，放入碗中，加入料酒腌10分钟左右；荠菜洗净切碎备用。

❷ 炒锅上火烧热，放少许植物油，用小火慢慢升温。

❸ 待油烧至4成热时，放入鱼片，煎至鱼片断生时取出，沥干油。

❹ 锅内留余油，加入切碎的荠菜略炒，加入高汤烧开。

❺ 投入鱼片稍煮，加水淀粉勾芡，滴上香油即可。

喂食时间和喂食量：佐餐食用，1天1次，1次吃小半碗即可。

禁忌和注意：宝宝吃的菜应当尽量清淡，各种调料都不能多放，只要有一点点味道即可。

营养小贴士：不但可以为宝宝补充钙、铁、磷等微量元素，还有清火润肺的功效，很适合1岁左右的宝宝食用。

白菜肉卷

材料：瘦猪肉50克，大白菜叶适量，鸡蛋1个，葱末、姜末各适量，花生油、香油、面粉各少许。

做法：❶ 将猪肉洗净，放入绞肉机中绞碎后，加入葱末、姜末，加入鸡蛋黄，滴入香油，拌匀成馅；将白菜叶用开水烫一下备用。

❷ 将调好的馅放在摊开的白菜叶上，卷成筒状，切成小段。

❸ 放入盘中，上笼蒸30分钟即可。

喂食时间和喂食量：可在下午2点左右（也可在上午10点、下午6点左右或根据实际情况调整）喂食，1天1次，1次1~2小段即可。

禁忌和注意：如果宝宝不喜欢吃葱、姜，也可以用葱、姜泡出的水拌馅，味道就不会太浓烈。

营养小贴士：富含胡萝卜素、维生素B_1、维生素B_2、尼克酸、维生素C、膳食纤维、蛋白质、脂肪、糖类及钙、磷、铁等营养物质，可以为宝宝补充多种营养。

绿豆芽烩三丝

材料：绿豆芽、瘦猪肉各25克，胡萝卜15克，豆腐干20克，干淀粉10克，植物油少许，高汤适量。

做法：❶ 将瘦肉、胡萝卜和豆腐干分别洗净切丝；瘦肉中加入淀粉拌匀备用；绿豆芽洗净备用。

❷ 锅上火烧热，加入植物油烧至七成热，下入肉丝炒至半熟。

❸ 加入高汤，将绿豆芽、胡萝卜和豆腐干丝一起下锅，煮沸后再用小火煮2分钟即可。

喂食时间和喂食量：佐餐食用，1天1次，1次小半碗即可。

禁忌和注意：绿豆芽一定要多淘洗几次，最好把残留的豆壳拣干净。

营养小贴士：含有丰富的维生素及钙、铁、磷等矿物质，是帮宝宝保持均衡营养的好食物。

鲜肉小包子

材料：肉馅100克，葱10克，姜少许，自发面粉、清水各适量。

做法：❶ 将自发面粉加入适量水和成面团，放入盆中，盖盖饧半小时左右。

❷ 将葱、姜洗净捣烂，用纱布包住绞汁，滴入肉馅中，沿一个方向搅拌均匀。

❸ 将饧好的面团揪成小剂子，用擀面杖擀成较厚的包子皮，挑上馅，包成一个个小包子，上笼蒸熟即可。

喂食时间和喂食量：可在下午2点左右（也可在上午10点、下午6点左右或根据实际情况调整）喂食，1天1次，1次1~2个即可。

禁忌和注意：面要饧透，蒸出来的包子才能松软可口。

营养小贴士：味道鲜美，营养丰富，吃拿方便，很受宝宝的欢迎。

冬瓜烧丸子

材料：冬瓜150克，肉馅50克，葱末、姜末各少许，高汤200毫升，水淀粉适量。

做法：❶ 将冬瓜洗净，除去皮和瓤，切成小丁；将肉馅放入盆中，加入葱末、姜末、水淀粉，搅拌均匀。

❷ 将拌好的肉馅捏成核桃大小的丸子，放入七八成热的油锅中炸成金黄色，捞出控干油。

❸ 锅中留少许底油，下入冬瓜丁煸炒几下，加入高汤烧开。

❹ 将炸好的丸子放入锅中，小火烧至冬瓜酥烂入味即可。

喂食时间和喂食量：佐餐食用，1天1次，1次3~5个即可。

禁忌和注意：冬瓜要烧烂入味，丸子要烧透。

营养小贴士：冬瓜软烂易嚼，丸子松嫩可口，可以让不吃肉的宝宝开始喜欢上吃肉。

白萝卜炖排骨

材料：猪肋排200克，白萝卜100克，姜1片，清水适量。

做法：❶ 将排骨剁成小块，投入开水锅中焯一下，捞出来用凉水冲干净。

❷ 重新放入开水锅中，放入姜片，用中火炖90分钟。

❸ 将排骨捞出来去骨，只取肉备用；将白萝卜去皮，切成1厘米粗的条，用开水焯一下备用。

❹ 将排骨汤烧开，投入去骨排骨肉和萝卜条，中火炖15分钟，至肉烂、萝卜软即可。

喂食时间和喂食量：佐餐食用，每天1次，根据宝宝的实际情况决定食用量。

禁忌和注意：白萝卜用开水焯一下，可以去掉萝卜特有的辣味，使汤的味道更加鲜美。

营养小贴士：味道鲜美，营养丰富，还有滋补润心、通气活血的功效。

滑炒鸭丝

材料：鸭脯肉150克，鸡蛋1个，水发冬笋、香菜各15克，葱丝、姜丝各适量，水淀粉10克，植物油、料酒各少许。

做法：❶ 将鸭脯肉洗净，控干水，切成细丝，放入碗内，加入蛋黄、水淀粉，抓匀备用；将水发冬笋洗净，切成细丝；香菜只取嫩梗，洗净，切小段备用。

❷ 在另一碗中放入适量料酒、葱丝、姜丝，调成味汁。

❸ 锅置火上，放油烧至六成热，将鸭丝下锅，滑透后立即捞出。

❹ 锅置火上，加油烧热，快速下入鸭丝、笋丝、香菜段翻炒几下，烹入味汁，颠翻数下，即可出锅。

喂食时间和喂食量：佐餐食用，每天1次，根据宝宝的实际情况决定食用量。

禁忌和注意：如果宝宝不喜欢吃香菜，可以用青菜叶切丝代替。

营养小贴士：香味浓郁，营养丰富，可以为宝宝补充优质蛋白质、脂肪、铁、钾等多种营养素，促进宝宝的生长发育。

肉味蔬菜丁

材料：瘦猪肉50克，土豆、胡萝卜各75克，净白菜帮80克，葱末、姜末、盐各少许，高汤100毫升，水淀粉、植物油各适量。

做法：❶ 将土豆洗净去皮，切成1.5厘米见方的丁备用；胡萝卜、白菜帮分别洗净，切成1.5厘米见方的丁备用；将瘦猪肉洗净，切成1厘米见方的丁，放入盆中，加入水淀粉拌匀上浆。

❷ 锅中加油烧至8成热，将土豆丁与胡萝卜丁炸熟，捞出控油。

❸ 锅中留少许底油，下入猪肉丁滑散，捞出来控干油。

❹ 另起锅加少许油烧热，放入葱末、姜末炝锅，下入白菜丁、肉丁煸炒几下，加入高汤烧开。

❺ 下入土豆丁和胡萝卜丁，开锅后用水淀粉勾芡，收浓汤汁即可出锅。

喂食时间和喂食量：佐餐食用，每天1次，根据宝宝的实际情况决定食用量。

禁忌和注意：煮土豆、胡萝卜丁的时候要多放一些汤，否则容易使菜太干，影响宝宝的食欲。

肉末胡萝卜黄瓜丁

材料：瘦猪肉、胡萝卜、黄瓜各50克，葱末、姜末各适量，植物油、料酒各少许。

做法：❶ 将猪肉洗净，切成1厘米见方的丁，放入碗中，加入葱末、姜末、料酒拌匀，腌5~10分钟；将胡萝卜、黄瓜分别洗净，切成0.5厘米见方的小丁。

❷ 锅中加油烧热，将肉丁下入锅中煸炒片刻。

❸ 下入胡萝卜丁煸炒至变色，再下入黄瓜丁，稍炒即可。

喂食时间和喂食量：佐餐食用，每天1次，根据宝宝的实际情况决定食用量。

禁忌和注意：宝宝吃的菜口味应该清淡，各种调料都不要加太多。

胡萝卜、黄瓜等蔬菜现在可以做得稍微硬一点，锻炼宝宝的咀嚼能力。

营养小贴士：可以为宝宝提供丰富的优质蛋白质、胡萝卜素、维生素C、维生素E等营养物质，帮助宝宝保持均衡营养。

红白豆腐

材料：豆腐、动物血（猪血、鸡血或鸭血均可）各50克，姜末、葱段、蒜瓣、熟猪油、水淀粉各少许。

做法：❶ 将豆腐和动物血分别洗净，切成1.5厘米大的块，下入开水锅中稍烫后捞出备用；将蒜瓣洗净，切薄片备用。

❷ 炒锅上火烧热，加入熟猪油烧热，放入白豆腐煎黄，控干油备用。

❸ 另起锅加油烧热，下入葱段、姜末、蒜瓣炝锅，闻到香味后加入血块煸炒几下，加入半勺水稍煮。

❹ 下入白豆腐，翻炒数下后，用水淀粉勾芡即可。

喂食时间和喂食量：佐餐食用，每天1次，根据宝宝的实际情况决定食用量。

禁忌和注意：宝宝可以少量食用猪油，但如果宝宝太胖，则可以不用猪油，改用植物油来做。

营养小贴士：可以为宝宝补充丰富的优质蛋白质和铁，是一道著名的营养菜。

香甜如意卷

材料：面粉400克，白糖10克，干酵母适量。

做法：❶ 在面粉中加入干酵母，用温水和成面团，放到温暖的地方发酵。

❷ 面团发好后，加入适量干面粉和白糖揉匀，稍微饧一会儿。

❸ 将面团擀成长方片，刷上一层油，再撒上少许干面粉，卷成圆筒状，切成10段，折成花状的卷。

❹ 用干净的布盖住稍饧。

❺ 待蒸锅上汽后，将如意卷生坯码入笼屉内，旺火蒸20分钟即可。

喂食时间和喂食量：可在下午2点左右（也可在上午10点、下午6点左右或根据实际情况调整）喂食，1天1次，1次1~2个即可。

禁忌和注意：蒸熟后不要急于卸屉，先把笼屉的上盖揭开继续蒸3~5分钟，待表皮干结后再卸屉翻扣到案板上，取下屉布。这样蒸出来的如意卷既不粘屉布也不粘案板。

胡萝卜炒肉丝

材料：瘦猪肉50克，胡萝卜100克，葱末、姜末各适量，植物油20克，水淀粉10克，料酒、醋各少许。

做法：❶ 将猪肉去筋，切成细丝，放入碗中，加水淀粉拌好；将胡萝卜洗净，切成细丝。

❷ 炒锅上火烧热，加入植物油，待油稍温时下入肉丝滑散。

❸ 另起锅加油烧热，加入葱末、姜末炝锅，下入胡萝卜丝，炒至断生。

❹ 加入猪肉丝翻炒均匀，然后加入醋、料酒，炒至菜熟即可。

喂食时间和喂食量：佐餐食用，每天1次，根据宝宝实际情况决定食用量。

禁忌和注意：切丝不要太长，菜也不要炒得过脆，以免宝宝咀嚼困难。

营养小贴士：香甜可口，营养丰富，可以为宝宝补充维生素A、蛋白质、铁等营养素，很适合1~3岁的宝宝食用。

全麦吐司沙拉

材料： 全麦吐司1片，熟鸡肉30克，鲜蘑菇、圣女果、生菜等各色蔬菜适量，蛋黄沙拉酱适量。

做法： ❶ 将吐司切成1厘米见方的小丁，或用手撕成小片。

❷ 将鲜蘑菇洗净，煮熟后切成小薄片；生菜洗净，撕成小片；圣女果洗净，切成片。

❸ 将熟鸡肉切成小碎丁备用。

❹ 将所有材料放入一个大碗中混合，淋上蛋黄沙拉酱即可。

喂食时间和喂食量： 可在下午2点左右（也可在上午10点、下午6点左右或根据实际情况调整）喂食，1天1次，1次1~2大勺即可。

禁忌和注意： 对于肠胃不好的宝宝，可以将各色蔬菜焯熟后再拌，以免对宝宝的脾胃造成伤害。

营养小贴士：清爽无油，营养丰富，是一种很健康的吃法。

南瓜拌饭

材料： 南瓜、大米各50克，嫩白菜叶1片，植物油少许。

做法： ❶ 南瓜去皮、去瓤，切成碎粒备用；白菜叶切碎末备用。

❷ 将大米淘洗干净放入电饭煲内，加适量清水煮开。

❸ 加入南瓜粒、碎白菜叶，煮至米、南瓜熟软。

❹ 加少许植物油拌匀即可。

喂食时间和喂食量： 可在下午2点左右（也可在上午10点、下午6点左右或根据实际情况调整）喂食，1天1次，1次小半碗。

禁忌和注意： 大米的淘洗次数不要太多，以免造成B族维生素的大量流失。

营养小贴士：可以为宝宝提供丰富的β-胡萝卜素、B族维生素、维生素C、铁、钙等营养素，促进宝宝的生长发育。

香蕉燕麦粥

材料：燕麦片20克，香蕉1根，配方奶粉10克。

做法：❶ 将燕麦片放入锅中，加入2碗开水，小火熬10分钟左右。

❷ 将香蕉剥去外皮，切成小片倒入锅中，充分搅拌后关火，盛入碗中。

❸ 等粥凉到60℃左右，加入配方奶粉，搅拌均匀即可。

喂食时间和喂食量：可在下午2点左右（也可在上午10点、下午6点左右或根据实际情况调整）喂食，1天1次，1次喝半碗到1碗即可。

禁忌和注意：冲调配方奶粉时不宜用沸水，应该用45℃~60℃的温开水，避免破坏奶粉中的营养成分。

营养小贴士：含有丰富的蛋白质、糖、钾和多种维生素，并且容易消化吸收，可以促进宝宝的大脑发育。

红枣山药排骨汤

材料：排骨、山药各100克，红枣5颗，葱段、姜片、枸杞子各少许。

做法：❶ 将排骨剁成小块洗净，投入开水锅中焯一下；将山药去皮，切成滚刀块，投入开水锅中焯一下，捞出来沥干水分。

❷ 锅中加适量清水烧开，放入排骨、葱段、姜片煮30分钟。

❸ 加入山药、红枣再煮10分钟左右。

❹ 加入枸杞子稍煮，即可出锅。

喂食时间和喂食量：可在下午2点左右（也可在上午10点、下午6点左右或根据实际情况调整）喂食，1天1次，1次喝半碗到1碗即可。

禁忌和注意：山药皮容易使人皮肤过敏，在削皮的时候最好戴上胶皮手套，削完皮也要多洗几遍手，以免山药皮中的某些物质碰到皮肤，使皮肤发痒。

山药具有收敛作用，感冒、大便干燥的宝宝最好少吃或不吃，以免加重原来的不适。

营养小贴士：含有丰富的蛋白质、脂肪、维生素、磷酸钙、骨胶原、骨粘蛋白等营养物质，可强健宝宝脾胃，促进宝宝的生长发育。

必须营养素——宝宝健康成长发育

蛋白质

蛋白质是生命的物质基础，人体的所有细胞和组织都是由蛋白质构成的。宝宝的生长发育较快，更需要有足够的蛋白质。

一般说来，1岁以内母乳喂养的宝宝每天每千克体重需要2.0克~2.5克蛋白质，人工喂养的宝宝每天每千克体重则需要3.5克~4.0克蛋白质。

每100毫升母乳中的蛋白质含量是1.2克；每100毫升牛奶中的蛋白质含量是3.3克。母乳中的蛋白质含量虽然比较低，但由于母乳中的蛋白质氨基酸的组成优于牛奶，更容易被吸收利用，所以，母乳喂养仍优于人工喂养。

宝宝的肝、肾功能较弱，突然摄入大量高蛋白质食物容易造成消化吸收障碍，并在体内生成大量含氨类毒物，引起脑组织代谢功能发生障碍，也就是"蛋白质中毒"。所以，为宝宝补充蛋白质并不是越多越好，而应该根据宝宝的需求，在科学范围内补充。

核苷酸

核苷酸对人的生长、发育、遗传等基本生命活动都有重要的参与作用，是一种重要的生命物质。核苷酸还可以促进宝宝消化系统的功能，减少宝宝患腹泻和肠炎的次数，促进宝宝吸收铁质，帮宝宝预防缺铁性贫血，还可以帮助宝宝调节血液中的脂质水平，促进宝宝的大脑发育。

母乳中含有宝宝所需的足量核苷酸，可以帮宝宝提高免疫力。母乳喂养的宝宝起初抵抗力比较强，进入转奶期抵抗力开始降低，变得很容易生病，很大程度上就是核苷酸摄入不足的缘故。所以，开始断奶的妈妈一定要及时给宝宝添加富含核苷酸的辅食，以保证宝宝的健康。

为宝宝选择添加了核苷酸的配方奶，也可以使宝宝补充足够的核苷酸。

DHA、ARA

DHA和ARA是两种对宝宝大脑发育起重要作用的不饱和脂肪酸。DHA又名脑黄金，大量存在于大脑皮质及视网膜中，对宝宝的脑发育及视力发育有重要促进作用，是宝宝大脑发育时期不可缺少的营养素。ARA也是宝宝大脑和视神经发育的重要物质，对提高宝宝的智力和增强宝宝的视敏度具有重要作用。

母乳中已含有足量的DHA和ARA，所以，只要妈妈有条件，就应坚持母乳喂养。母乳不足或无母乳时，妈妈可以给宝宝选择含有足量DHA和ARA的配方奶粉，也可以帮宝宝补充这两种营养素。

乳清蛋白

乳清蛋白是母乳中的主要蛋白质，也是营养价值最高的一种蛋白质。

乳清蛋白含有丰富的色氨酸，是帮助宝宝调节睡眠、食欲和情绪的重要营养素；还可以促进宝宝脑细胞的生长，全面激发宝宝的潜能，帮助宝宝增强免疫力；并能让宝宝经常保持良好的食欲，促进宝宝体格的发育。

如果体内缺乏乳清蛋白，宝宝通常表现出生长迟缓、体重减轻、身材矮小、偏食、厌食、容易惊醒、爱哭闹等症状。同时，由于免疫力的下降，宝宝更容易患上感冒等疾病，破损的伤口也更不容易愈合。

母乳是乳清蛋白的主要来源，所以，身体健康、有母乳的妈妈最好坚持实行母乳喂养。

卵磷脂

卵磷脂具有调节人体代谢、促进大脑和中枢神经发育、增强体能等生理功能，是生命的基础物质。如果宝宝缺乏卵磷脂，将导致脑细胞膜受损，造成脑神经细胞代谢缓慢、免疫力及再生能力降低，直接影响宝宝的大脑发育。

卵磷脂多与蛋白质结合，以脂肪蛋白质（脂蛋白）的形态存在于人体内。只要宝宝能够保持丰富的饮食，一般不会出现卵磷脂缺乏的问题，也不需要额外补充含卵磷脂的营养品。

大豆、蛋黄、动物肝脏、鱼头、牛奶、动物脑、骨髓、酵母、芝麻、蘑菇、山药、黑木耳、谷类、玉米油等食物中都含有丰富的卵磷脂。

卵磷脂可以加快体内水分的排泄，所以，为宝宝补充卵磷脂时，还应注意适当加大宝宝的饮水量。

维生素A

维生素A是一种脂溶性维生素，可以促进宝宝牙齿、骨骼的生长，保护宝宝的表皮、黏膜，增强宝宝对疾病的抵抗力，还可以调节宝宝对外界光线的适应力，帮宝宝预防夜盲症的发生。

维生素A以两种形式存在：一种是维生素A醇，即最初的维生素A形态，只存在于动物性食物中，动物肝脏中就含有丰富的维生素A醇。另一种是β-胡萝卜素，也就是维生素A原，在人体内可以转变为维生素A，从植物性食物和动物性食物中都能摄取。胡萝卜中就含有大量的β-胡萝卜素。

0~3岁的宝宝每天对维生素A的需要量是1500国际单位，妈妈应该按推荐摄入量而为宝宝补充，不可超量，否则会使宝宝中毒。

足量的脂肪、维生素E和卵磷脂等都可促进维生素A的吸收。维生素A如果和复合维生素、钙、磷、锌一起补充，效果更佳。

B族维生素

B族维生素是维生素B_1、维生素B_2、维生素B_5、维生素B_6、叶酸、维生素B_{12}等许多种维生素的总称，它们主要参与人体的消化吸收功能和神经传导功能，是一组对宝宝的健康和发育起着重要作用的人体必需营养素。

维生素B_1又叫盐酸硫胺，在人体新陈代谢过程中（尤其是糖代谢以及维持神经系统正常功能等方面）起着重要的作用，可以增强宝宝胃肠和心脏肌肉的活力，增进宝宝食欲，促进食物的吸收和消化。

维生素B_2又称核黄素，是人体细胞中促进氧化还原的重要物质之一，还参与人体内糖、蛋白质、脂肪的代谢，并有帮宝宝维持正常视觉机能的作用。

维生素B_6是色氨酸、脂肪和糖代谢的必需物质，人体制造抗体和红细胞的必要物质，可以协助维持体内的钠钾平衡，帮助脑和免疫系统发挥正常的生理机能，并可以控制细胞增长和分裂的DNA、RNA等遗传物质的合成，是宝宝正常发育必不可少的营养成分。

叶酸是B族维生素中的一种，可以促进蛋白质代谢，并与维生素B_{12}一起促进红细胞的生成和成熟，还是制造红细胞不可缺少的物质，是宝宝成长过程中不可或缺的营养素。

如果宝宝对叶酸的摄入不足，就会发生与叶酸有关的营养不良性贫血和溶血等疾病，还会出现发育不良、智力发育迟滞等恶性影响。

宝宝每天摄入50微克~100微克叶酸，就可以满足基本的需要，维持血浆中的叶酸水平正常；若宝宝反复地发生口腔炎、舌炎、胃肠炎并贫血，缺乏食欲时，要警惕叶酸的缺乏。

绿叶蔬菜、新鲜水果、动物的肝脏、肾脏、禽肉、蛋类、豆制品、核桃、腰果、栗子、杏仁、松子、大麦、米糠、小麦胚芽、糙米等食物中含有丰富的叶酸，菠菜、香蕉和橙子中的叶酸含量尤其丰富。

叶酸容易被紫外线破坏，新鲜蔬菜在室温下贮藏2~3天，叶酸含量会损失50%~70%。因此，宝宝吃的食物应尽量做到当天购买、当天食用。

50%~95%的叶酸会在烹调时被破坏，要想留住叶酸，应尽量缩短食物的加热时间。

维生素B_{12}是人体制造红细胞和保持免疫系统活力的必要物质。当宝宝缺乏维生素B_{12}时，红细胞不能正常发育成熟，就会诱发巨幼红细胞性贫血，甚至出现神经系统的障碍。

B族维生素之间有协同作用，一次摄取全部的B族维生素，要比分别摄取某一种单一的B族维生素的效果好得多。

B族维生素是水溶性物质，无法长期储存在体内，所以，需要每天补充。

维生素B_1、维生素B_2、维生素B_6容易氧化，补充这几种维生素时，相应的食物宜采用焖、蒸、做馅等方式加工。

长期贮藏、罐头加工、肉类的烘烤或炖煮、食品的加工过程等都会或多或少地使食物中的B族维生素受到破坏。所以，妈妈最好多给宝宝吃新鲜食物，少让宝宝吃经过长期储存和多次加工的食物。

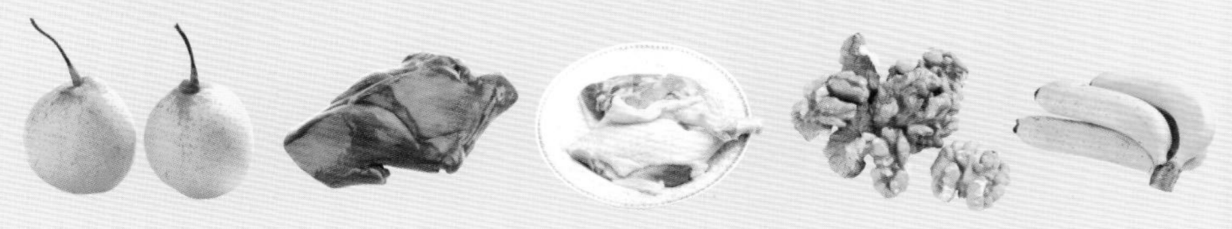

维生素C

维生素C能维持细胞的正常代谢，保持牙齿、血管、骨骼和肌肉的正常功能，促进伤口愈合，帮助宝宝增强对疾病的抵抗力，预防坏血病。此外，维生素C还可以提高人体对铁、钙的吸收利用率，对宝宝的健康和生长发育具有重要的作用。

如果宝宝缺乏维生素C，就会很容易生病，最常见的是经常感冒。此外，缺乏维生素C的宝宝还很容易出现皮下出血、牙龈肿胀出血、鼻出血等现象，有的宝宝则表现出体重减轻、缺乏食欲，消化不良等症状。

很多食物都含有丰富的维生素C，只要正常给宝宝添加辅食，妈妈完全不用担心宝宝会缺乏维生素C。

维生素C不能在体内储存，所以宝宝每天都应摄入一定量的维生素C。1岁以内的宝宝每天应该摄入40毫克~50毫克维生素C，1~3岁的宝宝每天应摄入60毫克~70毫克维生素C。

维生素C是水溶性物质，并且容易受热而分解，妈妈在为宝宝制作辅食时应注意不要将水果和蔬菜泡得太久，烹调时的温度不要太高，尽量减少维生素C的流失。

维生素D

维生素D是一种脂溶性维生素，对宝宝的生长发育、增强免疫力、钙和磷的吸收、甲状腺机能的维持、心率的调节、预防肌无力等重要的生理过程和生理功能有重要的促进作用，是一种对宝宝的健康成长十分重要的营养素。

如果宝宝缺乏维生素D，一般会出现口腔及咽喉灼痛、食欲不振、轻度腹泻、失眠等症状，视力及体重也会受到影响。长期缺乏维生素D会导致小儿佝偻病的发生，宝宝学走路时，会出现O型腿、X型腿等体征。

维生素D的最佳摄取方式不是通过食物，而是晒太阳。人体受紫外线的照射后，皮肤中的7-脱氢胆固醇能自己转化为维生素D。宝宝每天在户外活动半小时到1小时，就可以合成满足一天所需要的维生素D。冬天太冷的时候，让宝宝在暖和的房间里开着窗户晒太阳，也可以帮宝宝合成维生素D。

维生素D可以在婴幼儿体内保存，不需要每日补充。

维生素E

维生素E是一种具有抗氧化功能的维生素，可以提高宝宝机体对钙、磷的吸收，促进宝宝的生长发育和骨骼钙化，维持机体的免疫功能，帮宝宝预防疾病，有营养素中的“护卫大使”之称。

如果宝宝缺乏维生素E，将会出现皮肤粗糙干燥、缺少光泽、容易脱屑，生长发育迟缓等现象。

维生素E的需要量受饮食中多不饱和脂肪酸含量的影响。各种植物油（麦胚油、棉籽油、玉米油、花生油、芝麻油）、谷物胚芽、绿叶蔬菜（莴苣、卷心菜、菠菜、卷心菜等）、猕猴桃、坚果（杏仁、榛子和胡桃）、葵花籽、玉米、橄榄等食物中含有丰富的维生素E。

钙

钙是人体内含量最多的矿物质，也是构成骨骼、牙齿的主要成分，还对心脏和血管的健康起着重要的维护作用。如果宝宝缺钙，就会出现容易倦怠、睡眠不安、易惊醒、多汗、夜哭等症状。所以，妈妈如果发现宝宝有夜惊、夜啼等症状，就应及时去医院检查，如果缺钙就给宝宝补钙。

一般说来，6个月内的宝宝每天需要300毫克钙，7个月到2岁的宝宝每天需要400毫克~600毫克钙，3岁以上的宝宝每天需要800毫克钙。

母乳、配方奶、鱼、虾皮、虾米、海带、紫菜等食物中含有丰富的钙，妈妈可以根据宝宝的情况为宝宝补充。

铁

铁是血红蛋白的重要组成部分，还具有输送氧气的功能，是人体必不可少的微量元素之一。一旦宝宝缺铁，就会出现营养性缺铁性贫血，不但精神不好，还很容易受到细菌感染。

出生时宝宝会从妈妈那里得到一定量的铁，可供4~6个月之需。4~6个月后，体内贮存的铁已用尽，从母乳或配方奶中得到的铁又比较少，必须及时通过其他食物为宝宝补铁。早产儿或低出生体重宝宝尤其需要及早补铁。

宝宝在婴幼儿时期每天所需的铁为10毫克~12毫克，可以通过蛋黄、瘦肉、动物肝脏、动物血、黑木耳、海带、紫菜、南瓜子、芝麻、黄豆等含铁丰富的食物进行补充。

含维生素C丰富的食品能促进铁的吸收，所以，为宝宝补铁时，也要注意适当补充维生素C。

铁补充过量也会引起中毒，使宝宝出现疼痛、呕吐、腹泻及休克等症状，还会损伤肝脏，一定要注意。

锌

锌是生长发育、生殖遗传、免疫、内分泌等生理过程中必不可少的物质，对于正处在生长发育期的宝宝来说更是至关重要的。

如果宝宝缺锌，最直接的后果就是产生发育障碍，导致宝宝出现身材矮小、智力发育缓慢、行为和动作发育滞后等现象。缺锌还会使细胞的免疫功能下降，使宝宝的身体抵抗能力减弱，腹泻、肺炎等疾病的感染率增加。如果锌过量，会抑制铁的吸收和利用，引起缺铁性贫血，甚至出现锌中毒。

1~6个月的宝宝每天需要摄入3毫克左右的锌，7~12个月的宝宝每天需要摄入5毫克左右的锌，1~3岁的宝宝每天需要摄入10毫克左右的锌。

含锌量高的食物有牡蛎、蛏子、扇贝、海螺、海蚌、动物肝、禽肉、瘦肉、蛋黄等，蘑菇、豆类、小麦芽、酵母、干酪、海带、坚果也含有适量的锌。

动物性食物中所含的锌一般比较多，并且吸收率高，是宝宝补锌的首选。

味精是导致宝宝缺锌的罪魁祸首，为了宝宝的健康，不但为宝宝做辅食时不要放味精，实行母乳喂养的妈妈也应当少吃或不吃味精。

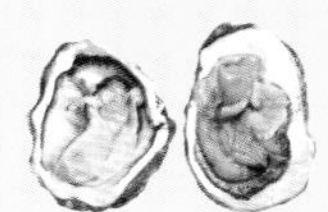

碘

碘可以辅助人体物质代谢的调节，调节蛋白质合成和分解，促进糖和脂肪代谢，促进维生素的吸收利用，增强酶的活力，对宝宝的生长发育非常重要。如果宝宝缺碘，除了身体的发育受到影响外，还会引起智力的损伤，使宝宝患上呆小病。所以，碘又被人们称为“聪明元素”。

1~6个月的宝宝每天大概需要40微克碘，6~12个月的宝宝每天大概需要50微克碘，1~3岁的宝宝每天大概需要70微克碘。

食物是身体内碘的主要来源。给宝宝喝添加了碘的配方奶，为哺乳妈妈烹调食物时坚持用合格碘盐，让宝宝适当吃一些海带、紫菜、海鱼、虾等含碘丰富的食物，都可以帮宝宝补碘。

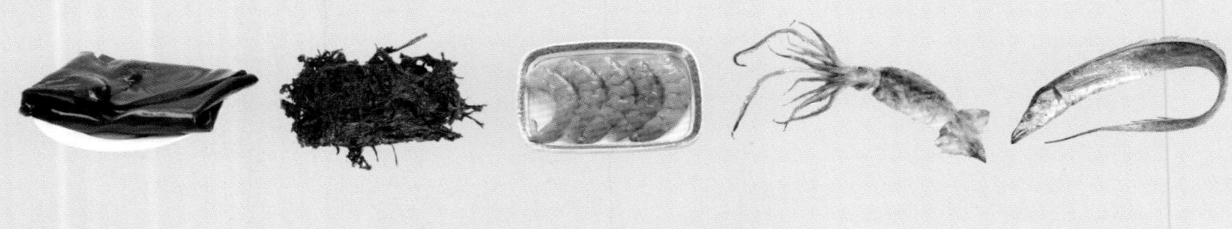

硒

硒可以帮助人体排出体内毒素，增强人体的免疫功能，有助于宝宝视力的发育和提高，对宝宝的智力发育也有一定的作用，是宝宝成长过程中必不可少的一种微量元素。

0~3岁的婴幼儿每天需要摄入10微克~20微克硒。

母乳中硒的含量基本可以满足宝宝生长发育的需要，配方奶喂养的宝宝则较容易缺硒，需要添加硒含量高的食物进行补充。

硒含量比较高的动物性食品有：猪肾、鱼、小海虾、对虾 、海蜇皮、驴肉、羊肉、鸭蛋黄、鹌鹑蛋、鸡蛋黄、牛肉等。

硒含量比较高的植物性食品有：松蘑(干)、红蘑、茴香、芝麻、大杏仁、枸杞子、花生、黄花菜、豇豆等。黑龙江、吉林、山东、江苏、福建、四川、云南、青海、西藏等省份属于严重缺硒地区，生活在这些地区的宝宝容易缺硒，妈妈要密切关注自己的宝宝是否缺硒，以便及时补充。

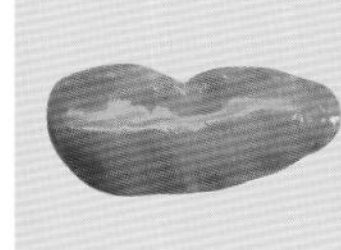

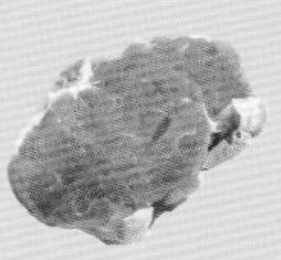
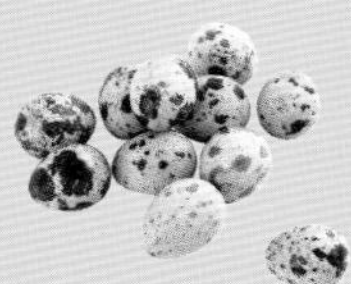

铜

铜是维护人体健康不可缺少的微量元素。它可以帮助身体吸收铁质，形成血红素，还可以帮助铁质传递蛋白，在血红素的形成过程中起重要的催化作用。

铜对宝宝的中枢神经、免疫系统、头发、皮肤、骨骼组织、大脑及肝、心等内脏的发育和发挥正常功能都有十分重要的影响。

如果宝宝缺铜，将会出现缺铜性贫血，表现为厌食或拒食、腹泻、肝脾肿大、生长发育缓慢或停滞、毛发色素减少、皮肤变白、骨质疏松、萎靡不振、运动迟缓、对周围环境缺乏反应，严重时会出现佝偻病及精神异常。

0~3岁的宝宝每天可以从日常饮食中摄取铜。

动物内脏、肉、鱼、蛋黄、牡蛎、蛤蜊、豆类、芝麻、核桃、栗子、花生、葵花籽、菠菜、白菜、稻米、小麦、牛奶等食物中含有丰富的铜，妈妈可以酌情为宝宝补充。

镁

镁是形成骨骼的重要元素，还与钾、钠、钙等矿物质共同维持着肌肉神经的兴奋性，对神经肌肉的传递及活动有重要影响。镁对于维持心肌的正常结构和功能也起着重要的作用。宝宝体内的镁含量虽然很少，却对保持宝宝身体细胞内钾的稳定，维护宝宝中枢神经系统的功能、保障心肌正常收缩都起着十分重要的作用。

如果宝宝缺镁，将发生低镁惊厥症。低镁惊厥的症状和低钙惊厥相似，轻症表现为眼角、面肌或口角的搐动，典型发作为四肢强直性抽搐，还伴有肤色青紫、出汗、发热等症状。

0~3岁的宝宝每天需要摄入30毫克~100毫克镁。

绿色蔬菜、花生、水果、海带、紫菜、豆类、燕麦、玉米、坚果、芝麻等食物中含有丰富的镁，其中紫菜、花生中的含镁量最高。在正常摄入食物的情况下，一般不存在缺镁和补镁的问题。

镁对于钙具有拮抗作用，高镁血症可引起低血钙，影响骨骼的钙化，因而，对于镁的补充必须适量，不宜太多。

对症食疗——应对0~1岁宝宝常见不适

鹅口疮

鹅口疮常见于1岁以内的宝宝，通常表现是：口腔黏膜上出现白色或灰白色乳凝块样白。初起时，呈点状和小片状，微凸起，可逐渐融合成大片，白膜界限清楚，不易拭去。如强行剥落后，可见充血、糜烂创面，局部黏膜潮红、粗糙，可有溢血，但不久又为新生白膜覆盖。偶可波及喉部、气管、肺及食管、肠管，甚至引起全身性真菌病，出现呕吐、吞咽困难、声音嘶哑或呼吸困难。

白萝卜橄榄汁

材料： 白萝卜10克，生橄榄少许。

做法： ❶ 白萝卜取汁3毫升~5毫升，生橄榄取汁2毫升~3毫升。

❷ 将两种汁混合放碗内置锅中蒸熟，凉后分2次服完，每日1~2剂，连用3~5天。

功效： 可消炎、消滞，生津利咽。适用于4个月以上的宝宝。

贴心叮咛

宝宝患鹅口疮后，应注意口腔清洁，避免过烫、过硬或刺激性食物，防止损伤口内黏膜；宝宝的奶具注意清洁与消毒，母乳喂养应用冷开水冲洗奶头后再喂奶，喂奶后给宝宝服少量温开水；注意患儿营养，适量补充B族维生素和维生素C。

樱桃汁

材料： 樱桃若干。

做法： ❶ 将熟透樱桃洗净去核，榨汁3毫升~5毫升。

❷ 将樱桃汁放入炖盅内隔水炖。

功效： 为宝宝提供丰富的维生素。适用于4个月以上的宝宝。

怀孕：饮食调整 必需营养素 孕1月 孕2月 孕3月 孕4月 孕5月 孕6月 孕7月 孕8月 孕9月 孕10月
坐月子：饮食宜忌 母乳喂养
育儿：喂养提前知 0~6个月 7~8个月 9~10个月 11~12个月 必需营养素 对症食疗

发热

一般来说，宝宝的正常体温会比成年人高一点，这是由于吃奶、哭闹等生理活动使肌肉产生更多热量导致的。只要宝宝的体温不超过38℃，体温升高的时候宝宝的全身状况良好，又没有其他的异常表现，就不需要担心。但是，如果在体温升高的同时，宝宝出现面色苍白、呼吸加速、情绪不稳定、恶心、呕吐、腹泻、出皮疹等现象，就可能是在发热，需要引起注意。

鲜嫩莴苣

材料：莴苣1根，高汤适量。

做法：❶ 将莴苣削皮、洗净，取莴苣上部肉质嫩绿的部分，切成小块。

❷ 将莴苣放入锅中，倒入高汤，煮沸后改小火煮至莴苣软烂。

❸ 待莴苣凉后喂给宝宝吃即可。

功效：莴苣有刺激食欲，促进消化的作用。适用于4个月以上的宝宝。

菜花粥

材料：菜花20克，大米50克。

做法：❶ 将菜花切碎煮烂，捣成泥。

❷ 将大米做成米饭，取米饭和水煮沸后，改小火煮至稀米粥。

❸ 放入菜花泥，改小火煮2~3分钟即可。

功效：菜花富含维生素C，可增强免疫力。适用于6个月以上的宝宝。

贴心叮咛

宝宝发热时要注意以下几点：

1.适当减少宝宝穿着的衣物，室内温度保持在20℃左右。

2.如果宝宝因为发热而食欲不振，不要勉强进食，顺其自然，等宝宝有饥饿感时再吃。

荸荠水

材料：荸荠3个。

做法：❶ 荸荠洗净，去皮，切片，放入锅里。

❷ 加水煮开，以小火续煮5分钟，关火闷10分钟。

❸ 滤渣取汁，稍凉后喂给宝宝。

功效：有清热泻火、凉血解毒的功效。适用于4个月以上的宝宝。

百日咳

患百日咳是常见的小儿急性呼吸道传染病，患此病的宝宝常有阵发性、痉挛性咳嗽，咳后有鸡鸣样的回声，最后会倾吐痰沫。由于病症较长，可达数周甚至3个月左右，故有百日咳之称。此病四季都可发生，尤其在冬春季节多见，而且年龄越小病情常常越重。

冬瓜荷叶汤

材料：冬瓜、瘦肉各50克，鲜荷叶1小片。

做法：❶冬瓜去瓤洗净连皮切小块，荷叶洗净扎好，瘦肉洗净切成小块。

❷将所有材料一齐入煲，放6碗水，煲2小时即可。

功效：有利水消肿、清热解毒的功效。适用于6个月以上的宝宝。

芹菜汁

材料：芹菜50克。

做法：❶芹菜洗净，去叶，切成丝。

❷锅内放入适量水，煮开，倒入芹菜丝，煮5~6分钟。

❸关火后闷10分钟，滤渣取汁，待凉后喂给宝宝。

功效：有清热、生津、祛风、利尿的作用。适用于4个月以上的宝宝。

核桃瘦肉粥

材料：大米50克，核桃仁15克，瘦肉末少许。

做法：❶核桃仁洗净，切碎。

❷锅中放水烧开，下大米、核桃仁和瘦肉末。

❸大火烧开后转小火继续熬成粥即可。

功效：有利尿、润肠、镇咳的功效。适用于6个月以上的宝宝。

贴心叮咛

宝宝患百日咳时要特别注意的两点：

1.忌关门闭户，空气不畅。患百日咳的孩子由于频繁剧烈地咳嗽，肺部过度换气，易造成氧气不足。

2.忌烟尘刺激。家中如有吸烟的人，在孩子患病期间最好不要吸烟，或到户外去吸烟。

咳嗽

咳嗽是身体清除呼吸道内的分泌物或异物的保护性呼吸反射动作，是一种身体的自我保护现象，同时也预示着宝宝身体的某个部分出了问题，提醒父母要注意宝宝的身体健康了。长期、频繁、剧烈的咳嗽会引起喉痛、音哑，严重的还可能引起呼吸道出血。

白萝卜水

材料：白萝卜100克。

做法：❶ 白萝卜洗净，去皮，切片，放入锅中。

❷ 锅内加水，煮沸后以小火熬15分钟。

❸ 滤渣取汁，待温，喂给宝宝即可。

功效：适合咳嗽伴有痰黄且舌苔发黄的痰热型咳嗽患儿。适用于4个月以上的宝宝。

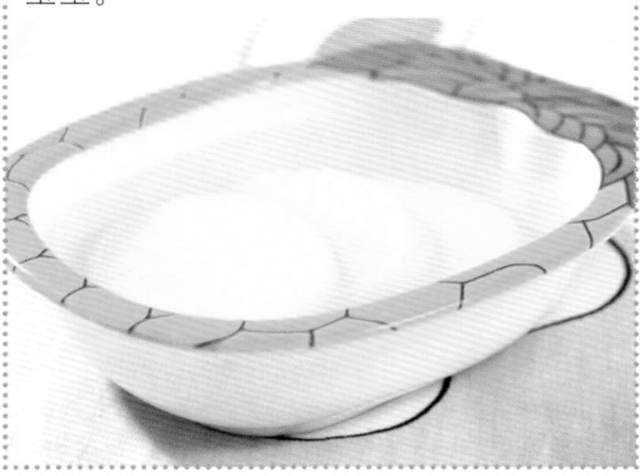

贴心叮咛

1.如果宝宝的舌苔发白，咳出的痰也发白，较稀，并伴有鼻塞、流鼻涕的症状，说明宝宝是风寒咳嗽，需要吃一些温热、化痰止咳的食品。

2.如果宝宝的舌苔发黄或发红，咳出的痰颜色发黄、稠、不容易咳出，说明宝宝是风热咳嗽，需要吃一些清肺、化痰止咳的食物。

3.内伤咳嗽多为长期不愈、反复发作的咳嗽，应该给宝宝吃一些调理脾胃、补肾、补肺气的食物。

蒸大蒜水

材料：大蒜2~3瓣，冰糖少许。

做法：❶ 大蒜拍碎后放入碗里，加上半碗水，放入一粒冰糖，加盖放到锅里蒸。

❷ 先用大火将水烧开，再用小火蒸15分钟即可。

❸ 蒸好后先凉一会儿，等蒜水不烫嘴时再喂给宝宝。大蒜可以不吃。每日3次，早、中、晚各1次。

功效：适合风寒咳嗽的宝宝。尤其适合伴有咽痒的咳嗽症状，效果明显。适用于4个月以上的宝宝。

黄瓜汁

材料：黄瓜50克。

做法：❶ 将黄瓜洗净，去皮，切小块，捣碎。

❷ 用干净纱布包住捣碎的黄瓜挤出汁来，以适量温开水调匀。

功效：有清热利尿的作用，有助于减轻咽喉肿痛。适用于4个月以上的宝宝。

风寒感冒

中医根据辨证施治的原则，将感冒分为风寒感冒和风热感冒。风寒感冒是风寒之邪外袭、肺气失宣所致。通俗点说就是因风吹受凉引起的感冒，常发生于秋冬季节。风寒感冒的食疗应以辛温解表为主。

症状可见

- 后脑强痛，就是后脑袋疼，连带脖子转动不灵活。
- 怕寒怕风，通常要穿很多衣服或盖大被子才觉得舒服点。
- 鼻涕是清涕，白色或稍微带点黄。如果鼻塞不流涕，喝点热开水，开始流清涕。
- 舌无苔或薄白苔。
- 鼻塞声重，打喷嚏，流清涕，恶寒，不发热或发热不甚，无汗，周身酸痛，咳痰白质稀，舌苔薄白，脉浮紧。

香菇白菜汤

材料： 大白菜150克，鲜香菇50克，魔芋100克。姜末、水淀粉各适量。

做法： ❶ 大白菜洗净，撕成小片；鲜香菇去蒂，洗净，切片；魔芋洗净切块。❷ 锅置火上，倒油烧热，倒入香菇片和魔芋块略炸片刻，捞起沥干。❸ 大白菜片倒入热油中炒软，加入适量水煮开，加姜末调味，放入香菇片、魔芋块，烧沸约2分钟，用水淀粉勾薄芡即可。

功效： 白菜性寒偏凉，有清热解毒的功效，早晚佐餐食用，可改善感冒症状。适用于6个月以上的宝宝。

双白玉粥

材料： 粳米50克，大白菜100克，大葱白20克，生姜10克。

做法： ❶ 粳米淘洗干净；大白菜去杂，洗净，切片；大葱白洗净，切片；生姜洗净切片。❷ 粳米加水熬粥，沸腾后加入切片的大白菜（主要用菜心和菜帮）、葱白和生姜，共煮至白菜、大葱变软，粥液黏稠时即可。

功效： 可促进出汗，驱散寒气，又不伤正气。适用于6个月以上的宝宝。

贴心叮咛

平时多补充维生素C，可以减少感染的机会。而对于已经患病的宝宝来讲，由于大部分水果属性偏凉，容易引起咳嗽，因此患了流感并且有咳嗽症状时不宜多吃水果。

风热感冒

风热感冒是风热之邪犯表、肺气失和所致，也就是外感风热所致，常见于夏秋季。日常饮食可吃一些辛凉疏风、清热利咽的食物。

症状可见

宝宝发烧重，但怕冷、怕风不明显。

鼻塞，流浊涕，咳嗽声重，或有黏稠黄痰。

头痛。

口渴喜饮，咽红、咽干或痛痒。

大便干，小便黄，检查可见扁桃体红肿，咽部充血。

舌苔薄黄或黄厚，舌质红。

梨粥

材料：鸭梨3个，大米50克。

做法：❶ 将鸭梨洗净切碎，放入锅中加适量水煎半小时，去渣取汁。

❷ 大米淘洗干净，放入锅中，加入梨汁，一起煮成粥即可。趁热给宝宝食用，每天1次。

功效：可生津止渴、清肺化痰。适用于6个月以上的宝宝。

贴心叮咛

宝宝患了风热感冒，要多喝水，适当吃一些易于消化的流质、半流质的食物，如青菜水、水果水、稀粥等。不能吃红糖、肉桂、大茴香、小茴香、羊肉、牛肉、大枣、桂圆、鸡蛋、荔枝等食物，否则会助长热势，使病情更严重。

风热感冒发热期，应忌吃油腻荤腥，忌吃过咸、过甜的食物。

莲藕粥

材料：莲藕30克，粳米50克。

做法：❶ 将莲藕洗净，刮净表皮，切成小碎片；粳米淘洗好。

❷ 将莲藕与粳米同时下锅，加适量清水煮成粥即可。

功效：莲藕性寒，有清热凉血的作用。适用于6个月以上的宝宝。

芥菜豆腐汤

材料：芥菜100克，豆腐50克，高汤适量。

做法：❶ 芥菜切除老叶及粗梗，洗净，放入开水中汆烫后捞出，再用冷水冲凉，然后切碎。

❷ 把高汤烧开，然后放入切成丁的豆腐煮开。

❸ 放入切碎的芥菜，再度煮开即可。

功效：有助于提高免疫力。适用于6个月以上的宝宝。

锌缺乏症

缺锌会造成宝宝脑功能异常、精神改变、生长发育减慢及智能发育落后等。

缺锌表现

厌食	缺锌时宝宝消化能力减弱，味蕾功能减退，味觉敏锐度降低，食欲不振，摄食量减少。
生长发育落后	缺锌宝宝身高和体重常低于正常同龄儿，严重者有侏儒症。
异食癖	有喜食泥土、墙皮、纸张、煤渣或其他异物等现象。
免疫力低	缺锌宝宝细胞免疫及体液免疫功能皆可能降低，易感染，包括腹泻。
皮肤黏膜表现	缺锌严重时可有各种皮疹、皮炎、复发性口腔溃疡、下肢溃疡长期不愈及程度不等的秃发等症。
其他	如精神障碍或嗜睡，及因维生素A代谢障碍而致血清维生素A降低、黑暗适应时间延长、夜盲等症。

牛肉泥粥

材料：牛肉50克，大米100克，排骨清汤适量。

做法：❶ 将牛肉放入搅拌机中打成泥，上屉蒸8~10分钟。

❷ 将大米淘洗干净做成软饭，取软饭和清汤放入锅中同煮。

❸ 煮沸后改文火煮至黏稠，加入蒸好的肉泥搅拌均匀，稍煮即可。

功效：牛肉富含锌，每百克牛肉含锌8.5毫克。适用于6个月以上的宝宝。

贴心叮咛

任何一种微量元素的供给都应适量，若过分地强调锌的摄入，食入强化锌的食物过量会造成锌中毒。锌中毒可损害幼儿学习、记忆等能力，对智能发育不利。

果仁粥

材料：大米、花生仁、核桃仁各50克。

做法：❶ 大米、花生仁洗净，花生切小粒。

❷ 放水煮成粥，煮至八成熟时放入切碎的核桃仁，用小火煮至软烂即可。

功效：花生仁、核桃仁都是含锌丰富的食物。适用于6个月以上的宝宝。

缺铁性贫血

宝宝患缺铁性贫血，多数是由于宝宝日渐长大，母体里带来的铁质和母乳中的铁质不能满足日常所需引起的。应及时添加适合的辅食，加强铁摄取。

贫血表现

由于红细胞数及血红蛋白含量降低，使皮肤（面，耳轮、手掌等）、黏膜（睑结膜、口腔黏膜）及甲床呈苍白色。

重度贫血时皮肤往往呈蜡黄色，每易误诊为合并轻度黄疸，相反，伴有黄疸，青紫或其他皮肤色素改变时可掩盖贫血的表现。

病程较长的还常有易疲倦、毛发干枯、营养低下、体格发育迟缓等症状。

红枣猪肝泥

材料：红枣6颗，猪肝50克，西红柿30克。

做法：❶ 红枣浸泡1小时，去皮、核，剁碎；西红柿用开水烫去皮，剁成泥。

❷ 猪肝浸泡半小时去血水，然后用搅拌机打碎，去掉筋皮。

❸ 将红枣、西红柿、猪肝混合拌匀，加适量水，上锅蒸熟即可。

功效：猪肝含铁丰富，红枣有补血功效。适用于6个月以上的宝宝。

贴心叮咛

1.一些不良的饮食方式，如营养过剩、偏素食、吃油腻导致的肠胃超负荷；过食冷饮、暴饮暴食等，都会引起消化紊乱，进而引发铁吸收障碍。因此，专家特别提醒父母，一定让宝宝养成健康均衡的进食方式和习惯。

2.补铁的同时应注意补充维生素C。维生素C可将药物、食物中的三价铁还原成二价铁，让铁更容易被人体吸收。建议给缺铁的宝宝适当吃些含维生素C丰富的水果、蔬菜。

脊肉粥

材料：猪脊肉、粳米各50克。

做法：❶ 猪脊肉洗净，切成小块，放锅内用香油炒一下，盛出备用。

❷ 粳米洗净，浸泡半小时，放入锅中，加适量水，放入猪脊肉煮粥，待粥煮至烂熟即可。

功效：瘦肉含铁丰富。适用于6个月以上的宝宝。

鸡肝芝麻粥

材料：鸡肝15克，鸡汤（去油）适量，大米50克，熟芝麻少许。

做法：❶ 鸡肝洗净，放入开水中煮去血污，盛出。

❷ 另起锅，放适量水煮开后，放入鸡肝煮沸10分钟后，捞起鸡肝研碎。

❸ 另起锅，倒入鸡汤、鸡肝，煮成糊状。

❹ 大米淘洗干净，放入锅内，加适量水煮成粥后，加入鸡肝糊，撒上熟芝麻即可。

功效：鸡肝含铁丰富。适用于6个月以上的宝宝。

钙缺乏症

缺钙表现

精神烦躁、坐立不安。

盗汗，睡觉、喝奶均汗多。

不易入睡。入睡后多汗、易惊醒、啼哭。

摇头、枕秃，颅骨软化，囟门大。

6个月以后，可表现为出牙晚，逐渐出现肋下缘外翻或胸骨异常隆起（鸡胸）。宝宝对周围环境不感兴趣。

1岁以后可表现为宝宝注意力不集中，容易烦躁，反应冷漠的同时又有莫名其妙的兴奋，有时会出现X型腿、O型腿。

毛豆泥

材料：毛豆仁50克。

做法：❶ 毛豆仁洗净，放蒸锅中蒸熟。

❷ 将蒸熟的毛豆仁捣烂成泥即可。

功效：豆类含钙质丰富。适用于4个月以上的宝宝。

奶香黑芝麻粥

材料：大米50克，配方奶1小杯，熟黑芝麻10克。

做法：❶ 将大米淘洗干净，用清水浸泡30分钟；黑芝麻研碎。

❷ 将大米放入锅中，加入适量清水，大火烧开后转小火煮约40分钟。

❸ 粥好后加入新配方奶，中火烧沸，撒上熟黑芝麻即可。

功效：配方奶、芝麻均富含钙质。适用于6个月以上的宝宝。

苹果泥

材料：苹果1/4个。

做法：将苹果洗净，去皮，用勺子刮出泥状喂给宝宝，宝宝10个月以后可以直接喂给苹果片，1岁左右可以试着给大块苹果或整个苹果。

功效：苹果含钙比一般水果多。适用于4个月以上的宝宝。

贴心叮咛

钙过量对宝宝生长发育会造成极大危害，不仅造成浪费，且还会产生副作用，所以宝宝补钙需要遵医嘱，防止补钙过量。

汗症

宝宝汗症，有自汗、盗汗之分。睡中汗出，醒时汗止者称“盗汗”；不分时间，无故出汗者称“自汗”。出汗过多会耗损心液，影响宝宝的健康。在饮食上，盗汗宜以滋润养肝降火为主，自汗应以补气健脾为主。

汗症表现

自汗	面色苍白、怕冷。
	有时安静地坐着也会出汗，且出汗不只于头部，而是自颈至肚脐，运动时更厉害。
	容易疲劳，怕风，食欲不佳。
盗汗	睡觉时容易出汗，醒来时就不会出汗了。睡觉不安稳，翻来覆去且易做梦。
	面部偏红、嘴唇红，常于下午开始掌心或足心渐渐发热。
	容易哭闹、生气，有时大便较为干燥、不好解等。

小麦糯米粥

材料：小麦30克，糯米20克，红枣2颗。

做法：❶ 小麦、糯米分别洗净；红枣洗净，去核。

❷ 把小麦、糯米、红枣一起放入锅内，加适量水，大火煮开后转小火熬煮至熟烂黏稠即可。

功效：有强健脾胃、宁神敛汗的作用。适用于6个月以上的宝宝。

黑豆桂圆枣汤

材料：黑豆30克，桂圆肉2颗，红枣3颗。

做法：❶ 黑豆洗净，用清水浸泡3小时；桂圆肉、红枣分别洗净。

❷ 把黑豆、桂圆肉、红枣放在砂锅内，加适量水，大火煮开后用小火煮1小时左右即可。

功效：有健脾补气，养阴血，止虚汗的作用。适用于6个月以上的宝宝。

核桃莲子山药羹

材料：核桃仁、莲子各100克，黑豆、山药粉各50克。

做法：❶ 将核桃仁、莲子、黑豆、山药粉分别研压成粉。

❷ 将4种粉末均匀混合，加入米粉适量，每次1~2匙，拌入配方奶或稀饭，煮熟成羹，每日可吃2次。

功效：可补胃健脾、敛汗宁神。适用于6个月以上的宝宝。

贴心叮咛

小儿盗汗，平时应该少吃辛热煎炒易致上火的食物。

积食

宝宝脾胃功能尚弱，并且不懂节制饮食，如果家长不做限制，很容易进食过量而损伤脾胃，造成积食。对于积食，饮食上应以消食化滞为基本法则。

积食表现

食欲明显不振，肚腹胀满。

睡眠中身子不停翻动，有时还会磨牙。

宝宝鼻梁两侧发青，舌苔白、腻且厚，呼出的口气中有酸腐味。

大便干燥或时干时稀。

胡萝卜山楂汁

材料：山楂30克，胡萝卜20克。

做法：❶ 山楂洗净，去核，每颗切成四瓣；胡萝卜洗净，切碎。

❷ 将山楂、胡萝卜放入炖锅内，加入适量清水煮沸。

❸ 改小火煮15分钟，用干净纱布过滤出汁液饮用即可。

功效：可促进消化。适用于6个月以上的宝宝。

山药小米粥

材料：山药30克，小米50克。

做法：将小米淘洗干净；山药去皮洗净，切碎。将小米与山药一起放入锅中，加清水煮沸，改小火煮成粥即可。

功效：可强健脾胃。适用于6个月以上的宝宝。

陈皮茶

材料：陈皮10克。

做法：将陈皮放入茶壶内，用刚烧沸的开水冲泡，盖上茶壶盖，泡10~15分钟即可。

功效：可促进消化，顺气、健胃。适用于6个月以上的宝宝。

贴心叮咛

消化正常的宝宝口气很淡，也没有异味。而消化不良时，乳食积滞，往往先发生口臭，特别是早晨刚刚醒来时。如果小宝宝口臭、口酸，就可能是乳食积滞的表现。有这种现象时，可以给他减食或停食一顿，以利于肠胃功能的恢复。

便秘

宝宝便秘是指大便次数比平日少，甚至2~3天或更长时间才排便的症状。如果宝宝大便次数不减，但粪便干硬，呈颗粒状，不易排出，也属于便秘。

牛奶喂养，容易出现便秘，此时可将奶冲稀一些。已经添加辅食的宝宝，可以适当喂一些果泥、菜泥，促进肠道蠕动。还要注意给宝宝饮水。

糙米糊

材料： 糙米粉20克，温开水小半杯。

做法： ❶ 将糙米粉放入碗中，再加入温开水小半杯。

❷ 用汤匙搅拌均匀，成黏稠糊状即可。

功效： 富含膳食纤维和B族维生素。适用于6个月以上的宝宝。

芝麻杏仁粥

材料： 粳米50克，黑芝麻20克，杏仁10克。

做法： ❶ 粳米淘洗干净。

❷ 粳米与杏仁、黑芝麻一同放入锅中，加水适量，大火煮开，转小火煮熟成粥即可。

功效： 富含油脂，能润肠通便。适用于6个月以上的宝宝。

蔬菜汤

材料： 圆白菜20克，胡萝卜25克，西蓝花少许，海带清汤50克。

做法： ❶ 将胡萝卜、圆白菜洗净之后切碎；西蓝花用淡盐水浸泡几分钟后，冲洗干净。

❷ 起锅，放入圆白菜、胡萝卜和西蓝花，加入海带清汤，煮至蔬菜熟软即可。

功效： 富含膳食纤维，可润肠通便。适用于6个月以上的宝宝。

贴心叮咛

1.砂糖、白面产品和精制食品都是易导致宝宝便秘的食物，应少给宝宝喂食。经常大便困难且稀少的宝宝，可多食含膳食纤维多的食物。

2.由于消化不良或脾胃虚弱引起的便秘，过多地食用鱼、肉、蛋类，缺少谷物、蔬菜等食物的摄入也是重要诱因。

腹泻

宝宝腹泻大多是因为饮食不当或肠道感染所引起的。一般而言，腹泻时大便的次数会比正常情况下增多，轻者4~6次，重者可达10次以上；大便中所含水分增加；大便颜色呈绿色且气味酸臭。

大便次数不是判断宝宝是否腹泻的唯一标准，6个月内纯母乳喂养的宝宝，因为消化功能不完善，常发生生理性腹泻，表现为每天排便4~6次，多的甚至达到10次，大便可能还会带有奶块或少许透明黏液，但只要宝宝胃口正常、精神愉快、睡眠安稳、体重增长正常，大便化验也无异常，就不用担心。

栗子糊

材料：栗子5个，海带清汤50克。

做法：❶ 将栗子煮熟之后去皮，捣碎。❷ 海带清汤煮沸后加栗子同煮成糊状即可。

功效：可清热解毒、健脾益气、止泻。适用于6个月以上的宝宝。

苹果泥

材料：苹果30克。

做法：❶ 把苹果洗净后去皮除籽，然后切成薄薄的片。❷ 把苹果片放入锅内煮片刻后稍稍加点水，再用中火煮软烂，停火后用勺子将其研碎成泥即可。

功效：有生津、开胃、止泻的效果。适用于4个月以上的宝宝。

贴心叮咛

1.宝宝腹泻时，如无医嘱一般不禁食，以防营养不良，但要遵循少食多餐的原则，每天至少进食6次。要补充适量的水分，以免宝宝脱水。

2.轻度腹泻只需饮食调整即可得到矫正。如腹泻次数较多，出现两眼凹陷的脱水现象时，应及时去医院诊治。

胡萝卜泥

材料：胡萝卜30克。

制作：❶ 把胡萝卜洗净，去除外皮，切碎。❷ 把胡萝卜放入蒸锅内，上火蒸熟蒸烂，取出晾凉捣烂成泥即可。

功效：可促使大便成形。适用于4个月以上的宝宝。

幼儿急疹

幼儿急疹也称婴儿玫瑰疹、烧疹、第六病（疱疹病毒-6引起），大多数宝宝在2岁前都得过此病。本病特点是突发高热（39℃~40℃），但孩子状态良好，一般持续4天左右，热退后全身出现粉红色斑点样皮疹。健康的孩子很少出现并发症，但免疫功能低下的孩子可能发生肝炎或肺炎等并发症。

牛奶香蕉糊

材料：香蕉25克，玉米面5克，配方奶20克。

做法：❶ 将玉米面、配方奶加入干净的小锅内搅匀，上火煮沸。

❷ 改成小火煮5分钟左右。

❸ 将香蕉去皮捣碎，加入煮好的玉米糊中，搅匀即可。

功效：含丰富的蛋白质和钙、钾等微量元素。适用于6个月以上的宝宝。

贴心叮咛

幼儿急疹一般不用去医院，可以用物理方法给孩子退热，比如用温水擦身。持续高热时，需要补充更多液体，多喝白开水、菜汤、果汁等。

宝宝患病期间宜吃些易消化食物，已经可以吃固体食物的宝宝，此时宜吃流质或半流质饮食。注意尽量要有营养。

西红柿汁

材料：西红柿30克。

做法：❶ 将西红柿洗净，去皮，切半。

❷ 取半个西红柿用干净纱布滤汁，以适量温开水调匀即可。

功效：能生津止渴、健胃消食。适用于4个月以上的宝宝。

南瓜粥

材料：大米、南瓜各50克，配方奶20克。

做法：❶ 大米洗净；南瓜洗净，去皮，切块。

❷ 南瓜蒸熟，大米放入锅中煮成烂粥。

❸ 将南瓜加入粥中拌匀，加入配方奶调匀。

功效：富含蛋白质、钙、锌等营养素。适用于6个月以上的宝宝。

手足口病

手足口病是一种由数种肠道病毒引起的传染病，主要侵犯对象是5岁以下的宝宝。

手足口病症状

起初出现咳嗽、流鼻涕、烦躁、哭闹症状，多数不发烧或有低烧（低于39℃）。

发病1~3天后，宝宝口腔内、颊部、手足心、肘、膝、臀部等部位出现小米粒或绿豆大小、周围发红的灰白色小疱疹，不痒、不痛、不结痂、不结疤，不像蚊虫咬，不像药物疹，不像口唇牙龈疱疹，也不像水痘。

口腔内的疱疹破溃后即出现溃疡，导致宝宝常常流口水，不能吃东西。

鲜玉米糊

材料：新鲜玉米50克。

做法：❶ 新鲜玉米洗净，用刀将玉米粒削下来。
❷ 用榨汁机将玉米打成汁，放入锅中，煮成黏稠状即可。

功效：营养丰富，口感温和不刺激口腔伤口。适用于4个月以上的宝宝。

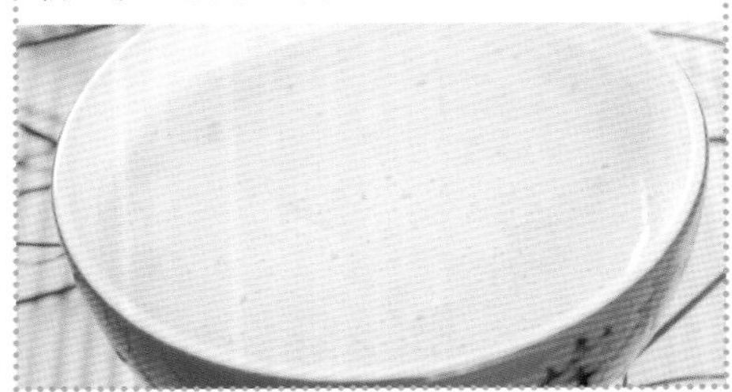

贴心叮咛

1.一旦发现宝宝感染了手足口病，应及时就医，避免与外界接触，宝宝用过的物品要彻底消毒。

2.口腔疼痛会导致宝宝拒食、流涎、哭闹不眠等，所以要保持宝宝口腔清洁，饭前饭后用生理盐水漱口。

3.可将维生素B_2粉剂或鱼肝油直接涂在宝宝口腔糜烂的部位，帮助宝宝减轻疼痛。

香蕉糊

材料：香蕉30克，奶粉20克。

做法：❶ 将香蕉去皮，压碎成糊，放入锅中，加适量清水。
❷ 边煮边搅拌，5分钟后熄火，待香蕉粥微凉后，倒入冲好的奶粉拌匀即可。

功效：富含优质蛋白质、糖类。适用于4个月以上的宝宝。

葡萄汁

材料：新鲜葡萄若干。

做法：❶ 将葡萄洗净，放入开水中烫一烫，捞出去蒂。
❷ 用干净纱布将葡萄包好，挤出汁，以适量温开水调匀即可。

功效：富含多种维生素和矿物质。适用于4个月以上的宝宝。

疱疹性咽峡炎

疱疹性咽峡炎和手足口病都是由同一类病毒造成的，多发于夏秋高热季节。症状多表现为起病急，突然高热，早期可伴有流鼻涕；检查时，可以看到小儿的上颚、口腔黏膜、扁桃体、咽后壁等出现约小米粒大小的灰白色疱疹，周围有红晕，2~3天逐渐扩大后溃烂形成溃疡。孩子往往因为疼痛而流涎、拒食，日夜哭闹，不能睡眠，一般病程在7天左右。

山楂水

材料：山楂50克。

做法：❶ 将山楂洗净，切开。

❷ 切好的山楂块放入锅中，加水煮开，凉至温热，取山楂水喂给宝宝即可。适用于4个月以上的宝宝。

贴心叮咛

宝宝高热时应给予退热处理，以免引起高热惊厥。一旦发生高热抽搐，要立即送医就诊，同时防止患儿抽搐过程中咬伤舌头。

孩子患疱疹性咽峡炎时，应多饮水降温，饮食应少量多次。多吃一些富含维生素的水果，青菜，少吃煎、炸油腻食品，不吃高热的食物。

为防止继发感染，一定要注意宝宝的口腔卫生，保持口腔清洁，可选用淡盐水漱口。

米汤

材料：大米50克。

做法：❶ 大米洗净。

❷ 锅内放水，烧开，放入大米，煮开后换小火。

❸ 熬煮到米烂汤稠，取上层的米汤，待稍凉喂给宝宝即可。

功效：营养丰富，且清淡不刺激。适用于4个月以上的宝宝。

胡萝卜汁

材料：胡萝卜30克。

做法：❶ 胡萝卜洗净，切小块，放入锅中。

❷ 锅中加水煮沸，再以小火煮10分钟，滤出汁液，稍凉后喂给宝宝即可。

功效：可以为宝宝补充多种维生素。适用于4个月以上的宝宝。

附录：常见食材营养速查表

参考《中国食物成分表》第2版

谷物与豆类

食物名称	可食部分（克）	热量（千焦）	膳食纤维（克）	胆固醇（毫克）	蛋白质（克）	脂肪（克）	碳水化合物（克）	维生素A（微克）	维生素B_1（毫克）	维生素B_2（毫克）	维生素C（毫克）
标准粉	100	1458	2.1		11.2	1.5	73.6		0.28	0.08	
富强粉	100	1467	0.6		10.3	1.1	75.2		0.17	0.06	
烙饼（标准粉）	100	1082	1.9		7.5	2.3	52.9		0.02	0.04	
馒头（均值）	100	934	1.3		7	1.1	47		0.04	0.05	
玉米面（黄）	100	1475	5.6		8.1	3.3	75.2	7	0.26	0.09	
小米	100	1511	1.6		9	3.1	75.1	17	0.33	0.1	
稻米	100	1452	0.7		7.4	0.8	77.9		0.11	0.05	
糙米	100	1351	6.3		10.6	0.6	75.1		0.45	0.18	
黑米	100	1427	3.9		9.4	2.5	72.2		0.33	0.13	
糯米	100	1464	0.8		7.3	1	78.3		0.11	0.04	
薏米	100	1512	2		12.8	3.3	71.1		0.22	0.15	
黄豆	100	1631	15.5		35	16	34.2	37	0.41	0.2	
黑豆	100	1678	10.2		36	15.9	33.6	5	0.2	0.33	
绿豆	100	1376	6.4		21.6	0.8	62	22	0.25	0.11	
红豆	100	1357	7.7		20.2	0.6	63.4	13	0.16	0.11	
蚕豆（去皮）	100	1450	2.5		25.4	1.6	58.9	50	0.2	0.2	
扁豆（白）	100	1185	13.4		19	1.3	55.6		0.33	0.11	
小麦	100	1416	10.8		11.9	1.3	75.2		0.4	0.1	
荞麦	100	1410	6.5		9.3	2.3	73	3	0.28	0.16	
黑芝麻	100	2340	14		19.1	46.1	24		0.66	0.25	

蔬菜类

食物名称	可食部分（克）	热量（千焦）	膳食纤维（克）	胆固醇（毫克）	蛋白质（克）	脂肪（克）	碳水化合物（克）	维生素A（微克）	维生素B_1（毫克）	维生素B_2（毫克）	维生素C（毫克）
白菜	87	76	0.8		1.5	0.1	3.2	20	0.04	0.05	31
甘蓝	86	101	1		1.5	0.2	4.6	12	0.03	0.03	40
菠菜	89	116	1.7		2.6	0.3	4.5	487	0.04	0.11	32
油菜	87	103	1.1		1.8	0.5	3.8	103	0.04	0.11	36
生菜	94	61	0.7		1.3	0.3	2	298	0.03	0.06	13
空心菜	76	97	1.4		2.2	0.3	3.6	253	0.03	0.08	25
苋菜（红）	58	144	1.8		2.8	0.4	5.9	248	0.03	0.1	30
茼蒿	82	98	1.2		1.9	0.3	3.9	252	0.04	0.09	18
韭菜	90	120	1.4		2.4	0.4	4.6	235	0.02	0.09	24
芹菜（茎）	67	93	1.4		0.8	0.1	3.9	10	0.01	0.08	12
菜花	82	110	1.2		2.1	0.2	4.6	5	0.03	0.08	61

食物名称	可食部分（克）	维生素E（毫克）	钙（毫克）	磷（毫克）	钾（毫克）	钠（毫克）	镁（毫克）	铁（毫克）	锌（毫克）	硒（微克）
标准粉	100	1.8	31	188	190	3.1	50	3.5	1.64	5.36
富强粉	100	0.73	27	114	128	2.7	32	2.7	0.97	6.88
烙饼（标准粉）	100	1.04	17	134	129	184.5	49	3	0.94	11.77
馒头（均值）	100	0.65	38	107	138	165.1	30	1.8	0.71	8.45
玉米面（黄）	100	3.8	22	196	249	2.3	84	3.2	1.42	2.49
小米	100	3.63	41	229	284	4.3	107	5.1	1.87	4.74
稻米	100	0.46	13	110	103	3.8	34	2.3	1.7	2.23
糙米	100	3.5	99	205	148	9.6	146	5	2.07	12.01
黑米	100	0.22	12	356	256	7.1	147	1.6	3.8	3.2
糯米	100	1.29	26	113	137	1.5	49	1.4	1.54	2.71
薏米	100	2.08	42	217	238	3.6	88	3.6	1.68	3.07
黄豆	100	18.9	191	465	1503	2.2	199	8.2	3.34	6.16
黑豆	100	17.36	224	500	1377	3	243	7	4.18	6.79
绿豆	100	10.95	81	337	787	3.2	125	6.5	2.18	4.28
红豆	100	14.36	74	305	860	2.2	138	7.4	2.2	3.8
蚕豆（去皮）	100	6.68	54	181	801	2.2	94	2.5	3.32	4.83
扁豆（白）	100	0.89	68	340	1070	1	163	4	1.93	1.17
小麦	100	1.82	34	325	289	6.8	4	5.1	2.33	4.05
荞麦	100	4.4	47	297	401	4.7	258	6.2	3.62	2.45
黑芝麻	100	50.4	780	516	358	8.3	290	22.7	6.13	4.7

食物名称	可食部分（克）	维生素E（毫克）	钙（毫克）	磷（毫克）	钾（毫克）	钠（毫克）	镁（毫克）	铁（毫克）	锌（毫克）	硒（微克）
白菜	87	0.76	50	31		57.5	11	0.7	0.38	0.49
甘蓝	86	0.5	49	26	124	27.2	12	0.6	0.25	0.96
菠菜	89	1.74	66	47	311	85.2	58	2.9	0.85	0.97
油菜	95	0.88	108	39	210	55.8	22	1.2	0.33	0.79
生菜	94	1.02	34	27	170	32.8	18	0.9	0.27	1.15
空心菜	76	1.09	99	38	243	94.3	29	2.3	0.39	1.2
苋菜（红）	73	1.54	178	63	340	42.3	38	2.9	0.7	0.09
茼蒿	82	0.92	73	36	220	161.3	20	2.5	0.35	0.6
韭菜	90	0.96	42	38	247	8.1	25	1.6	0.43	1.38
芹菜	66	2.21	48	50	154	73.8	10	0.8	0.46	0.47
菜花	82	0.43	23	47	200	31.6	18	1.1	0.38	0.73

续表

食物名称	可食部分（克）	热量（千焦）	膳食纤维（克）	胆固醇（毫克）	蛋白质（克）	脂肪（克）	碳水化合物（克）	维生素A（微克）	维生素B_1（毫克）	维生素B_2（毫克）	维生素C（毫克）
黄瓜	92	65	0.5		0.8	0.2	2.9	15	0.02	0.03	9
丝瓜	83	90	0.6		1	0.2	4.2	15	0.02	0.04	5
苦瓜	81	91	1.4		1	0.1	4.9	17	0.03	0.03	56
冬瓜	81	52	0.7		0.4	0.2	2.6	13	0.01	0.01	18
南瓜	85	97	0.8		0.7	0.1	5.3	148	0.03	0.04	8
西红柿	97	85	0.5		0.9	0.2	4	92	0.03	0.03	19
洋葱	90	169	0.9		1.1	0.2	9	3	0.03	0.03	8
茄子	93	97	1.3		1.1	0.2	4.9	8	0.02	0.04	5
土豆	94	323	0.7		2	0.2	17.2	5	0.08	0.04	27
红薯	90	426	1.6		1.1	0.2	24.7	125	0.04	0.04	26
白萝卜	95	94	1		0.9	0.1	5	3	0.02	0.03	21
胡萝卜（红）	96	162	1.1		1	0.2	8.8	688	0.04	0.03	13
山药	83	240	0.8		1.9	0.2	12.4	3	0.05	0.02	5
芸豆	96	123	2.1		0.8	0.1	7.4	40	0.33	0.06	9
豇豆	97	139	7.1		19.3	1.2	65.6	10	0.16	0.08	
豌豆（带荚）	42	465	3		7.4	0.3	21.2	37	0.43	0.09	14
黄豆芽	100	198	1.5		4.5	1.6	4.5	5	0.04	0.07	8
莲藕	88	304	1.2		1.9	0.2	16.4	3	0.09	0.03	44
竹笋	63	96	1.8		2.6	0.2	3.6		0.08	0.08	5
芦笋	90	79	1.9		1.4	0.1	4.9	17	0.04	0.05	45
茭白	74	110	1.9		1.2	0.2	5.9	5	0.02	0.03	5
百合	82	692	1.7		3.2	0.1	38.8		0.02	0.04	18
香菇（干）	95	1148	31.6		20	1.2	61.7	3	0.19	1.26	5
金针菇	100	133	2.7		2.4	0.4	6	5	0.15	0.19	2
木耳（干）	100	1107	29.9		12.1	1.5	65.6	17	0.17	0.44	
银耳（干）	96	1092	30.4		10	1.4	67.3	8	0.05	0.25	

水果类

食物名称	可食部分（克）	热量（千焦）	膳食纤维（克）	胆固醇（毫克）	蛋白质（克）	脂肪（克）	碳水化合物（克）	维生素A（微克）	维生素B_1（毫克）	维生素B_2（毫克）	维生素C（毫克）
苹果	76	227	1.2		0.2	0.2	13.5	3	0.06	0.02	4
香蕉	59	389	1.2		1.4	0.2	22	10	0.02	0.04	8
桃	86	212	1.3		0.9	0.1	12.2	3	0.01	0.03	7
猕猴桃	83	257	2.6		0.8	0.6	14.5	22	0.05	0.02	62
西瓜	56	108	0.3		0.6	0.1	5.8	75	0.02	0.03	6
梨	82	211	3.1		0.4	0.2	13.3	6	0.03	0.06	6
柑橘	77	215	0.4		0.7	0.2	11.9	148	0.08	0.04	28
葡萄	86	185	0.4		0.5	0.2	10.3	8	0.04	0.02	25
桑葚	100	240	4.1		1.7	0.4	13.8	5	0.02	0.06	
山楂	76	425	3.1		0.5	0.6	25.1	17	0.02	0.02	53
桂圆肉	100	1328	2		4.6	1	73.5		0.04	1.03	27
枣（鲜）	87	524	9.5		2.1	0.4	81.1		0.08	0.15	7
草莓	97	134	1.1		1	0.2	7.1	5	0.02	0.03	47
橙子	74	202	0.6		0.8	0.2	11.1	27	0.05	0.04	33

续表

食物名称	可食部分（克）	维生素E（毫克）	钙（毫克）	磷（毫克）	钾（毫克）	钠（毫克）	镁（毫克）	铁（毫克）	锌（毫克）	硒（微克）
黄瓜	92	0.49	24	24	102	4.9	15	0.5	0.18	0.38
丝瓜	83	0.22	14	29	115	2.6	11	0.4	0.21	0.86
苦瓜	81	0.85	14	35	256	2.5	18	0.7	0.36	0.36
冬瓜	80	0.08	19	12	78	1.8	8	0.2	0.07	0.22
南瓜	85	0.36	16	24	145	0.8	8	0.4	0.14	0.46
西红柿	100	0.57	10	23	163	5	9	0.4	0.13	0.15
洋葱	90	0.14	24	39	147	4.4	15	0.6	0.23	0.92
茄子	93	1.13	24	23	142	5.4	13	0.5	0.23	0.48
土豆	94	0.34	8	40	342	2.7	23	0.8	0.37	0.78
红薯	90	0.28	23	39	130	28.5	12	0.5	0.15	0.48
白萝卜	95	0.92	36	26	173	61.8	16	0.5	0.3	0.61
胡萝卜	96	0.41	32	27	190	71.4	14	1	0.23	0.63
山药	83	0.24	16	34	213	18.6	20	0.3	0.27	0.55
芸豆	96	0.07	88	37	112	4	16	1	1.04	0.23
豇豆	97	8.61	40	344	737	6.8	36	7.1	3.04	5.74
豌豆（带荚）	42	1.21	21	127	332	1.2	43	1.7	1.29	1.74
黄豆芽	100	0.8	21	74	160	7.2	21	0.9	0.54	0.96
莲藕	88	0.73	39	58	243	44.2	19	1.4	0.23	0.39
竹笋	63	0.05	9	64	389	0.4	1	0.5	0.33	0.04
芦笋	90	10	42	213	3.1	10	1.4	0.41	0.21	
茭白	74	0.99	4	36	209	5.8	8	0.4	0.33	0.45
百合	82		11	61	510	6.7	43	1	0.5	0.2
香菇（干）	95	0.66	83	258	464	11.2	147	10.5	8.57	6.42
金针菇	100	1.14		97	195	4.3	17	1.4	0.39	0.28
黑木耳（干）	100	11.34	247	292	757	48.5	152	97.4	3.18	3.72
银耳（干）	96	1.26	36	369	1588	82.1	54	4.1	3.03	2.95

食物名称	可食部分（克）	维生素E（毫克）	钙（毫克）	磷（毫克）	钾（毫克）	钠（毫克）	镁（毫克）	铁（毫克）	锌（毫克）	硒（微克）
苹果	76	2.12	4	12	119	1.6	4	0.6	0.19	0.12
香蕉	59	0.24	7	28	256	0.8	43	0.4	0.18	0.87
桃	86	1.54	6	20	166	5.7	7	0.8	0.34	0.24
猕猴桃	83	2.43	27	26	144	10	12	1.2	0.57	0.28
西瓜	56	0.1	8	9	87	3.2	8	0.3	0.1	0.17
梨	82	1.34	9	14	92	2.1	8	0.5	0.46	1.14
柑橘	86	0.92	35	18	154	1.4	11	0.2	0.08	0.3
葡萄	86	0.7	5	13	104	1.3	8	0.4	0.18	0.2
桑葚	100	9.87	37	33	32	2		0.4	0.26	5.65
山楂	76	7.32	52	24	299	5.4	19	0.9	0.28	1.22
桂圆肉	100	39	120	129	7.3	55	3.9	0.65	3.28	
红枣	100	54	34	185	8.3	39	2.1	0.45	1.54	
草莓	97	0.71	18	27	131	4.2	12	1.8	0.14	0.7
橙子	74	0.56	20	22	159	1.2	14	0.4	0.14	0.31

续表

食物名称	可食部分（克）	热量（千焦）	膳食纤维（克）	胆固醇（毫克）	蛋白质（克）	脂肪（克）	碳水化合物（克）	维生素A（微克）	维生素B_1（毫克）	维生素B_2（毫克）	维生素C（毫克）
柚子	69	177	0.4		0.8	0.2	9.5	2		0.03	23
李子	91	157	0.9		0.7	0.2	8.7	25	0.03	0.02	5
杏	91	160	1.3		0.9	0.1	9.1	75	0.02	0.03	4
柿子	87	308	1.4		0.4	0.1	18.5	20	0.02	0.02	30
柠檬	66	156	1.3		1.1	1.2	6.2		0.05	0.02	22
椰子	33	1007	4.7		4	12.1	31.3		0.01	0.01	6
哈密瓜	71	143	0.2		0.5	0.1	7.9	153		0.01	12
菠萝	68	182	1.3		0.5	0.1	10.8	3	0.04	0.02	18
荔枝	73	296	0.5		0.9	0.2	16.6	2	0.1	0.04	41
杧果	60	146	1.3		0.6	0.2	8.3	150	0.01	0.04	23
木瓜	86	121	0.8		0.4	0.1	7	145	0.01	0.02	43
香瓜	78	111	0.4		0.4	0.1	6.2	5	0.02	0.03	15

坚果类

食物名称	可食部分（克）	热量（千焦）	膳食纤维（克）	胆固醇（毫克）	蛋白质（克）	脂肪（克）	碳水化合物（克）	维生素A（微克）	维生素B_1（毫克）	维生素B_2（毫克）	维生素C（毫克）
核桃（干）	43	2704	9.5		14.9	58.8	19.1	5	0.15	0.14	1
腰果	100	2338	3.6		17.3	36.7	41.6	2	0.27	0.13	
杏仁	100	2419	8		22.5	45.4	23.9		0.08	0.56	26
熟板栗	78	897	1.2		4.8	1.5	46	40	0.19	0.13	36
炒松子	31	2693	12.4		14.1	58.5	21.4	5		0.11	
炒榛子	21	2555	8.2		30.5	50.3	13.1	12	0.21	0.22	
炒花生仁	100	2466	6.3		21.7	48	23.8	10	0.13	0.12	
生花生仁	100	2400	5.5		24.8	44.3	21.7	5	0.72	0.13	2
炒葵花籽	52	2616	4.8		22.6	52.8	17.3	5	0.43	0.26	
炒南瓜子	68	2436	4.1		36	46.1	7.9		0.08	0.16	
西瓜子	43	2434	4.5		32.7	44.8	14.2		0.04	0.08	

肉禽类

食物名称	可食部分（克）	热量（千焦）	膳食纤维（克）	胆固醇（毫克）	蛋白质（克）	脂肪（克）	碳水化合物（克）	维生素A（微克）	维生素B_1（毫克）	维生素B_2（毫克）	维生素C（毫克）
猪肉（均值）	100	1653		80	13.2	37	2.4	18	0.22	0.16	
牛肉（均值）	99	523		84	19.9	4.2	2	7	0.04	0.14	
羊肉（均值）	90	849		92	19	14.1	0	22	0.05	0.14	
鸡（均值）	66	699		106	19.3	9.4	1.3	48	0.05	0.09	
鸭（均值）	68	1004		94	15.5	19.7	0.2	52	0.08	0.22	
鹅	63	1050		74	17.9	19.9	0	42	0.07	0.23	
鹌鹑	58	460		157	20.2	3.1	0.2	40	0.04	0.32	
鸽	42	841		99	16.5	14.2	1.7	53	0.06	0.2	
兔肉	100	427		59	19.7	2.2	0.9	26	0.11	0.1	
羊肝	100	561		349	17.9	3.6	7.4	20972	0.21	1.75	
鸭血（白鸭）	100	452			95	13.6	0.4	12.4		0.06	0.06

食物名称	可食部分（克）	维生素E（毫克）	钙（毫克）	磷（毫克）	钾（毫克）	钠（毫克）	镁（毫克）	铁（毫克）	锌（毫克）	硒（微克）
柚子	69	4	24	117	3	4	0.3	0.4	0.7	
李子	91	0.74	8	11	144	3.8	10	0.6	0.14	0.23
杏	91	0.95	14	15	226	2.3	11	0.6	0.2	0.2
柿子	87	1.12	9	23	151	0.8	19	0.2	0.08	0.24
柠檬	66	1.14	101	22	209	1.1	37	0.8	0.65	0.5
椰子	33	2	90	475	55.6	65	1.8	0.92		
哈密瓜	71	4	19	190	26.7	19		0.13	0.1	
菠萝	68	12	9	113	0.8	8	0.6	0.14	0.24	
荔枝	73	2	24	151	1.7	12	0.4	0.17	0.14	
芒果	60	1.21	15	11	138	2.8	14	0.2	0.09	1.44
木瓜	86	0.3	17	12	18	28	9	0.2	0.25	1.8
香瓜	78	0.47	14	17	139	8.8	11	0.7	0.09	0.4

食物名称	可食部分（克）	维生素E（毫克）	钙（毫克）	磷（毫克）	钾（毫克）	钠（毫克）	镁（毫克）	铁（毫克）	锌（毫克）	硒（微克）
核桃	43	43.21	56	294	385	6.4	131	2.7	2.17	4.62
腰果	100	3.17	26	395	503	251.3	153	4.8	4.3	34
杏仁	100	18.53	97	27	106	8.3	178	2.2	4.3	15.65
熟板栗	78	15	91			1.7				
炒松子	31	25.2	161	227	612	3	186	5.2	5.49	0.62
炒榛子	21	25.2	815	423	686	153	502	5.1	3.75	2.4
炒花生仁	100	12.94	47	326	563	34.8	171	1.5	2.03	3.9
生花生仁	100	18.09	39	324	587	3.6	178	2.1	2.5	3.94
炒葵花籽	52	26.46	72	564	491	1322	267	6.1	5.91	2
炒南瓜子	68	27.28	37	672	15.8	376	6.5	7.12	27.03	
西瓜子	43	1.23	28	765	612	187.7	448	8.2	6.76	23.44

食物名称	可食部分（克）	维生素E（毫克）	钙（毫克）	磷（毫克）	钾（毫克）	钠（毫克）	镁（毫克）	铁（毫克）	锌（毫克）	硒（微克）
猪肉（均值）	100	0.35	6	162	204	59.4	16	1.6	2.06	11.97
牛肉（均值）	99	0.65	23	168	216	84.2	20	3.3	4.73	6.45
羊肉（均值）	90	0.26	6	146	232	80.6	20	2.3	3.22	32.2
鸡（均值）	66	0.67	9	156	251	63.3	19	1.4	1.09	11.75
鸭（均值）	68	0.27	6	122	191	69	14	2.2	1.33	12.25
鹅	63	0.22	4	144	232	58.8	18	3.8	1.36	17.68
鹌鹑	58	0.44	48	179	204	48.4	20	2.3	1.19	11.67
鸽	42	0.99	30	136	334	63.6	27	3.8	0.82	11.08
兔	100	0.42	12	165	284	45.1	15	2	1.3	10.93
羊肝	100	29.93	8	299	241	123	14	7.5	3.45	17.68
鸭血	100	0.34	5	87	166	173.6	8	30.5	0.5	

蛋类

续表

食物名称	可食部分（克）	热量（千焦）	膳食纤维（克）	胆固醇（毫克）	蛋白质（克）	脂肪（克）	碳水化合物（克）	维生素A（微克）	维生素B_1（毫克）	维生素B_2（毫克）	维生素C（毫克）
鸡蛋	88	602		585	13.3	8.8	2.8	234	0.11	0.27	
鸡蛋黄	100	1372		1510	15.2	28.2	3.4	438	0.33	0.29	
鸡蛋白	100	251			11.6	0.1	3.1		0.04	0.31	
鸭蛋	87	753		565	12.6	13	3.1	261	0.17	0.35	
咸鸭蛋	88	795		647	12.7	12.7	6.3	134	0.16	0.33	
鹌鹑蛋	86	669		515	12.8	11.1	2.1	337	0.11	0.49	

水产类

食物名称	可食部分（克）	热量（千焦）	膳食纤维（克）	胆固醇（毫克）	蛋白质（克）	脂肪（克）	碳水化合物（克）	维生素A（微克）	维生素B_1（毫克）	维生素B_2（毫克）	维生素C（毫克）
鲫鱼	54	452		130	17.1	2.7	3.8	17	0.04	0.09	
鲤鱼	54	456		84	17.6	4.1	0.5	25	0.03	0.09	
草鱼	58	473		86	16.6	5.2	0	11	0.04	0.11	
鳝鱼	67	372		126	18	1.4	1.2	50	0.06	0.98	
黄鱼（大）	66	406		86	17.7	2.5	0.8	10	0.03	0.1	
带鱼	76	531		76	17.7	4.9	3.1	29	0.02	0.06	
鱿鱼（水浸）	98	314			17	0.8	0	16		0.03	
鲍鱼	65	351		242	12.6	0.8	6.6	24	0.01	0.16	
海虾	51	331		117	16.8	0.6	1.5		0.01	0.05	
甲鱼	70	494		101	17.8	4.3	2.1	139	0.07	0.14	
海带	100	55	0.5		1.2	0.1	2.1		0.02	0.15	
紫菜（干）	100	1046	21.6		26.7	1.1	44.1	228	0.27	1.02	2

其他类

食物名称	可食部分（克）	热量（千焦）	膳食纤维（克）	胆固醇（毫克）	蛋白质（克）	脂肪（克）	碳水化合物（克）	维生素A（微克）	维生素B_1（毫克）	维生素B_2（毫克）	维生素C（毫克）
枸杞子	98	1079	16.9		13.9	1.5	64.1	1625	0.35	0.46	48
莲子（干）	100	1439	3		17.2	2	67.2		0.16	0.08	5
姜（黄姜）	95	194	2.7		1.3	0.6	10.3	28	0.02	0.03	4
蜂蜜	100	1343			0.4	1.9	75.6			0.05	3
牛奶	100	226		15	3	3.2	3.4	24	0.03	0.14	1
酸奶	100	301		15	2.5	2.7	9.3	26	0.03	0.15	1
绿茶	100	1370	15.6		34.2	2.3	50.3	967	0.02	0.35	19

食物名称	可食部分（克）	维生素E（毫克）	钙（毫克）	磷（毫克）	钾（毫克）	钠（毫克）	镁（毫克）	铁（毫克）	锌（毫克）	硒（微克）
鸡蛋	88	1.84	56	130	154	131.5	10	2	1.1	14.34
鸡蛋黄	100	5.06	112	240	95	54.9	41	6.5	3.79	27.01
鸡蛋清	100	0.01	9	18	132	79.4	15	1.6	0.02	6.97
鸭蛋	87	4.98	62	226	135	106	13	2.9	1.67	15.68
咸鸭蛋	88	6.25	118	231	184	2706	30	3.6	1.74	24.04
鹌鹑蛋	86	3.08	47	180	138	106.6	11	3.2	1.61	25.48

食物名称	可食部分（克）	维生素E（毫克）	钙（毫克）	磷（毫克）	钾（毫克）	钠（毫克）	镁（毫克）	铁（毫克）	锌（毫克）	硒（微克）
鲫鱼	54	0.68	79	193	290	41.2	41	1.3	1.94	14.31
鲤鱼	54	1.27	50	204	334	53.7	33	1	2.08	15.38
草鱼	58	2.03	38	203	312	46	31	0.8	0.87	6.66
鳝鱼	67	1.34	42	206	263	70.2	18	2.5	1.97	34.56
黄鱼（大）	66	1.13	53	174	260	120.3	39	0.7	0.58	42.57
带鱼	76	0.82	28	191	280	150.1	43	1.2	0.7	36.57
鱿鱼（水浸）	98	0.94	43	60	16	134.7	61	0.5	1.36	13.65
鲍鱼	65	2.2	266	77	136	2011	59	22.6	1.75	21.38
海虾	51	2.79	146	196	228	302.2	46	3	1.44	56.41
甲鱼	70	1.88	70	114	196	96.9	15	2.8	2.31	15.19
海带	100	1.85	46	22	246	8.6	25	0.9	0.16	9.54
紫菜	100	1.82	264	350	1796	710.5	105	54.9	2.47	7.22

食物名称	可食部分（克）	维生素E（毫克）	钙（毫克）	磷（毫克）	钾（毫克）	钠（毫克）	镁（毫克）	铁（毫克）	锌（毫克）	硒（微克）
枸杞子	98	1.86	60	209	434	252.1	96	5.4	1.48	13.25
莲子（干）	100	2.71	97	550	846	5.1	242	3.6	2.78	3.36
姜	95		27	25	295	14.9	44	1.4	0.34	0.56
蜂蜜	100		4	3	28	0.3	2	1	0.37	0.15
牛奶	100	0.21	104	73	109	37.2	11	0.3	0.42	1.94
酸奶	100	0.12	118	85	150	39.8	12	0.4	0.53	1.71
绿茶	100	9.57	325	191	1661	28.2	196	14.4	4.34	3.18